婴幼儿喂养护理全程指导

郑国权◎编著

内蒙古出版集团
内蒙古科学技术出版社

图书在版编目（CIP）数据

婴幼儿喂养护理全程指导 / 郑国权编著．—赤峰：内蒙古科学技术出版社，2012.1

ISBN 978-7-5380-2093-9

Ⅰ.①婴…　Ⅱ.①郑…　Ⅲ.①婴幼儿—哺育　Ⅳ.①TS976.31

中国版本图书馆CIP数据核字(2011)第220049号

出版发行：内 蒙 古 出 版 集 团
　　　　　内蒙古科学技术出版社
地　　址：赤峰市红山区哈达街南一段4号
网　　址：www.nm-kj.com
邮　　编：024000
邮购电话：(0476)8224547
组织策划：香　梅
责任编辑：高晓丽
封面设计：百色书香
印　　刷：北京中创彩色印刷有限公司
字　　数：360千
开　　本：787×1000　1/16
印　　张：22
版　　次：2012年1月第1版
印　　次：2012年1月第1次印刷
定　　价：29.80元

目录 contents

第一篇　小天使降临了

第二篇　我是新生儿（1个月）

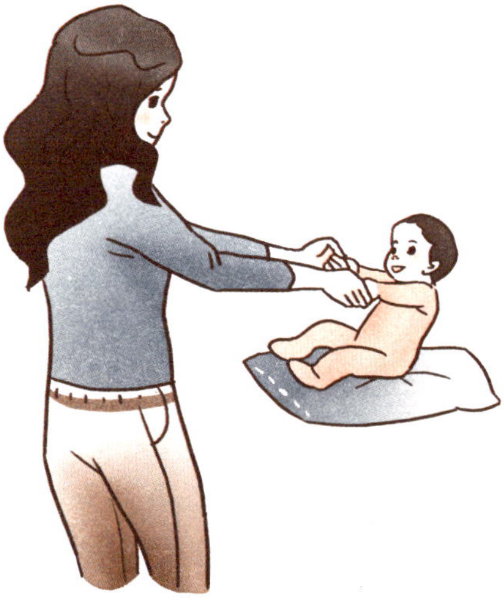

第三篇　我满月啦（2个月）

第四篇　我是小人儿了（3个月）

第五篇　我们聊聊天吧（4个月）

第六篇　开始长本事啦（5个月）

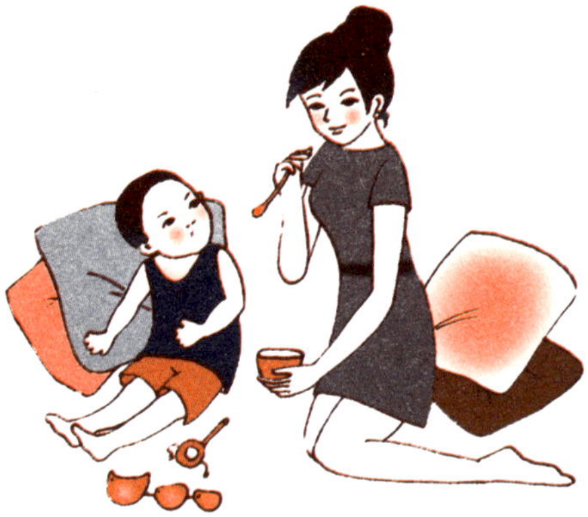

第七篇　我害怕陌生人（6个月）

第八篇　哈，我会坐了（7个月）

第九篇　看我爬来爬去（8个月）

第十一篇　向直立行走迈进（10个月）

第十二篇　我要步行（11个月）

第十四篇　我是一个小精灵（13～18个月）

第十六篇　我乖巧懂事了（25～36个月）

第一篇

小天使降临了

重要的一刻终于来临了，父母终于见到了朝思暮想的宝宝。当宝宝顺利分娩后，准爸爸、准妈妈就变成了真正意义上的爸爸妈妈。接下来，为人父母的你们就需要在生活中科学、细心地呵护、照料小宝宝，以保证宝宝能够更加健康、快乐地成长。

第一章 “哇呜哇呜”亮相

随着一声响亮的啼哭，小生命向父母宣告了他的来临。一个小宝宝的加入，将会完全改变原来的二人世界，不管是妈妈还是爸爸都需要重新适应新的生活。

干干净净见妈妈

新生儿刚出生的时候可不像后来看到的那样可爱，瘦瘦小小的不说，身上还有羊水和各种异物，脐带也没有剪断。所以，宝宝一出生就要立刻进行各项应急处理，包括异物的清理、剪断脐带以及消毒和洗澡。处理完毕，宝宝就能干干净净地和妈妈见面了。

清除异物

胎儿生活在母腹期间，通过脐带吸收氧气和营养物质。在母体内，即使羊水、胎粪等异物进入胎儿肺部也没什么大碍，但胎儿从母体娩出后，嘴、气管、食道等处的羊水或异物会妨碍宝宝呼吸，必须立刻清除干净。宝宝送往新生儿室后，放低其头部，持续观察几个小时，确保异物全部清除干净。

剪断脐带

胎儿从母体娩出后，首先要将脐带留长剪断。将母体一侧的脐带和胎儿的脐带结扎，并在中间处剪断，留长的脐带可在以后的处理中剪短。剪断后用塑料夹夹起，并进行消毒，然后用脱脂棉包好。刚剪下的脐带富有弹性，呈现白色，几天后会变干、变黑，一周后会自行脱落。脐带剪断后要涂上消炎药。

滴眼药水

大部分宝宝都是闭着眼睛来到这个世界的。只要将他们眼皮上的异物清除干净，小宝宝就能睁开眼睛看这个世界了。新生儿出生经产道时，细菌有可能污染眼睛，所以要及时滴眼药水。进行眼部清洁时，应用消毒棉球、洁净水从眼内向外轻轻地擦拭。

看似怪怪实正常

新生儿时期，宝宝会有一些特殊而又正常的生理现象，往往引起年轻父母的焦虑和恐慌，抱着宝宝到处求医，造成不必要的麻烦，对出生的宝宝也不利。父母要事前了解这些情况，做到心中有数，从容应对，让宝宝健康成长。

乳房肿大

男女足月宝宝均有可能发生乳房肿大。出生后3～5天出现，如蚕豆到鸽蛋大小，这是因为母亲的孕酮和催乳素经胎盘至胎儿，出生后母体雌激素影响中断所致，多于2～3周后自行消退，不需处理，更不能用手强烈挤压，否则可能导致继发感染。

“螳螂嘴”

新生儿口腔两侧颊黏膜会隆起，形成两个较厚的脂肪垫，人们常称为“螳螂嘴”，因个体差异，有的新生儿更为明显。这是新生儿正常的生理现象。因为在宝宝吮吸奶水时，口腔黏膜下脂肪组织的隆起会使口腔内的负压增大，帮助宝宝有力地吮吸。随着吮吸期的结束，“螳螂嘴”也会慢慢地消退。

“脱皮现象”

宝宝出生后从浸在羊水中的湿润环境转变为干燥环境，新陈代谢旺盛的新生儿，其表皮角化层会产生皮屑脱落。由于新生儿表皮与真皮之间的组织不够紧密，腕关节、踝关节等皱褶部以及躯干部在出生2～3天后还可能出现脱皮现象。

啼哭语言

啼哭是新生儿的语言。健康的啼哭抑扬顿挫，不刺耳，声音响亮，节奏感强，常常无泪液流出，每日4～5次，每次时间较短，不影响宝宝饮食、睡眠、玩耍。宝宝啼哭时，大人用同样的声音回应，他就会停一下，先听听是谁的声音，然后自己再继续啼哭，但这已经不是真的啼哭了，只是用同样的口形发出声音而已。出生后20天左右，宝宝睡醒时，如果高兴就会自己“咿呀，啊咕”地发音自娱。

选购宝宝必备物

小宝宝来了，对于爸爸妈妈们来说，内心充满着激动和幸福。高兴的同时，也要为小宝宝的到来做好一切物资准备。

婴儿床及床上用品

木制床最好：床的栏杆最好是能上下可调整，栏杆间距适中。婴儿不能穿出也不能夹着头和脚。为了防止婴儿头部受伤，以木制床为首选。

被、床单最好全棉：因为棉质通风好，太阳一晒，柔软而蓬松，也容易吸汗。床单要比小床大一些，四周可以压在床垫下面。

宝宝的衣物

也许妈妈在怀孕的时候，就已经忙忙碌碌地为肚子里的宝宝准备了许多漂亮的小衣服了。现在再回过头来看一看，宝宝出生前准备的衣服是否适合小宝宝穿呢？

安全第一：在为宝宝选择服装时，首先要考虑它的安全性。尽量选择颜色浅、无印花图案的全棉内衣。在选择有装饰物的服装时，穿前必须检查饰物的牢固程度。尽量选择饰物少，特别是金属饰物少的服装，以避免重金属危害的隐患。

优质面料：宝宝服装尽量为纯棉面料，要考虑缩水问题，号码不要过大过小，否则会影响宝宝的肢体活动。当然，部分含涤纶或毛的优质混纺面料也是选择之一。

由于宝宝头较大，款式适宜肩开口、V领或开衫，容易穿脱的服装，此外还要注意衣服的颈部、腋下、裆部缝制是否平整和牢固。

充分洗涤：新买、新做的服装应充分洗涤一次后再穿。洗涤时应与成人衣物分开洗，最好使用专用洗衣液或皂粉。

尿布的选择

宝宝新陈代谢旺盛，大小便次数多，因此尿布的选择和使用更为重要。

柔软吸水：尿布要求柔软、清洁、吸水性能好。可用棉布制作尿布，颜色以白、浅黄、浅粉为宜，忌用深色，尤其是蓝、青、紫色的。

大小合适：一般以36厘米见方为宜，也可做成36厘米×12厘米的长方形。正方形尿布可折叠成三层，也可用两块长方形尿布折叠使用。系尿布的带子最好用布条，不要使用松紧带。尿布的数量要充足，一个宝宝一昼夜需20～30块尿布。

少用纸尿裤：只有尚未掌握宝宝大小便规律时，为不影响宝宝休息，可暂时在夜间使用纸尿裤；或在外出时间较长时，暂时使用纸尿裤。

使用尿布须知：一是勤换、勤洗。每次喂奶前应更换一次尿布。清洗尿布时应用肥皂搓洗，不宜用洗衣粉、药皂和碱性太大的肥皂液洗尿布。曝晒的尿布应待其凉透后再用，寒冷季节应焐热再用。二是讲究擦拭方向。为女宝宝换尿布时应从前向后擦拭，而不应从后向前擦拭，否则容易将肛门口的细菌带到尿道及阴道口，导致尿道、阴道感染。

喂奶用具

奶　瓶：塑料奶瓶比较实用，掉到地上的时候不会打碎。此外，为保持奶瓶的专用与清洁，还要准备一两个奶瓶刷。

即使是用乳头直接给宝宝喂奶，也至少要准备3个奶瓶，以便用于给宝宝喂水和果汁。

奶　嘴：奶嘴材质一般分为天然乳胶、硅胶、乳胶硅胶合成三种，应选购符合国家安全检验合格的奶嘴，以触感柔软、弹性佳为宜。硅制奶嘴比较贵，优点是不容易被奶油和热水腐蚀。奶嘴要多配几个，以防给奶嘴扎眼的时候出现报废的。

围　兜：圆形小围兜很有用，能防止宝宝的口水流到衣服上。幼儿或者大一点儿的宝宝吃食物的时候，总是洒得到处都是。要解决这个问题，可以给宝宝戴一个大围兜。

吸奶器：吸奶器是用于挤出积聚在乳腺里的母乳的工具。一般是适用于婴儿无法直接吮吸母乳的时候，或是母亲的乳头发生问题，还有如尽管在坚持工作，但仍然希望母乳喂养的情况。吸奶器有电动型和手动型两种。另外，母乳可能从两侧的乳房同时流出，所以还备有两侧乳房同时使用，以及单侧分别使用两种类型。实际使用时，只要挑选适合自身情况的产品就可以了。

第二章 母乳好吃更养人

母乳营养成分好，含有适合婴儿生长发育需要的各类营养素，而且随着婴儿月龄的增长，母乳成分也会随之改变而与婴儿的需要相适合。母乳中所有的蛋白质和脂肪质量好，利用率高，容易被婴儿消化吸收。

有奶当吃奶

母乳是婴儿最理想的天然食品，母乳有任何乳类无可比拟的优点，含有婴幼儿所需要的全部营养素。

营养全面易消化

母乳中蛋白质、脂肪、乳糖、无机盐、维生素和水分等主要成分的比例，最适合宝宝机体的需要，最易于小儿消化和吸收，并能促进宝宝良好的食欲，促进小儿的生长发育。母乳中的不饱和脂肪酸含量较高且颗粒小，易于消化，对宝宝大脑的发育非常重要。

提高宝宝免疫力

母乳中含有母亲体内产生的抗体，通过母乳进入宝宝体内后，有助于提高免疫能力，减少患病机会。母乳中来自母体的细胞，其中约80%是巨噬细胞，能够杀死细菌、真菌和病毒。而且，母亲体内的抗体正好是针对居住环境中存在的病原，带有这些抗体的母乳就像是为宝宝抵御环境中病原的侵害而定制的。

方便喂养无污染

母乳喂养的宝宝消化道中存在着大量可以防止有害细菌繁殖的双歧杆菌、乳酸杆菌等有益细菌。直接来自乳房的母乳几乎是无污染的，不像奶瓶那样容易被细菌污染而导致宝宝生病。母乳中还含有任何配方所不能配制的至少100种营养成分。

喂奶有学问

当你看到宝宝香甜地吮吸着你的乳汁时，每一个年轻的妈妈都会有一种很强烈的幸福感。但是，在哺乳中，有一些需要注意的事项，如果掌握不好，就会对宝宝的健康带来不利的影响。

把握“开奶”时机

母亲第一次给宝宝喂奶叫“开奶”。早开奶有利于母子的健康。产后尽早让宝宝吮吸母亲乳头，新生儿强有力吸吮是对乳房最好的刺激，喂奶越早、越勤，乳汁分泌得越多。新生儿出生后第1个小时是敏感期，而且出生后20～30分钟内，宝宝的吸吮反射最强，因此母乳喂养应该在产后1小时内即“开奶”，最晚也不要超过6小时。

学会正确哺乳

每次把宝宝放到乳房上时，应力图将乳头正确地放入他的口内，这样做有如下好处。第一，只有宝宝将大部分乳晕含在口内，才能顺利地从乳房吸吮出乳汁。宝宝以吸和啜两种活动方式从乳晕周围形成一个密封环，只有当宝宝对乳晕后方的输乳管施加压力，乳汁才能顺利地流出来。第二，如果乳头能正确地放入宝宝的口腔内，那么，乳头酸痛或皲裂就可以减少至最低限度。

防止宝宝溢奶

新生儿经常发生溢奶，这是由于下食管、胃底肌发育差，胃容量较少，呈水平位所致。要防止溢奶，应于喂奶后将孩子竖直抱起，轻轻拍背部，使孩子打个嗝，把吃奶时吸进胃里的空气排出来即可，假如溢奶不严重，婴儿体重在增加，又未发现其他不良现象，就不必紧张。随着胃容量的逐渐增大，在出生后3～4个月溢奶会自行停止。

观察是否吃饱

对于宝宝是否吃饱，母亲可以从几个方面观察。如果孩子尚未吃饱，则不到下次吃奶时间就哭闹。在哺乳后用奶头触动孩子口角时，如果孩子追寻奶头索食，吃时又更快、更多，说明母亲奶量不足。由于饥饿，可造成婴儿肠蠕动加快，大便次数增多，且便质不正常。长时间能量不足，可能影响孩子发育，出现体重不增加的状况。

夜晚最好坐起喂

产后疲乏，加上白天不断地给孩子喂奶、换尿布，到了夜里母亲就非常瞌睡。夜间遇到孩子哭闹，母亲会觉得很烦，有时把奶头往孩子的嘴里一塞，孩子吃到奶也就不哭了，母亲可能又睡着了，这是十分危险的。因为含着奶头睡觉，既影响宝宝睡眠，也不易养成良好的吃奶习惯，妈妈还容易出现乳头皲裂。更重要的是，孩子吃奶时与母亲靠得很近，熟睡的母亲即便是乳房压住了孩子的鼻孔也不知道，这样容易导致窒息的悲剧发生。为避免这种事情的发生，母亲夜间喂奶时最好能坐起。

保持乳房清洁

为了宝宝能吃到干净健康的乳汁，乳房的清洁必不可少。乳头要始终保持清洁与畅通，每次喂奶前，新妈妈们要记得洗手以预防感染。可用干净的温湿毛巾把乳头擦干净，最好准备一块专门为擦乳头用的小毛巾，不要与其他毛巾混用。另外，应经常洗澡，勤换内衣，保持乳房的清洁卫生。哺乳结束后，妈妈要用温清水将乳头擦拭干净。切忌使用香皂和酒精之类的化学用品来擦洗乳头，否则会因乳房局部防御能力下降，乳头干裂而导致细菌感染。

提倡按需哺乳

母乳喂养提倡按需哺乳，不规定哺乳时间和次数。每次哺乳时间为10～15分钟，时间过长会增加乳头的浸软程度，易发生皲裂。每次哺乳最好完全吸空，以使下次泌乳量增加。

热敷刺激奶水多

哺乳期如遇奶水不足，母亲要每天用热毛巾敷乳房，同时进行顺时针的按摩，以刺激乳汁的分泌，并起到通乳作用。

第三章 人工喂养要注意

母亲患有疾病或其他原因不能喂母乳，而全部用其他奶类或代乳品喂养，称为人工喂养。人工喂养常选用牛奶、羊奶和奶粉。目前有多种配方奶粉，分别适用于不同月龄的婴儿。

不宜母乳喂养的情况

与母乳喂养相比，人工喂养有很多的弊端，但对于一些特殊妈妈来说，却又不得不采取这样的方式进行喂养。那么，什么情况下不宜母乳喂养呢？

宝宝患半乳糖血症

这种有先天性半乳糖症缺陷的婴儿，在进食含有乳糖的母乳、牛乳后，可引起半乳糖代谢异常，引起婴儿神经系统疾病和智力低下，并伴有白内障，肝、肾功能损害等。所以在新生儿期凡是喂奶后出现严重呕吐，腹泻，黄疸，精神萎靡，肝、脾大等症状的，应高度怀疑患本病的可能，经检查后明确诊断者，应立即停止母乳及奶制品喂养，应给予特殊不含乳糖的代乳品喂养。

妈妈患慢性病长期用药

如癫痫需用药物控制者，甲状腺功能亢进尚在用药物治疗者，正在抗癌治疗期间的肿瘤患者，这些药物均可进入乳汁中，对婴儿不利。

妈妈处于传染病急性期

母亲乳汁内含致病的细菌或病毒，可通过乳汁传给婴儿。而感染期母亲常需应用药物，因大多数药物都可从乳汁中排出，如红霉素、链霉素等，均对婴儿有不良后果，故应暂时中断哺乳，以配方奶代替。同时，应定时用吸乳器吸出母乳以防回奶，待妈妈病愈停药后方可继续哺乳。

乳类优劣辨分明

人工喂养选择什么样的乳类产品好呢？人工喂养的宝宝食品可以分为两大类，第一类是动物乳及乳制品；第二类是以黄豆为主要原料的代乳品。一般说来，应优先选择动物乳及乳制品，如果在偏远的地区或由于各种原因一时无法得到动物乳及乳制品，可以选择豆制代乳品。

人工喂养首选鲜牛奶

鲜牛奶是人工喂养的首选食品，这是由于牛奶是动物奶中营养素含量比较丰富的奶类。与人乳相比，牛奶中蛋白质含量较高，但以酪蛋白为主，较难消化；牛奶中的各种微量元素及维生素比例也不如人乳合理等。但将牛奶加工以后，可以克服难以消化和一些物质的比例不合理等缺点，对于人工喂养的宝宝来讲仍然是较好的食品。

优质奶粉营养接近母乳

奶粉是将鲜牛奶浓缩、喷雾、干燥制作而成，具有便于保存运输、使用方便等优点。现在有不少生产厂家对牛奶粉进行改造，力图使各种营养成分更接近于人奶，从这点上讲，配方奶粉优于一般奶粉或牛奶。优质的奶粉与母乳在营养成分上没有太大的差异，只是比母乳喂养减少了肌肤的亲密接触。

什么是蒸发乳

蒸发乳是将鲜牛奶蒸发浓缩为原乳汁容量的一半而成，经高温消毒、装罐密封，便于保存。食用时加一半水即又成为鲜奶。

鲜羊奶也不错

有的山区或牧区可以得到鲜羊奶，用鲜羊奶喂养宝宝也是可行的。羊奶中的蛋白质和脂肪均较牛奶为多，而且脂肪球小易于消化。但羊奶中维生素B_{12}和叶酸较少，如不合理补充容易发生巨幼红细胞贫血。

科学掌控喂奶量

世界卫生组织要求，新生儿从出生到10个月，应当100%母乳喂养。鉴于少数患病母亲不宜哺乳，仍需要人工喂养，那么，就必须掌握科学的喂奶量。

计量方法

体重大于或等于2.5千克的宝宝，每天每千克体重需要150毫升奶，按照实际年龄喂6～8次，每次喂奶量可以不固定。人工喂养宝宝每天喂养的需要量与母乳近似。

出生～1个月：8次，60毫升/次，480毫升/天。

1～2个月：7次，90毫升/次，630毫升/天。

2～4个月：6次，120毫升/次，720毫升/天。

4～6个月：6次，150毫升/次，900毫升/天。

体重小于2.5千克的宝宝，从每天每千克体重60毫升开始；以后逐渐按照每天每千克体重20毫升的量增加，直到总量达到每天每千克体重200毫升；每天喂8～12次，每2～3小时喂1次，继续喂养直至宝宝体重达到或超过2.5千克。

随时调节

随着宝宝长大，奶量会逐渐增加。如果宝宝吃得少，下次就多喂一些，或下次提前喂奶，特别是在宝宝表现饥饿时。人工喂养的宝宝一般都能控制自己吃入的奶量，当吃饱时会拒绝继续吃奶。如果宝宝体重增长不足，则需要根据期望的体重，增加喂养次数，或增加每次奶量。人工喂养的量应根据宝宝的实际状况来决定。

夜间喂奶技巧

新生儿夜间通常需要喝2次奶，时间为晚上10点左右和凌晨6点或7点左右。

睡前准备好一壶开水，同时凉一杯凉开水，半夜起来时就可以直接兑出合适的水温，用于直接冲调奶粉。

在床头或房间内开一盏小夜灯，半夜喂奶时就可以避免开大灯刺激到宝宝的眼睛，也可以在晚上随时观察到宝宝是否盖好被子。

如果妈妈感到特别疲倦时，也可以让亲人夜间照顾几晚，等精力有所恢复和调整后再照顾宝宝。

混合喂养巧运行

现在的新手妈妈大多是上班族，生活节奏快，精神压力大，工作任务重，生育年龄偏大，乳量偏少，难以满足宝宝的需要，混合喂养成了更多妈妈的选择。母乳喂养与人工喂养同时进行的，称为混合喂养。

两种混合喂养法

混合喂养可分为补授法和代授法两种。其中补授法适合母乳量不足时，即在每次喂哺母乳后，用其他代乳品补充母乳不足的部分；代授法适合母乳充足而因某些原因不能哺乳时，即在喂哺母乳之间，一天加喂数次代乳品。

母乳、奶粉分别喂

吃母乳就吃母乳，吃配方奶粉就吃奶粉。不要先吃母乳，不够了，再调奶粉。这样不利于宝宝消化，容易使宝宝对乳头产生错觉，可能引发厌食奶粉，拒使奶瓶。

尽量多吃母乳

母乳是越吸越多，如果妈妈认为母乳不足，而减少喂母乳的次数，会使母乳越来越少。母乳喂养次数要均匀分开，不要很长一段时间都不喂母乳。喂哺母乳的次数每天不得少于3～4次。

按说明书喂奶粉

严格按照奶粉包装上的说明为宝宝调制奶液，不要随意增减量浓度；每次调奶粉时，不要调得太多，尽量不让宝宝吃搁置时间过长的奶粉；冲调奶粉后的温度与人体的温度差不多，一般在36℃左右即可。喂哺代乳品时少加糖，不要太甜。因为吃惯了有甜味的代乳品，就会觉得母乳淡而无味。用调配的奶粉喂养宝宝时，其温度应与人的体温相近，可以将冲好的乳品滴在手臂内侧，来确认是否适宜。

第一篇

我是新生儿（1个月）

从娩出到诞生后28天的婴儿，称为新生儿。从宝宝诞生至28天这段时间，称新生儿期。宝宝的动作发育处于活跃阶段，特别是面部表情逐渐丰富。与母体内完全不同外面的世界，对新生儿来说是异常陌生的，这时的孩子除了呼吸、睡觉和吃饭外，基本上什么也不能干，生命异常娇嫩，这就需要为人父母者站在人生的出发点上，为孩子设置坚实的保护屏障。

第一章　宝宝成长脚印

自宝宝出生后脐带结扎起至生后28天的这段时间，称为新生儿期。这一时期的宝宝脱离母体来到一个崭新而陌生的世界，那么，在这段时间内，新生儿的身体发育是否正常呢？

发育特征

宝宝从出生到1个月，身体发育处于活跃阶段，生命异常娇嫩，这就需要为人父母者为孩子设置坚实的保护屏障。

体温不稳定

新生儿的正常体温应为36～37℃，但新生儿的体温中枢功能尚不完善，体温不易稳定，受外界温度、环境的影响比较大。新生儿的皮下脂肪较薄，体表面积相对较大，容易散热，因此要注意宝宝的保暖。

排尿次数多

新生儿第一天的尿量很少，为10～30毫升，在出生后36小时之内排尿都属正常。随着哺乳摄入水分，宝宝的尿量逐渐增加，每天可达10次以上，日尿总量可达100～300毫升。

便便稠糊状

新生儿一般在出生后12小时开始排便，胎便呈深绿色、黑绿色或黑色黏稠糊状，这是胎儿在母体子宫内吞入羊水中的胎毛、胎脂、肠道分泌物而形成的大便。3～4天后胎便可排尽。吃奶之后，大便逐渐转成黄色。喂牛奶的宝宝大便呈淡黄色或土灰色，常常有便秘现象。而母乳喂养的宝宝多为金黄色的糊状便，次数不一，每天1～4次或5～6次，甚至更多些。有的宝宝则相反，经常2～3天或4～5天才排便1次，但粪便并不干结，仍呈软便或糊状便。

体格标准

1个月宝宝的营养状况比较良好，因此婴儿在前期的生长发育很快，了解婴儿的身体发育状况，才能养育一个健康、聪明的宝宝。

身 高

新生儿出生时男宝宝平均身高为50.2厘米，女宝宝平均身高为49.6厘米。身高是反映骨骼发育的一个重要指标。其中头部占身长的1／4。新生儿出生后前半年每月平均长2.5厘米，后半年每月平均长1.5厘米，1岁时可达75厘米。

体 重

新生儿出生时男宝宝平均体重为3.2千克，女宝宝平均身高为3.1千克。体重是反映生长发育的重要指标，是判断宝宝营养状况、计算药量、补充液体的重要依据。在新生儿出生后3～5天内，体重会下降3%～9%。出现这种情况的原因是宝宝出生后要排泄粪便和小便，还会呕吐一些出生过程中吸入的羊水，经肺呼吸皮肤也会散发一些水分。并且由于刚出生的新生儿食量很少，母亲的哺乳量又往往不足，因此就造成了体重下降。一般只要哺乳得当，3～4天后体重就会开始回升，通常7～10天后即可逐渐恢复到出生时的体重。

头 围

出生时男宝宝平均头围为34厘米，女宝宝平均头围为33.5厘米。从新生儿枕后结节经眉间绕头一周的长度即为头围。出生后前半年增加8～10厘米，后半年增加2～4厘米，1岁时平均为46厘米，2岁可达48厘米，5岁时50厘米，15岁时接近成年人，为54～58厘米。

囟 门

胎儿在分娩的过程中，由于受产道的挤压，出生后在顶枕部可见有突起的产瘤，有的还见骨缝重叠，若这些变化不是过于明显，都属于正常的现象。生后骨缝重叠现象会逐步消失，并在额骨和顶骨之间见到一类似菱形的前囟，部分婴儿在顶骨和枕骨之间还可见到面积较小的后囟。新生儿前囟的大小因人而异，相对应的两边中点连线的距离一般2厘米，后囟一般较小。

感官发育状况

新生儿的感官发育是什么样子呢？有人认为，刚生下来的宝宝只会哭，然后就是睡觉，似乎宝宝的感觉非常微弱，其实不是这样的。

视距调节力差

新生儿一出生就有视觉能力，父母和宝宝对视是表达爱的重要方式。父母可以试着让宝宝看自己的脸，因为宝宝的视焦距调节能力差，最好视聚距离是19厘米。还可以在20厘米处放一个红色圆形玩具，然后移动玩具上下、左右摆动，宝宝会慢慢移动头和眼睛追随玩具。

听10厘米以内声音

新生儿的听觉是比较敏感的，在宝宝睡醒状态下，距其耳边10厘米处轻轻摇动有响声的小玩具，宝宝的头会转向发出响声的方向。宝宝喜欢听妈妈的声音，不喜欢听过响的声音和噪声，如果听到过响的声音或噪声，宝宝的头会转到相反的方向，甚至用哭声来抗议这种干扰。妈妈在喂奶或护理时，只要宝宝醒着，就要随时随地用亲切的话语声和宝宝说话交谈，还可以给宝宝播放优美的音乐。

唇、手很敏感

宝宝在母胎中生命的一开始就已有触觉，由于习惯于被包裹在子宫内，宝宝一出生自然喜欢紧贴着身体的温暖环境，对不同的温度、湿度、物体的质地和疼痛都有触觉感受能力，嘴唇和手是触觉最灵敏的部位。当宝宝哭时，被父母抱起并轻轻拍拍的这一过程充分体现了满足新生儿触觉安慰的需要。

有良好味觉

新生儿有良好的味觉，从出生后就能精细地辨别食品的滋味，给出生只有1天的宝宝喝不同浓度的糖水，发现他们对比较甜的糖水吸吮力强、吸吮快，所以喝得多；而比较淡的糖水则喝得少；对咸的、酸的或苦的液体有不愉快的表情，如喝酸橘子水时皱起眉头。

第二章 宝宝餐桌安排

新生儿的健康发育离不开合理的饮食与营养，对于新生儿来说，母乳是最好的饮食。在喂养的过程中，爸爸妈妈们还要注意正确的喂养方法。

人工喂养要补水

对于单纯母乳喂养的宝宝，是不需要喂水的。如果过早、过多喂水，可抑制新生儿的吸吮能力，使他们从母亲乳房吸取的乳汁量减少，反而不利于新生儿的生长发育。但是人工喂养需要适量补充水分。

为什么要补水

牛奶中的蛋白质80%以上是酪蛋白，分子量大，不易消化，牛奶中的乳糖含量较人乳少，这些都是容易导致便秘的原因，给宝宝补充水分有利于缓解便秘。另外，牛奶中含钙、磷等矿物盐较多，大约是人乳的2倍，过多的矿物盐和蛋白质的代谢产物从肾脏排出体外，需要水。此外，宝宝期是身体生长最迅速的时期，组织细胞增长时要蓄积水分。宝宝期也是体内新陈代谢旺盛阶段，排出废物较多，而肾脏的浓缩能力差，所以尿量和排泄次数都多，需要的水分也多。

喂多少水合适

这要根据宝宝的年龄、气候及饮食等情况而定。一般情况下，每次可给宝宝喂水100～150毫升。宝宝之间存在个体差异，每个宝宝喝水量不一样，他们知道自己喝多少，不喜欢喝水或喝得少都不要强迫。

什么时候喂水

喂水时间在两次喂奶之间较合适，否则影响奶量。喂水次数也要根据宝宝的需要来决定，一次或数次不等。夜间最好不要喂水，以免影响宝宝的睡眠。宝宝喝白开水为宜，尽量不要加糖。

营养需求相对高

宝宝每日对营养素的需求量与成人不同，宝宝越小对营养素的需求量相对越高。并且宝宝的适应能力差，如果某种营养素的摄入量不足或消化功能紊乱，短时间内会影响宝宝的发育进程。

热量为成人3倍多

以单位体重表示，正常新生儿每天所需要的热量是成人的3～4倍。热量的需要在宝宝初生时达到最高点，以后随月龄的增加而逐渐减少。

母乳或牛奶最好

蛋白质的主要功能是维持宝宝的正常新陈代谢，保证身体的生长及各种组织器官的成熟。喂养宝宝最好还是用动物性蛋白，如母乳或牛乳。

脂肪是主要能源

脂肪是膳食的必需组成部分，是热量的主要来源，也是必需脂肪酸的来源和脂溶性维生素的载体。同必需氨基酸一样，必需脂肪酸也是人类生长发育中所必需的，只能从食物中摄取的一类脂肪酸。

碳水化合物的需求

与成年人一样，宝宝也需要碳水化合物，碳水化合物也是最丰富、最经济的能量来源。碳水化合物的主要来源是糖类和淀粉。新生宝宝对乳糖、葡萄糖、蔗糖都能消化，因此对母乳中所含的乳糖能很好地消化吸收。

补充铁剂

缺铁是宝宝最常见的营养缺乏症。尽管母乳的含铁量低于大多数配方食品，但母乳喂养的宝宝的铁缺乏症却较少见，为了预防铁缺乏，应给用配方乳喂养的宝宝常规的铁剂补充。

维生素不可少

维生素是正常人体生命活动必须具备的，此类物质绝大多数不能在体内合成。维生素不能提供热量，但在代谢过程中起重要作用。这一时期宝宝千万不可缺少对维生素D的补充，维生素D是宝宝骨骼发育时对钙吸收不可缺少的元素，其来源除了母乳外，还可以通过日照来补充。

给早产儿特别的爱

早产儿是指胎龄未满37周，体重小于2.5千克，身长小于46厘米的宝宝。这种新生儿中枢神经系统发育不完全，以致吸吮、吞咽等动作不能顺利进行，胃容量小，胃肠发育差，胃壁薄弱，贲门括约肌发育差，常常容易溢奶和呕吐。

最爱是母乳

早产儿生理机能发育不很完善，要尽一切可能用母乳，特别是初乳喂养。母乳内蛋白质含乳白蛋白较多，它的氨基酸易于促进宝宝生长，且初乳含有多种抗体，这些对早产儿尤为可贵。用母乳喂养的早产儿，发生消化不良性腹泻和其他感染的机会较少，宝宝体重会逐渐增加。在万不得已的情况下才考虑用代乳品喂养早产儿。

少量多餐

由于早产儿口舌肌肉力量弱、消化能力差、胃容量小，而每日所需能量又比较多，因此可采用少量多餐的喂养方法。如果采用人工喂养，一般体重1500～2000克的早产儿一天喂哺12次，每2小时喂1次。2000～2500克体重的宝宝一天喂8次，每3小时喂1次。每日的喂奶量因宝宝的个体差异而差别较大，新生儿期每日可喂奶10～60毫升不等。如宝宝生长情况良好，则夜间可适当延长间隔时间，这样可以逐步养成夜间不喂的习惯。另外，如果早产儿没有自行吸吮能力，可用滴管喂养法。

把握量和次数

早产儿的吸吮能力和胃容量均有限，摄入量的足够与否，不像足月新生儿表现得那么明显，因此必须根据宝宝的体重情况给予适当的喂养量。母乳喂养的早产宝宝应该经常称称体重，观察早产儿体重的增加情况，这是判断喂养是否合理的重要依据。

特殊宝宝的喂养

对于一些特殊宝宝来说，由于各种不同的原因，而不能像正常宝宝那样进行常规的喂养，这就需要父母更加细心地呵护与喂养，以保证他们的健康成长。

吃奶困难

一般来说，刚生下来的宝宝有的会有不会吃奶或吸吮有困难的现象，但在几天内都会适应。若确有吸吮困难者，可以先将母乳挤出然后用小匙慢慢喂。如果是由于妈妈乳头短而平，宝宝无法吃到奶，这时妈妈应在每次喂奶前把乳头向外提伸到宝宝能吸吮的长度，塞入宝宝嘴内，并坚持每天向外拉，逐渐使乳头外突。也可用吸奶器吸乳，这既可使乳头外突，又可使乳汁外流，然后再用小匙喂宝宝。也有的宝宝因病暂时不能吃奶，这时可先将每天的奶挤掉或由别的小宝宝来代吸，以保持母乳的正常分泌。待病好后再吸母乳，若吸不出，空吸一段时间也会有乳汁分泌。

唇腭裂

唇腭裂的新生儿因吸吮时口腔内负压不够，吸吮力不强，有时乳汁会误入气道或鼻腔，甚至发生窒息。所以，喂养这种宝宝时应让新生儿垂直坐在妈妈的大腿上，妈妈可用手挤压乳房促进喷乳反射。如系唇裂，患儿妈妈可用手指压住唇裂处，增加新生儿的吸吮力。由于唇腭裂患儿吸吮力的低下，每次吃进的乳汁可能相对较少，故在每次哺乳后应用手挤空乳房中的乳汁，然后再用小勺子或滴管喂给新生儿吃，使新生儿能健康地成长。

双胞胎

双胞胎宝宝应争取母乳喂养，因此，妈妈要有足够的营养，并保证充分的休息。给双胞胎宝宝喂奶，一般先给一个宝宝喂奶，然后再给另一个宝宝喂奶；两个宝宝最好能交替轮流地吸吮两侧乳房，不一定要在固定的一侧乳房吸吮，这样使两个乳房都得到很好的吸吮刺激，从而分泌更多的乳汁。如果乳汁不足，应采用混合喂养，也应先保证体质较弱的那个宝宝能得到母乳喂养。如果没有乳汁，只好采用人工喂养。要掌握好奶液浓度，不可太浓，按需喂哺。

宝宝厌奶的原因及对策

母乳是为自己的宝宝准备的最佳天然食品，没有任何其他食品可以代替。母乳营养最全面，最适于宝宝的消化、吸收与生长、发育。尽管这么多优点，要是碰到宝宝不吃母乳怎么办？

生理性厌奶

有时宝宝会出现厌食现象。其特征是宝宝正常发育，活力很好，只是奶量暂时减少，通常一个月左右就自然恢复食欲。这个阶段的宝宝虽然吃得少，大多仍能维持应该有的成长，也没有证据显示会影响智能发展。所以父母可依生长曲线图，评估宝宝的生长情形，若没有偏离该有的成长曲线，大可顺其自然。

病理性厌奶

一般来说，会造成宝宝食欲减低的疾病有急性咽喉炎、鹅口疮、急性呼吸道感染、急性肠胃炎或尿路感染等急性感染；其他还有代谢性疾病、先天性心脏病等慢性疾病；或是更严重的败血症等疾病。这时宝宝会烦躁不安，或昏昏欲睡，不爱活动，呼吸急促或喘息，体温可能发烧也可能反而低于正常，奶量锐减或呕吐、腹胀。如果属于病理性厌奶，需要即刻送医，请医生诊断。

坚持就是胜利

成功地产奶需要3～7天的时间。在供需关系达到默契之前，肯定会经历一些困难。不要气馁，坚持就是胜利。保持心情舒畅，焦虑会妨碍乳汁的泌出，最好在产前取得家人对母乳喂养的理解和支持，在产后能够按照自己的意愿进行努力。尽量放松心情，保持愉快。很多新手妈妈听到孩子哭声，误认为是因为自己没有奶，沉不住气给孩子添加奶粉，随即母乳喂养以失败告终。母乳妈妈需要坚定的自信和持久的耐心，乳汁分泌不仅仅是生理过程，妈妈们的心理状态也影响了乳汁是否顺利产出。

第三章 爱心呵护指南

新生儿的日常呵护要仔细、周到，还要注意安全。主要包括睡眠习惯的养成，穿衣、脱衣的正确方法，换尿布的方法等。这些虽然看似都是小事，可对于宝宝来说就是他一天非常重要的活动，从中可以体现父母对他的爱护，所以一定要加以重视。

让宝宝睡得安稳

现代社会已不像过去农村社会那样日出而作日落而息，宝宝在日常生活中所受的声、光刺激也日益增加，所以睡眠也间接被影响。宝宝睡眠质量佳，不仅可以促进生长发育，对爸爸妈妈来说，照顾宝宝也会相对轻松。

正确的睡姿

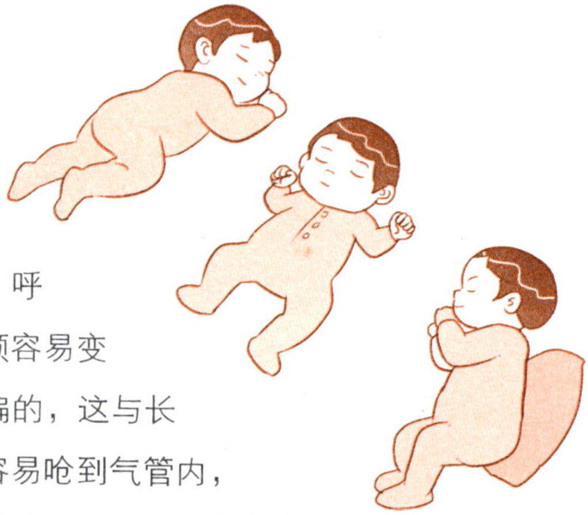

一般来讲，睡眠姿势可分为三种，即仰卧、俯卧和侧卧，三种姿势各有利弊。仰卧的睡觉姿势常被大多数爸爸妈妈所接受和喜欢，因为这种睡姿宝宝的头可以自由转动，呼吸也比较顺畅。但仰卧有两个缺点，一是头颅容易变形，几个月后宝宝的头枕后部可能会睡得扁扁的，这与长期仰卧睡有一定的关系。二是当宝宝吐奶时容易呛到气管内，影响呼吸功能，引起窒息。侧卧姿势与仰卧姿势相结合，最好经常变换睡眠姿势，可避免头颅变形。为提高宝宝颈部的力量，训练宝宝抬头，每天可以让宝宝俯卧睡一会儿，但时间不要太长，注意不要堵住鼻、口。几个月后，宝宝自己会翻身了，睡姿就再也不成问题了，宝宝都会找到自己最习惯、最舒适的姿势。

适宜的方位

宝宝的睡眠方位如果不科学，会给生长发育带来影响。比如，新生儿常会随着光或声音的刺激出现有意识地转动头部，使面部朝向富有刺激的一侧，久而久之，由于一侧胸锁乳突肌持续收缩，可能导致斜颈的发生。

新生儿最正确的睡眠应是头或脚朝向光线较强的一侧，若室内经常有响声，头或足也应朝响声来源的方向，这样宝宝也就不会一直转向或避开光线、响声，从而避开了光或声带来的危害。

舒适安静的环境

为了使宝宝能在温暖和舒适的环境中睡觉，应把宝宝放在摇篮或婴儿床里，床的两边要有保护栏。睡眠环境的温度以24～25℃，湿度60%左右为宜。不要给宝宝穿得、盖得太厚，因为婴儿头部温度比体温低3℃左右，温度较高，会使宝宝烦躁不安，从而扰乱了正常的睡眠。夜间睡眠时光线不能太过强烈，尽量营造一个柔和而安静的环境。

做好睡前准备

晚餐不要给宝宝吃得过饱或过少，以免因胃肠不适或饥饿而影响睡眠。不要过分引逗宝宝，使宝宝睡前保持情绪安定，防止疲劳和过度兴奋。睡衣宜宽松肥大，入睡前应沐浴、如厕，使宝宝感觉身体舒适与松弛。要养成宝宝规律的睡眠。此外，妈妈可以通过唱催眠曲或轻轻拍打宝宝等，都有助于宝宝轻松入眠。

确保睡足睡够

刚出生的新生儿的睡眠时间一般为一天20个小时左右，并且他随时随地都可入睡。新生儿大脑功能的发育尚不成熟，对外界环境的刺激还适应不了，所以经常处于抑制状态，表现为睡眠。当宝宝还没有形成一个固定的晚上入睡时间，尽量不要在晚上带其外出。睡眠好的宝宝往往在醒觉时精神好、吸吮力强、长得也快。相反，如果宝宝因为种种原因睡眠不好，睡眠时间不足，宝宝的大脑得不到足够的休息，神经调节失灵，宝宝就表现为食欲不佳，整日哭吵不安，醒的时候精神不好，抵抗力下降，生长发育减慢，对宝宝的健康就不利了。所以宝宝的睡眠与营养一样重要，是健康发育的基本保障。

形成正常睡眠规律

新生儿的全部睡眠时间是16～20小时，白天与晚间的睡眠时间基本相等。睡眠周期紊乱，约45分钟一个周期。每次睡眠时间从30分钟到3小时不等，通常睡3～4小时，觉醒1～2小时。母乳喂养的新生儿醒的次数一般较多，可能与心理需求有关。出生6周以后，睡眠模式开始更加规律。睡眠是大脑的保护性机制。随月龄的增长，白天清醒的时间逐渐延长，逐渐建立白天少睡，夜间长睡的条件反射。如宝宝白天睡，晚上闹，多因新生儿昼夜规律的条件反射未形成。设法让宝宝白天少睡，如拍面部、弹足底，多给宝宝些刺激，逗他清醒，少喂些奶，使宝宝半饥饿状态而睡不踏实。经过几天调整就可以形成正常睡眠规律。

育儿新经

学会查找哭闹原因

如果宝宝睡眠不好，会使宝宝生理功能紊乱，神经系统调节失常，容易生病。宝宝哭闹不安，要仔细查找原因，是饿了，尿布湿了，还是有什么不舒服。要及时分析出影响睡眠的因素。如果宝宝哭闹不止或有剧烈的尖叫，就应该及时请医生检查治疗。

几点注意事项

想要让宝宝睡得更安稳，首先，卧室内要有适度的光线，虽然宝宝喜欢睡在比较暗的环境中，但最好有起码的光源。抱着哄睡时，要离宝宝睡觉的小床尽量近一些，因为距离小床越远，宝宝在梦中醒来的机会就越大，所以，要尽可能在靠近小床的地方喂奶或哄宝宝入睡。在哄宝宝睡觉之前，应该先把床铺好。如果临时去清除床上的物品或铺床时，宝宝可能随时醒来。婴儿床最好不要靠墙，这样从两边都可以放宝宝躺进去。保持妈妈与宝宝的接触，因为宝宝突然离开妈妈的怀抱，很容易发生惊跳，然后醒过来。这时，需要在放下宝宝的同时，再轻轻地拍哄着，等宝宝睡稳之后，仍要将手留在宝宝的身上待一会儿，也可以哼唱一些催眠曲或是说一些有节奏的话语哄宝宝安稳地入睡。

正确穿衣与脱衣

初为人母总是令人喜悦的，然而，从此生活中就多了一份操不完的心。这不，连帮宝宝穿、脱衣服这样一件看似平常的小事，都倾注了妈妈多少的爱。

做好准备

小宝宝不喜欢换衣服，他们害怕裸露自己的身体、害怕把正穿得舒服的衣服脱掉，在你刚开始操作时他们会哭闹，你千万不要急躁。当然，你也可以在换衣服的同时，用一些玩具吸引他的注意力。首先要选择在一个比较宽大的平面上为宝宝穿、脱衣服，如床、垫褥或地板都是很理想的，因为这些平面能使你腾出双手。在换衣服前，应先把干净的衣服准备好。如果里外几件衣服要一起换，那么，先把这些衣服的袖子和裤腿部套在一起，这样穿衣服的时间会减少到最短。

脱衣方法

脱衣时的做法是：把宝宝放在床上，先脱鞋子，然后，用双手轻轻抬起宝宝的小屁股，把裤腰翻至宝宝的膝盖处，抓住宝宝的膝盖轻轻地把腿拉出来，另一侧做法相同。如果是穿着汗衫，则同样是要把衣下摆向宝宝头部卷起，握着宝宝的肘部，把袖口开成圆形，然后轻轻地把手臂拉出来。然后，把领口张开，小心地通过宝宝的头。大人此时一定要注意避免自己的于指甲或衣服上的硬物擦伤宝宝的脸。

穿衣方法

先将衣服平放在床上，让宝宝平躺在衣服上。在穿袖子时，先把一只手的手指从宝宝衣服收拢的一只袖子的袖口穿过去，然后轻轻握住宝宝的手，把衣袖套挂在他的手上，再把衣袖往下拉，而不是把宝宝的手往外拉，以免拉伤他的手臂。抬起宝宝的另一只胳膊，使肘关节稍稍弯曲，将小手伸向袖子中，并将小手拉出来，再将衣服带子系好就可以了。如果你给宝宝穿的内衣是套衫，那么在穿衣服时要把套衫收拢成一个圈，并用你的两拇指在衣服的领圈处撑一下，再套过宝宝的头，然后把袖口弄宽，轻轻地把宝宝的手臂牵引出来，最后把套衫往下拉平。

掌握换洗尿布方法

不管是棉质尿布还是纸尿裤，及时更换都是必不可少的。因为宝宝的肌肤很娇嫩，很容易受到尿液中代谢物的侵袭。如果不及时更换，就会造成皮肤发红或出现尿布疹，严重时还可能出现溃疡。另外，根据男、女宝宝的不同特点，掌握更换尿布的方法非常重要。

换尿布的方法

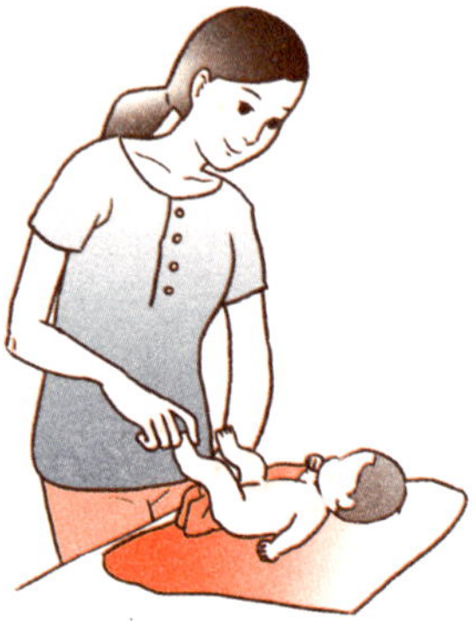

将尿布折成三角形，把尿布推入宝宝臀下，使腰部与尿布的上缘平齐。在宝宝的两腿间拿起尿布，盖在肚子上，先折叠一边，然后再折另一边，覆盖着中央垫层。两边可用安全别针别上或系上。

更换尿布要点

换尿布前要做好准备，冬天最好暖热尿布再更换。更换动作要快、轻柔，防止因动作粗暴造成意外伤害。先用左手轻轻抓住宝宝的两条脚腕，稍微抬起身体，使臀部离开尿布，右手把脏尿布撤下来，换上干净尿布，然后扎好。尿布应放在屁股中间，如果拉大便，应擦拭干净。擦拭时可用清水或湿巾，注意从前往后擦，动作一定要轻柔，避免因擦拭方法不当而导致泌尿系统感染。

怎样清洗尿布

每次换下来的尿布应存放在固定的盆或桶中，不要随地乱扔。只有尿液的尿布可以先用清水漂洗干净后，再用开水烫一下。如果尿布上有粪便，先用专用刷子将它去除，然后放进清水中，用中性的肥皂或婴儿洗衣液进行清洗，再用清水多冲洗几遍。为了保持尿布的清洁柔软，所有的尿布洗净后，都应用开水浸烫消毒。晾干尿布时，最好能在日光照射下好好晒一晒，达到除菌的目的。

男宝宝尿布换法

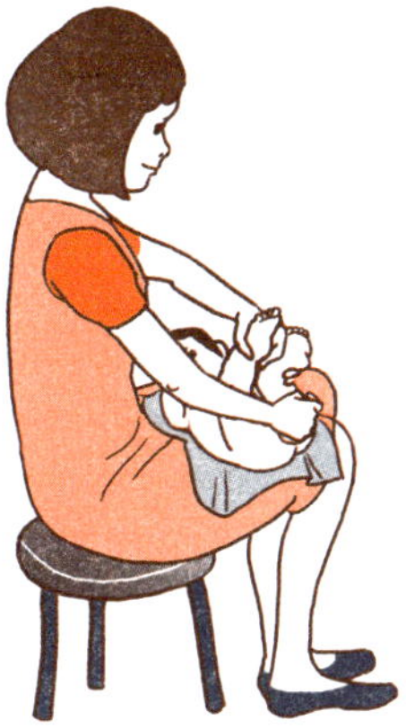

在给男宝宝换尿布的时候，许多妈妈可能都遭遇过这样的情形。刚刚一打开尿布，就当头被宝宝尿个正着。之所以出现这种意外，多半还是妈妈手艺不够熟练所致。为了避免再次发生这样的情况，在尿布打开之后，可以把尿布在宝宝的阴茎处稍微停留几秒钟，等感觉“危险”信号解除之后再拿开。用纸巾把粪便清理、擦拭干净，再用柔软的毛巾沾上温水，在宝宝的小肚子、皮肤、大腿、睾丸、会阴和阴茎部分仔细擦拭。最后，举起宝宝的双腿，把肛门、屁股再擦拭一遍，换上干净的尿布，就大功告成啦。在给男宝宝换尿布的时候，往往容易忽略一些不起眼的细节。所以，必须重视那些卫生死角的清洁，比如鼠蹊部、睾丸等部位。尤其是睾丸部位，一定要把褶皱处翻开，把藏在里面的污垢彻底清除干净。如果睾丸处皮肤长期处于一种潮湿的非清洁状态，会让宝宝的肌肤受到极大的伤害。

女宝宝尿布换法

打开尿布，用纸巾把粪便清理、擦拭干净，再用柔软的毛巾沾上温水，在宝宝的小肚子、皮肤、大腿、外阴部仔细擦拭。清洗完毕之后，立即用毛巾把小屁股包起来，以免着凉。举起宝宝的双腿，把肛门、屁股再擦拭一遍，最后换上干净的尿布。由于女性生殖器官构造比较特殊，所以给女宝宝清洁阴部时要格外注意。首先，在擦拭阴部时，一定要从前往后擦，也就是从外阴部往肛门处擦洗，以防止肛门内的细菌进入阴道。在肛门部位清理干净之后，再用温水清洗一下，这是很有必要的。如果只是使用擦拭的方式，那么最终还会留下一些排泄物在皮肤上。

洗澡的注意事项

新生儿的新陈代谢旺盛，皮肤娇嫩，抵抗力弱，加上各种刺激，如大小便、汗液、呕吐物等，极易造成感染。勤洗澡既可以清洁皮肤，消除身上的有害细菌，又可以增加食欲，促进生长，还能提高新生儿对环境的适应能力，增强对疾病的抵抗能力。

掌握洗澡的次数

炎热的夏天，由于环境温度较高，可给新生儿每天洗澡1～2次，洗后在颈部、腋下、腹股沟等皮肤褶皱处擦少许爽身粉，但不可过多，以防出汗后结成块而刺激皮肤。身体的褶皱处应每天检查，以防褶烂、破溃。春、秋或寒冷的冬天，环境温度较低，如家庭有条件，应使室温保持在24～26℃，可每天洗1次澡；如不能保证室温，则可每周洗澡1～2次。并在每次大、小便后，用温水擦洗臀部及会阴部，以保证新生儿舒适、干净。冬天洗澡或擦洗时动作要轻快，以防新生儿受冻而生病。

洗澡前做好准备

给新生儿洗澡时间不要拖得太长，以免着凉生病，尤其是天气不太好的时候。为此，在给宝宝洗澡之前要做一些必要的准备工作。先把需要换洗的衣服、尿布和洗澡时要用的浴巾、毛巾、婴儿浴皂等放在身边；选择一个大小适中的浴盆；把洗澡水的温度调整到40～45℃，然后用手背或手肘试一下水温，以不觉得烫为宜。这一切准备好后，就可以给宝宝脱衣服洗澡了。

洗澡环境要舒适

妈妈可以利用宝宝的房间、厨房或者任何暖和、舒适并且有足够大的空间来给宝宝洗澡。宝宝的浴盆可以在浴室里注满水，然后搬到你所选用的房中去。可以把宝宝放在一个特殊设计的带小坑纹、防滑表面的塑料浴盆里洗澡。最为适宜的位置是把浴盆放在桌子或者放在适当高度的物体上，这样你就不用弯下腰给宝宝洗澡了。

洗澡的步骤

给宝宝洗澡时，在澡盆里盛上深5～8厘米的水就可以了。要先倒凉水，然后兑热水，用胳膊肘或手腕试试水温，觉得热而不烫就可以了。先把宝宝的上身衣服脱光，清洗他的脸和脖子。然后用毛巾把他裹好，夹在你的胳膊下，再托着宝宝的头悬在澡盆上面，轻轻地撩水清洗宝宝的头发，随后用毛巾把头发擦干。脱下宝宝的裤子，一只手牢牢托住宝宝的头和肩膀，另一只手托着屁股和腿，把宝宝放在水里。然后在水里用一只胳膊托着宝宝，腾出另一只手轻轻地清洗宝宝的身体。把宝宝从水里抱出来的时候，一只手托着头和肩膀，抽出另一只手来像以前那样托着宝宝的屁股，放在事先准备好的干毛巾上，把宝宝裹住以免受凉。把宝宝浑身擦干，特别要注意脖子、屁股、大腿和腋下的褶皱，然后给他穿好衣服就可以了。

擦洗宝宝的方法

在不具备给宝宝洗澡的条件时，也可以采用擦洗的办法。擦洗前，将所需的一碗温开水、脱脂棉球、两块柔软的棉质软布或毛巾、干净的褥单和衣服准备好之后就可以开始了。首先，把宝宝放在换尿布用的垫子或毛巾上，不要脱掉他的背心，将一块脱脂棉球用温开水湿润，轻轻擦洗宝宝的脸、下巴，还有耳朵和脖子沟儿，然后用棉质软布或毛巾轻轻地拍干。再取两团新棉花，在温白开水里沾湿，仔细地从内眼角向外眼角擦洗宝宝的眼睛。擦洗耳朵时，要先擦耳内，后擦耳外，擦完一只耳朵后换一块脱脂棉再擦另一只。同样的道理，将宝宝的手指展开，用新的湿润的脱脂棉球清洗小手、脚和腋下，每洗一个新的部位就换一块脱脂棉，洗完后用毛巾轻轻擦干。最后，用沾了热水的棉花擦洗尿布包着的地方，特别是大腿周围的褶皱里。擦洗生殖器周围的时候，要遵循从前往后的顺序。

细心护理面部和皮肤

新生儿的面部和肌肤护理很重要。面对又小又软的宝宝，经过认真的清洁和护理，一个干净、漂亮、讨人喜爱的小宝宝就会呈现在您的面前。

眼部护理

取一条宝宝专用的四角方巾，沾湿后拧干，将方巾的其中一角卷在手指上，由内眼角到外眼角，轻轻地帮宝宝擦拭眼睛。为了避免交互感染，爸爸妈妈必须记清楚分别是用四角方巾的哪一个角，来清洁宝宝的右眼和左眼，千万不要搞混。

口腔护理

喝完奶后最好让新生儿喝口水，以冲净口中残留奶液。如新生儿吃奶后入睡，难以喂水，每天早晚可用消毒棉棒沾水，轻轻在新生儿口腔中清理一下。新生儿口腔黏膜细嫩，血管丰富，唾液腺发育不足，唾液分泌少，黏膜较干燥，易受损伤，护理时动作一定要轻柔。

鼻腔护理

新生儿鼻内分泌物要及时清理，以免结痂。简便有效的方法是，把消毒纱布一角，按顺时针方向捻成布捻，轻轻放入新生儿鼻腔内，再逆时针方向边捻动边向外拉，就可把鼻内分泌物带出，重复性强，不会损伤鼻黏膜。

耳朵护理

将四角方巾沾湿后拧干，将方巾的其中一个角卷在手指上，轻轻擦拭宝宝的外耳部位。爸爸妈妈在清洁宝宝的耳朵时，为了避免交互感染，擦完一侧换一个角再擦另一侧。

皮肤护理

新生儿皮肤稚嫩，角质层薄，皮下毛细血管丰富，局部防御机能差，任何轻微擦伤，都可造成细菌侵入。新生儿接触新环境，容易患感染性皮肤疾病，严重的感染可扩散到全身，引起败血症。新生儿皮肤皱褶比较多，皮肤间相互摩擦，积汗潮湿，分泌物积聚，容易发生糜烂。给新生儿洗澡，要注意皱褶处分泌物的清洗，清洗动作要轻柔，不要用毛巾擦洗。

勤洗头常梳发

每个妈妈都希望自己的宝宝头发长得乌黑而浓密，而宝宝头发的数量、颜色乃至光洁度等，受遗传因素的影响是很大的，受疾病的影响力也不可小视。但撇开这些因素，后天的护理也更为有效。

勤洗头

宝宝由于生长发育速度极快，所以新陈代谢非常旺盛，因此，在6个月前，最好每天给宝宝洗一次头发，尤其是天气炎热时。6个月后，可改成2～3天洗一次头发。经常保持头发的清洁，可使头皮得到良性刺激，从而促进头发的生发和生长。如果总是不给宝宝洗头发，头皮上的油脂、汗液及污染物就会刺激头皮，引起头皮发痒、起疱，甚至发生感染。这样，反而使头发更容易脱掉。

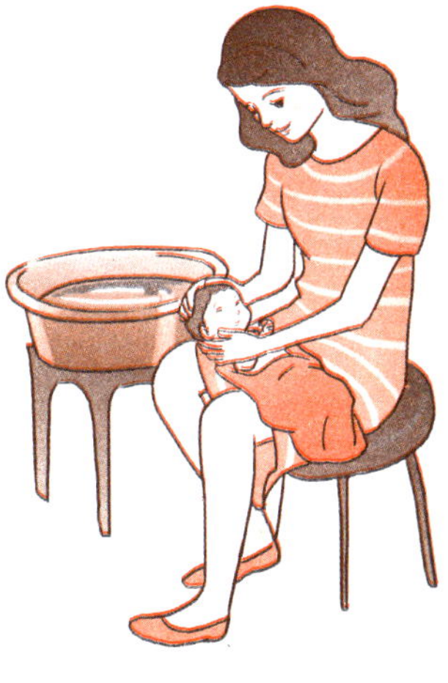

勤梳理

妈妈身上经常带一把宝宝的专用梳子，只要方便时，就拿出来给宝宝梳几下，因为经常梳理头发能够刺激头皮，促进局部的血液循环，有助于头发的生长。最好选用橡胶梳子，因为它既有弹性又很柔软，不易损伤宝宝稚嫩的头皮。妈妈梳理宝宝头发时，一定要顺着宝宝的头发自然生长的方向梳理。

均衡饮食营养

全面而均衡的营养，对于宝宝的生长发育极为重要，因此，在宝宝出生后的日子里一定要按月龄添加辅食，及时纠正宝宝偏食、挑食的不良饮食习惯，饮食中要保证肉类、鱼、蛋、水果和各种蔬菜的摄入和搭配，含碘丰富的紫菜、海带也要经常给宝宝食用。

保证充足睡眠

宝宝的大脑尚未发育成熟，因此很容易疲劳，如果睡眠不足，就容易发生生理紊乱，从而导致食欲不佳、经常哭闹及容易生病，间接地导致头发生长不良。

修剪指甲要小心

宝宝的指甲长得特别快，1～2个月大的宝宝，指甲以每天0.1毫米的速度生长，手指甲长了若不及时剪短，指甲会藏污纳垢，也可能会因抓破皮肤而引起感染。为宝宝护理指甲，这是保持皮肤清洁的方法之一，也有助于防止“病从口入”。

修剪指甲的方法

宝宝的指甲长了一定要剪。不过要特别小心，握住宝宝的小手，把他的手指头尽量分开，尽量用专为宝宝设计的指甲剪，剪成圆弧状，剪完后，用自己的指头去摸一摸有没有不光滑的地方。不过不要在宝宝正玩得开心的时候给他剪，在他吃奶或者是睡着了再剪。新生儿的脚指甲一般比手指甲长得慢，但经常会超过皮肤范围侵入指甲床内。

修剪指甲比较困难，要避免剪到宝宝的皮肤。如果不慎剪破了皮肤，可用棉纸吸去血渍，然后用消毒药膏轻轻涂在上面。

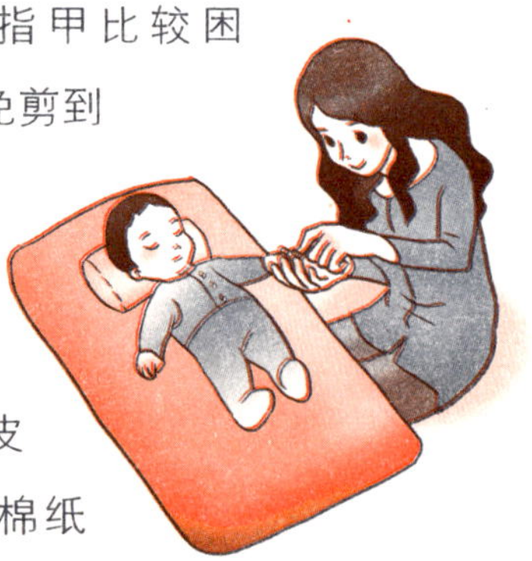

指甲异常有原因

宝宝的指甲正常是粉红色的，很光滑，有韧性，甲半月颜色稍淡。如果宝宝的指甲出现异常，往往是疾病的外在表现。

①颜色异常。甲板上出现白色斑点，多见于正常婴儿，或者为一时性损伤；真菌感染多伴有黄甲和形态改变；如果甲半月呈红色，多属心脏病；贫血时指甲呈淡红色。

②形态异常。甲板出现横沟可能是得了麻疹、猩红热等急性热病，患代谢性疾病有时也会出现这种情况。甲板出现竖沟多见于甲质受损及皮肤扁平癣；甲板变薄变脆有纵向突出的棱，指甲容易撕裂、分层，这是一种营养不良的表现，也可见于扁平癣等皮肤病；甲板出现凹窝可发生在银屑病、湿疹等患儿；纵向破裂可见于甲状腺功能低下、脑垂体前叶功能异常等患儿。

③硬度异常。硬甲甲板增厚，离指尖越近则越厚，既可由先天因素造成，也可因后天长期刺激引起。

预防眼斜视

斜视大多是由于宝宝在2个月至1周岁时，年轻父母照看不周所致。宝宝一旦形成斜视，会直接影响宝宝今后面部美容。斜视除了眼睛外观上有异常外，最主要是眼睛的功能会受损害。

早发现早治疗

斜视一般可分为内斜视、外斜视与上下斜视。

3个月以内的宝宝都有可能斜视，这是正常的现象，因为他的眼部肌肉尤其是调节眼球活动的肌肉发育还不完全，双眼共同运动协调能力较差。随着年龄增长，宝宝也自然可以用双眼共同注视，如果宝宝已经长到四五个月，仍然斜视，就必须治疗了。内斜视又叫斗鸡眼，临床上可分为先天性与后天性斜视。外斜视即眼位向外偏斜，一般可分为间歇性与持续性外斜视。无论宝宝属于哪种斜视，都应该及时找专业的眼科医生及早治疗。

常换睡眠体位

父母要注意变换宝宝睡眠的体位，使光线投射方向经常改变，今天头睡左边，明天头睡右边，这样就能使宝宝的眼球不再经常只转向一侧。宝宝睡摇篮时间不能太长，要间隔一段时间抱起宝宝转转，使宝宝能看到周围的一切，增加眼球转动频率。

玩具摆在1.5米外

宝宝在出生2个月后，视力增强，已能注视周围的人和物，这时，宝宝如果睡在摇篮里，不能在距摇篮1.5米以内的空间摆设玩具等东西。否则由于距宝宝的眼睛很近，宝宝较长时间注视，眼球不动，时间长了就很易形成对眼。若要摆设玩具，必须在1.5米以外，不能只摆1件，而应摆几件，两件之间还要有一定的间隔距离，以便宝宝轮流着看玩具，促进宝宝的眼珠不断转动，防止斜视发生。

第四章 预防保健须知

宝宝生病是父母最不愿碰到的事情，看着宝宝痛苦的样子，父母非常心疼。可是婴儿脱离母体这层天然的保护屏障后，难免会生一些病，父母要了解一些婴儿常见病的预防和护理知识，有备无患。

免疫接种ABC

胎儿在未出生前于羊膜内受到很好的保护，一旦破水或出生后婴儿就暴露在外界的环境中，宝宝出生后即面临被微生物感染的危险，此时人体的免疫系统就扮演着举足轻重的角色。父母们要做好及时给宝宝接种疫苗的工作。

计划性免疫

当前预防接种的疫苗很多，妈妈们非常熟悉的“四苗”即卡介苗、小儿麻痹糖丸疫苗、百白破三联疫苗及麻疹疫苗，是国家有计划地进行预防接种的疫苗，故又称计划性免疫。这些疫苗在宝宝一出生，便由专门的预防机构陆续为他们按期定时接种，不需要家长主动去找。

季节性免疫

像乙脑灭活疫苗和流脑多糖疫苗在这两种疾病流行的地方也被扩大列入计划免疫范围内，通常在疾病流行前2～3个月接种，属于季节性接种疫苗。个别地方是免费进行这类免疫接种的。

自选的免疫

随着科学技术的不断发展，新的疫苗陆续被研制出来，肺炎疫苗及水痘疫苗等，它们不属国家计划免疫之列，如果父母认为有必要须自己承担费用。其中有些价格较便宜，自费承担问题不大，而有些是从国外进口而来，价格相对较高，家长可据自己的经济能力和宝宝的情况来决定是否接种。

接种卡介苗

卡介苗的接种，可以增强宝宝对于结核病的抵抗力，预防肺结核和结核性脑膜炎的发生。目前采用活性减毒疫苗为新生宝宝接种，出生后24小时内接种第一针。接种后的宝宝对初期症状的预防效果达80%～85%，可以维持10年左右的免疫力。如果新生宝宝患有高烧、严重急性症状及免疫功能不全，出生时伴有严重先天性疾病、低体重、严重湿疹、可疑的结核病，则不应接种。

接种乙肝疫苗

乙肝疫苗是用于预防乙肝的特殊药物。疫苗接种后，可刺激免疫系统产生保护性抗体，这种抗体存在于人的体液之中，乙肝病毒一旦出现，抗体会立即作用，将其清除，阻止感染，并不会伤害肝脏，从而使人体具有预防乙肝的免疫力，从而达到预防乙肝感染的目的。接种乙肝疫苗是预防乙肝病毒感染的最有效方法。

可预防多种疾病

接种乙肝疫苗后，体内产生表面抗体，可以有效防止乙肝病毒的感染，从而可以预防急性和慢性乙肝所导致的肝病，包括肝硬化和肝癌。此外，丁型肝炎病毒和乙肝病毒具有共同的表面抗原，因此在接种乙肝疫苗预防乙肝病毒感染的同时也就预防了丁型肝炎。

接种方法

乙肝疫苗的接种方法与母亲是否感染乙肝病毒有关。如果母亲乙肝病毒表面抗原阳性，为阻断乙肝病毒从母亲传至新生儿，应在新生儿出生后24小时内接种第一针重组酵母乙肝疫苗0.5毫升，在新生儿1个月、6个月时再各接种一针。如果母亲乙肝病毒表面抗原阳性和乙肝病毒e抗原阳性，新生儿出生后12小时内如无异常情况，可先肌肉注射乙肝免疫球蛋白，出生后1个月再接种一次。然后在新生儿出生后2个月、3个月、6个月时，各接种一次乙肝疫苗。如果母亲无乙肝病毒感染，新生儿出生后24小时内，注射重组酵母乙肝疫苗0.5毫升，以后在新生儿1个月、6个月时各接种一针。

保护好柔嫩的皮肤

新生儿皮肤娇嫩，抵抗外界病原微生物侵入的能力差。因此，了解一些预防保健措施，保护好宝宝柔嫩的皮肤，对年轻的家长来说是十分必要的。

及时清洗

给宝宝及时清洗皮肤很重要。一般家长习惯用碱性的肥皂清洗，然而，宝宝皮肤娇嫩，皮肤表面是偏酸性的，所以，不要使用碱性肥皂进行清洗。也不要用香皂，因香皂内含有香料，是皮肤过敏的“祸首”之一。最好还是给宝宝使用婴儿专用的中性或酸性肥皂，虽然去污能力较弱，但却很安全。

防晒、防冻

带宝宝外出时，一定要注意防晒、防冻，这是因为宝宝的汗腺尚未发育完善，皮肤娇嫩，要避免太阳暴晒，否则可能引起晒斑、晒伤或光感性皮炎。同样，在寒冷的冬季要注意保暖，宝宝在低温下时间过久会引起皮肤冻疮、冻伤甚至坏死。

防蚊、驱虫

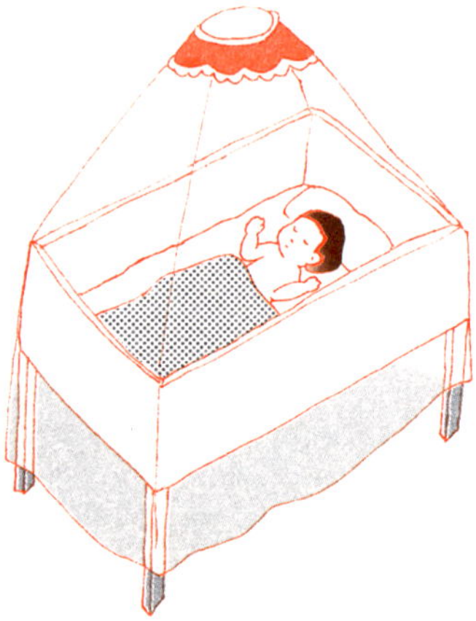

到了夏季，必须要注意保护宝宝免受各种蚊虫类的侵袭，从而引起皮炎。蚊虫最爱叮宝宝娇嫩的皮肤，所以在宝宝居住和活动的地方要保持卫生清洁，防止蚊虫叮咬宝宝。居室的门窗最好装纱门、纱窗，必要时用些驱虫药，但要避开宝宝喷洒驱虫剂。

慎用护肤品

综合婴幼儿皮肤和护肤品的特点，在选购婴幼儿护肤品时真有不少讲究。在选择护肤类产品如婴儿油、儿童霜、儿童蜜等时，要注意看一下产品说明，选择中性或微酸性的产品，与婴幼儿皮肤的pH值相近，经常搽用，可保护皮肤，防止水分过度损耗或浸渍，避免皮肤干燥破裂或淹湿。另外，婴幼儿的皮肤天生就已经很好了，要尽量少用护肤品。

防治消化不良

不少母亲在喂养宝宝的过程中，常常会碰到宝宝消化不良以及腹泻的问题。这些都是婴幼儿的常见疾病，防病大于治疗，如何预防呢？

预防是根本

为了避免宝宝消化不良，应注意以下几个方面：

第一，喂养定时定量。

第二，保持宝宝良好的食欲，注意宝宝的身体状态和周围环境。

第三，注意腹部保暖，不要使宝宝的胃肠道受寒冷刺激。

第四，培养排便习惯，保持消化道通畅，帮助宝宝养成每天定时排便的习惯。

非感染性腹泻

引起宝宝腹泻的原因很多，其中，非感染性腹泻是由于宝宝饮食喂养不当或天气变化所致。饮食方面引起的腹泻包括进食过多或过少，食物成分改变，加糖过多。糖分摄入过少易引起便秘。天气变化如宝宝受凉，可使肠道功能紊乱，气候炎热可使胃酸和消化酶分泌减少，消化不良引起腹泻。

感染性腹泻

感染性腹泻是指宝宝进食的奶具或食物不洁，使细菌进入体内造成的腹泻；或者由于服用广谱抗生素，致使肠道菌群失调引起的腹泻。当宝宝患急性上呼吸道感染、肺炎、中耳炎、泌尿系统感染、咽炎等病时，由于发热及病原体毒素的影响，也能可造成腹泻。

腹泻的治疗方法

调整饮食，预防和纠正脱水，合理用药，加强护理，预防并发症。不同时期的腹泻病治疗各有侧重，急性腹泻多注意维持水，电解质平衡及抗感染；迁延及慢性腹泻则应注意肠道菌群失调问题及饮食疗法问题。治疗不当往往会得到适得其反的效果。

宝宝发热怎么办

宝宝发热是父母经常遇到的状况，发热有几种不同的类型，父母要根据发热的不同原因和不同类型采取不同的处理手段。尤其是对于高热要分外注意，若高热持续不退，将会对小儿的健康造成损害。

发热的类型

发热是宝宝疾病常见的症状。通常以宝宝腋下体温37～38℃为低热，38～39℃为中度发热，39～41℃为高热，超过41℃为超高热。

高热的处理

物理降温作用迅速，安全，适用于高热。主要的物理降温方法包括以下几种。

1．冷湿敷法。用温水浸湿毛巾或纱布敷于宝宝前额、后颈部、双侧腹股沟、双侧腋下及膝关节后面，每3～5分钟换一次。注意对39℃以上高热的宝宝来说，水温不宜过凉，明显低于体温即可。

2．酒精擦浴。用30%～50%酒精重点擦抹上述冷湿敷部位及四肢皮肤，但不擦胸腹部。

3．冷盐水灌肠。婴幼儿用冷盐水150～300毫升灌肠，冷盐水温度为20℃左右。

4．温水浴。适用于四肢循环不好的宝宝。水温37～38℃，用大毛巾浸湿后，包裹宝宝或置宝宝于温水中，时间为15～20分钟，或根据体温情况延长时间，做完后擦干全身。

在做物理降温时应注意，每隔20～30分钟应量一次体温，同时注意宝宝呼吸、脉搏及皮肤颜色的变化。

吃退烧药，多喝些凉开水，在水中加些盐和糖，防止脱水。

慎用抗生素

有的家长只要孩子一发烧，就赶快给孩子服用抗生素。这种做法其实是不科学的。因为抗生素主要对某些细菌有杀灭或抑制生长的作用，而对大多数病毒感染无效，更不用说对于那些非感染性疾病了。因此，发热的宝宝应该去医院检查，查明病因，对症下药。滥用抗生素，非但无益，而且会带来一些毒副反应，还可能招致二重感染，使病情更加严重。

警惕肺炎发生

肺炎是一种呼吸道疾病，由于新生婴儿早期无明显呼吸道症状，所以，很容易被忽视。如果病情加重会引起宝宝呼吸衰竭，导致严重后果的产生。

肺炎的表现

肺炎表现有轻有重，一般症状有咳嗽、呼吸急促，发热时体温可达39～40℃。可能伴有食欲下降，呕吐、腹泻等消化道症状。肺部听诊有细湿啰音。当出现以下情况时，考虑病情严重，可能有并发症发生，如烦躁不安、精神萎靡、呻吟或气急加重、鼻翼扇动、点头状呼吸，伴有不同程度的缺氧症状如鼻唇周围出现青紫、面色灰白、体温不升或高热。有的体征不明显，通过肺部X线照片可以检查出来。

预防要点

预防肺炎应注意以下几个事项。

1．父母要注意开窗通风，避免空气不流通。

2．喂奶时注意不要让孩子吃得太快、太急，以免呛奶或溢奶。

3．喂奶后要轻轻拍背，让宝宝打呃排气，同时要注意房间的保温和通风。

4．如果家中有人感冒，应戴上口罩，以免传染孩子。

肺炎的治疗

肺炎的治疗主要包括以下两种。

1．控制感染。一般肺炎先用青霉素肌注，病情较重者可静脉滴入，或选用先锋霉素。对病原不明者可加用庆大霉素或氨苄青霉素。抗生素一般用至体温正常5～7天，肺部啰音消失之后停药。

2．对症治疗。发热时先物理降温，如冷水湿毛巾敷头部、使用冰袋枕头、温酒精擦洗腋下及腹股沟等处，或口服小儿退热片，或肌注安痛定等退热。急性缺氧者应立即给氧。

学会正确喂药

一般来说，给新生儿喂药的机会并不多，但出生两周的宝宝，需要喂维生素D胶丸或鱼肝油滴剂、鱼肝油丸。滴剂还比较好喂，滴到宝宝嘴里就可以了，但胶丸喂起来就有些困难了。

喂胶丸的方法

维生素D胶丸，是国际卫生组织推荐的预防婴幼儿佝偻病的药物。当母子出院时，医院会在宝宝袋中装上一瓶维生素D胶丸，一共是12粒，每月1丸，出生后半个月开始服用。妈妈往往把维生素D胶丸中的液体挤出来，放到水中喂孩子。这样做，药物会部分浪费，致使药量不足。最好是整个喂下去。妈妈会担心这样噎着宝宝，其实不会的。把胶丸放在小勺中，用温水浸泡约5分钟，用筷子轻轻按压胶丸，如果胶丸发软，能够被压变形，就可以把胶丸放入宝宝口中，用奶瓶喂水或用乳头喂奶，胶丸会顺利进入宝宝胃中，不会噎着孩子的。

喂汤剂的方法

喂汤剂中药时，煎的药量要少些，以半茶盅为宜。药水加糖调匀，温后倒入奶瓶服用。一天分3～6次喂完。

喂片剂的方法

把片剂压成粉末，放在干净的白纸上，慢慢倒入孩子口中，再用奶瓶喂水；或将粉末直接放入奶瓶中，喝奶或喝水时一并服入。如果可用乳汁送服药物，可把药末沾在乳头上，让宝宝吃奶。用勺给宝宝喂药末，和喂水剂一样，不要直接倒入孩子口中，一定要倒入舌下，这样不易呛入气管，造成窒息。

滴眼药的方法

滴眼药时，首先要设法让孩子睁开眼，可将孩子背着光线水平地抱起来，上下摇动其上身和头部，这样，孩子就会自动睁开眼睛，随之可将眼药水或眼药膏点在下眼睑的穹隆部。要注意，点药时切勿触到孩子的上下眼睑，以免引起孩子闭眼，导致滴药困难。

第五章 情商智商开发

对宝宝进行早期的情商、智商开发是很有必要的。从人类大脑的发育过程看，脑细胞在胚胎期形成，胚胎后期一直到4周岁是脑细胞成长、发育、分化过程，这一阶段称为大脑快速发育期，可塑性较好。此时的教育主要是来源于外界信息刺激，不仅是知识增长，更重要的是促进大脑发育，为日后的教育奠定物质基础。

常和宝宝说说话

宝宝来到这个世界，发出的第一种声音便是“哭”。长到2～3个月大时，宝宝能发出“咿咿啊啊”等声音。大部分宝宝到了8个月左右，就开始喃喃自语，甚至还可发出一些单字。在此阶段，父母应怎样和宝宝进行交流呢?

眼睛是心灵的窗户

眼睛是心灵的窗户，爸爸妈妈与自己的宝宝沟通时，首先要进行的就是眼光的交流。而宝宝通过爸爸妈妈的目光，聆听爸爸妈妈的声音，熟悉爸爸妈妈的表情，即可奠定对“说话”这种交流方式的认识。

聆听自然之声

生活中出现的小鸟的叫声、水流的哗哗声、汽车的嘟嘟声等，都可以让宝宝接触和感受更加广泛的语言题材。不要让宝宝生活的环境太过安静，因为生活中的一切声音，对于宝宝来说都是最好的语言教材。

养成对话习惯

父母在与宝宝每一次的身体接触中，一定要与宝宝进行有声的交流，因为这样会让宝宝的注意力更加集中，听觉也会变得更加敏锐。父母在给宝宝喂饭、喂奶、换尿布、哄睡觉的过程中，都要养成积极和宝宝对话的习惯，这对于提高宝宝的语言意识将有很大的益处。

进行情感交流

交流是自然真情的流露，对父母和宝宝都是一种心灵的需要。宝宝出生后随着大脑的迅速发育以及与外界的广泛接触，不仅身体在长大，精神活动也开始萌芽。宝宝的行为和感情的发育发展需要父母共同来关怀和引导，所以父母要学会用心养育自己的宝宝，用自己的爱心与耐心与宝宝进行情感交流。

把宝宝看作大孩子

当妈妈说话时，正在吃奶的宝宝会暂时停止吸吮，或减慢吸吮的速度。当爸爸逗宝宝时，宝宝会报以喜悦的表情，甚至微笑。这是宝宝与爸爸妈妈建立感情的本领。宝宝对爸爸妈妈及周围亲人的抚摸、拥抱、亲吻，都有积极的反应。

爸爸妈妈无论做什么，都要边做边对宝宝讲，比如当宝宝哭了的时候，你可以把宝宝抱起来，问宝宝是不是饿了，是不是尿了，或者是哪里不舒服了。慢慢地，你就会发现宝宝似乎能听懂你的话，用更加亲切的动作和表情回应你。而你所做的这一切，都能够促进新生儿的智力发育。

亲密接触很重要

从宝宝出生开始就应该尽可能和宝宝多接触。哺乳时，妈妈应尽量与宝宝肌肤相亲，使宝宝感受到妈妈的怀抱是他最安全的场所。他会安静的满足这种依恋，并形成早期记忆。吃母乳的宝宝，只要妈妈每次用固定的姿势抱他，他就会主动寻找乳头。妈妈身体的气味是和宝宝最初的一种联系。

用情感传递信息

宝宝出生后，对人脸表现出明显的兴趣，如果父母的脸在宝宝适宜的视线范围内出现，他会饶有兴趣的注视。而且宝宝具有天生的模仿能力，如果这时父母对着他微笑，宝宝也会露出浅浅的微笑来回应。可能新生宝宝的微笑不太明显，只是嘴角稍微抽动了一下，但这就是他在和父母交流。这种交流能够促进宝宝模仿能力的提高。

训练运动能力

宝宝的运动能力始于胎儿时期，胎儿在妈妈肚子里的运动，是在向爸爸妈妈和医生传递着生命信息。因此，宝宝出生以后，要尽早开始训练他的运动能力。

包裹松紧适度

宝宝出生以后，在新生儿期也表现出很复杂的运动能力，这主要是受到来自身体内生物钟的支配。过去人们习惯把新生儿，甚至两三个月的婴儿的胳膊和腿都裹得紧紧的，认为这样宝宝的腿将来才不会罗圈，而且睡得才会踏实。这样做虽然宝宝会很安静，避免了宝宝的肢体抖动和身体颤动，但却会极大地限制宝宝运动能力的正常发育。因此，把宝宝裹得太紧的做法是不可取的。应该让宝宝有足够的活动空间，使宝宝的呼吸功能得到促进，情绪更加活跃，运动能力更快发展。

逗引宝宝抬头

宝宝只有抬起头，视野才能开阔，智力才可以得到更大发展。爸爸妈妈可以让宝宝把头靠在自己肩上，然后轻轻移开手，让宝宝自己竖直片刻，每天可做四五次，这种训练在宝宝空腹时也可以做。另外，让宝宝自然俯卧在妈妈的腹部，将宝宝的头扶至正中，两手放在头两侧，逗引宝宝抬头片刻。也可以让宝宝空腹爬在床上，用小铃铛、拨浪鼓或叫着宝宝乳名引宝宝抬头。平时，可以在室内墙上挂一些彩画或色彩鲜艳的玩具，当宝宝醒来时，爸爸妈妈把宝宝竖起来抱，让宝宝看看墙上的画及玩具，这种方法也可以锻炼宝宝头颈部的肌肉，对抬头的训练也有积极作用。

抓握小小玩具

轻轻按摩宝宝的手指，带来刺激。当手指接触宝宝手心时，宝宝的小手能握住不放。也可把不同质地的适合宝宝小手抓握的物品，如小摇铃、小绒布玩具、纸卷、小积木等，放在宝宝小手里握一会儿，使宝宝获得各种触觉经验。

做做伸展运动

新生儿期的宝宝，小胳膊和小腿都处于自然弯曲状态，似乎还保持着在妈妈体内的样子。妈妈或爸爸可以利用日常护理的机会，训练宝宝做伸展运动。在为宝宝洗澡或换尿布的时候，妈妈或爸爸可以帮助宝宝伸展一下身体。帮他伸展身体时，只需将关节稍为弯曲，宝宝就会反射性地伸开他的关节。除了关节外，轻触宝宝的膝盖内侧、身体、手等，宝宝也会反射性地伸展他的身体。这个时期的宝宝，由于四肢十分娇嫩，所以不能用力拉他的手、脚，以免弄巧成拙。

偶尔练练爬行

宝宝在新生儿期就有爬行的先天条件反射，所以，适当地进行爬行运动训练，对宝宝的发育和成长具有积极作用。在帮助宝宝进行爬行训练时，可以利用宝宝洗完澡或睡醒觉的机会做。先为宝宝做完皮肤抚摸，这时宝宝会感觉到很舒服，会主动要求动一动了。你只要用手掌轻轻抵住宝宝的足底，宝宝就会试图向前爬，尽管开始时爬不了几厘米，但宝宝确实努力了。爬行训练的时间控制在每次1～2分钟，每天1～2次较为适宜。注意不要在宝宝吃饱奶或饥饿的时候做。经过爬行训练，宝宝颈部及背部的肌肉可以得到很好的锻炼，四肢也会越来越有力量，体质自然也会随之增强。

不会迈步别勉强

宝宝在新生儿期就有向前迈步的先天条件反射，宝宝如果健康，情绪又很好时，就可以进行迈步运动的训练。做迈步运动训练时，爸爸或妈妈托住宝宝的腋下，并用两个大拇指控制好宝宝的头，然后让宝宝光着小脚丫接触桌面等平整的物体，这时宝宝就会做出相应而协调的迈步动作。尽管宝宝的脚丫还不能平平地踩在物体上，更不能迈出真正意义上的一步，但这种迈步训练对宝宝的发育和成长无疑是有益的。所以，在进行训练时，你要表现得温柔一点，时间控制在每天3次左右，每次3分钟比较适宜。如果宝宝不配合，千万不要勉强，以免伤害宝宝。

发展视力

新生儿期的宝宝具有活跃的视觉能力，他们能够看到周围的东西，甚至能够记住复杂的图形，分辨不同人的脸形，喜欢看鲜艳动感的东西。

凝视弱光

由于宝宝的视力还比较微弱。你可以用支迷你手电筒来训练宝宝的视觉能力。爸爸妈妈注意，手电筒有点光就行，光千万不能太强，先将迷你手电筒摆在宝宝视线的一侧，距宝宝的面孔约30厘米，在第一个月内，宝宝会稍加凝视；到一个月大时，如果你慢慢将手电筒往旁边移动，宝宝的视线会追随你的动作，一般要等长到三个月大以后，宝宝才能完成左右180°捕捉物体的动作。

眼睛对视

宝宝最喜欢看妈妈的脸。当妈妈注视他时，宝宝会专注地看着妈妈的脸，眼睛变得明亮，显得异常兴奋，有时甚至会手舞足蹈。个别宝宝和妈妈眼神对视时，甚至会暂停吸吮，全神贯注凝视妈妈，这是人类最完美的情感交流，也是最基本的视觉能力训练。

玩具动起来

让宝宝学习追视，爸爸或妈妈可以慢慢拿些玩具在宝宝眼前移动，宝宝的眼睛和追视玩具的距离以15～20厘米为宜。训练追视玩具的时间不能过长，一般控制在每次1～2分钟，每天2～3次为宜，否则会引起宝宝的视觉疲劳。除了用玩具训练宝宝学习追视外，妈妈还可以用自己的脸引导宝宝进行追视。妈妈把脸一会儿移向左，一会儿移向右，让宝宝追着妈妈的脸儿看。这种训练方法不但可以练左右转脸追视，还可以仰起脸练向上方的追视，甚至环形追视，从而不仅锻炼了宝宝的视觉能力，而且也使宝宝的颈部得到了锻炼。

培育听力

听觉的发育十分重要，它直接影响语言的发展。新生宝宝不仅具有听力，还具有声音的定向能力，能够分辨出发出声音的地方。当父母和宝宝说话时，他会高兴地看着父母，眼睛和头不时地跟着动，脸上显出非常愉快的表情。父母应给宝宝多提供适当的听力刺激，以促进宝宝听觉和发音器官的发育和健全。

用音响玩具

父母可以用音响玩具对宝宝进行听觉能力训练，这样的玩具品种很多，如各种音乐盒、摇铃、拨浪鼓、各种形状的吹塑捏响玩具，以及能拉响的手风琴等。在宝宝醒着的时候，父母可在宝宝耳边轻轻摇动玩具，发出响声，引导宝宝转头寻找声源。进行听觉训练时，需注意声音要柔和、动听，不要持续很长，否则宝宝会失去兴趣而不予配合。

播放音乐

人的左脑是逻辑的语言脑，而右脑是感受音乐的脑组织。在宝宝学会说话之前，优美健康的音乐能不失时机地为宝宝右脑的发育增加特殊的“营养”。最好选择优美、轻柔、明快的音乐，比如中外古典音乐、现代轻音乐和描写儿童生活的音乐，这些都是训练宝宝听觉能力的好教材。最好每天固定一个时间，播放一首乐曲，一次5～10分钟为宜。播放时先将音量调到最小，然后逐渐增大音量，直到比正常说话的音量稍大一点儿即可。

模仿啼哭

宝宝啼哭之后，父母可以模仿宝宝的哭声。这时宝宝会试着再发声，几次回声对答，宝宝就会喜欢上这种游戏似的叫声，渐渐的宝宝学会了叫而不是哭。这时父母可以把口张大一点，用“啊”来代替哭声诱导宝宝对答，循序渐进地教宝宝发音。如果宝宝无意中发出另一个元音，无论是“啊”或“噢”都应以肯定、赞扬的语气用回声给以巩固强化，并且记录下来。

多元智能训练

人刚一生下来，就具备多种潜能，许多与生俱来的能力，只是因为没有得到适当的开发，而在出生后三四个月就消失了。因此，新生儿进行早期的多元智能训练是很有必要的。

激发宝宝快乐情绪

宝宝啼哭时，如果他不是饥饿也不是尿湿，就干脆把他抱起来同他唱歌，很快宝宝的啼哭就会停止，不久宝宝就会开始有快乐的反应，四肢活动，开始微笑。

训练记忆力

事先准备好15厘米×20厘米的黑白图6幅，2幅为父母的黑白照片，其余的可以是同心圆、棋盘、斜纹、波浪、葡萄和地图等图片。把妈妈的大照片放在宝宝的床栏右侧，离眼20厘米处，当宝宝睡醒时睁开眼睛就能看到。家长要注视宝宝的眼睛，并用秒表记录宝宝第一次注视的时间，每天连续观看，到第4～5天，宝宝观看图的时间将会缩短，同时记录最短的观看时间。之后换用爸爸的照片，宝宝在观看新的照片时注视的时间又会加长。这些说明宝宝已经记住了以前的照片，有了观察的记忆力，同时能分辨出新的照片，有了视觉的分辨能力。

发展触觉，促进生长

在宝宝醒着或在与宝宝说话时，轻轻抚摸宝宝的皮肤，抚摸部位可以是头发、四肢、腹部、背部、指部、手背、手指等。

每天5～6次，每次3～5分钟，即每天15分钟以上。

抚摸时，注意别伤着宝宝的皮肤。

爸爸要积极参与

爸爸应当参与对宝宝的照料，经常抱起宝宝、替他洗澡、换尿布、穿衣服、逗他玩等。宝宝会发现爸爸的抱法与妈妈不同，爸爸动作快捷有力，爸爸脸上粗糙不如妈妈光滑，爸爸抱起来举高高的，使宝宝又害怕又高兴。宝宝需要适应不同的照料方式，从小得到爸爸照料的宝宝适应能力好，而且能同爸爸用互动的方式交流，容易产生感情。

·本月智能发育测试·

大动作

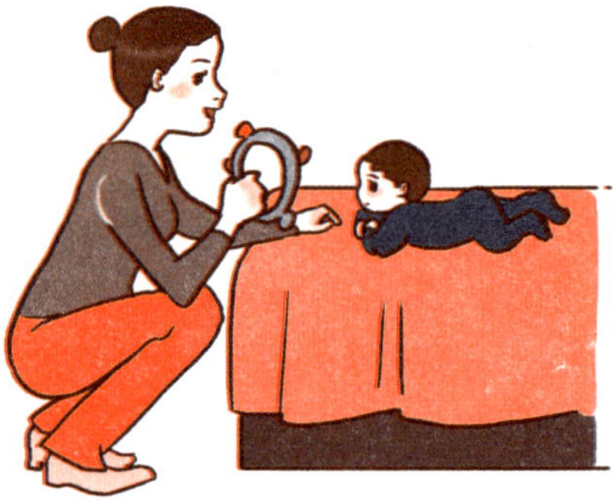

俯卧抬头片刻。让宝宝趴在床上，脸向下，双臂放在头两侧，前面用摇铃逗引其抬头。如果宝宝能自行抬头，且下颌离开床面2秒，即表明宝宝通过1个月智能发育标准。

精细动作

握笔杆。让宝宝仰卧，将笔杆放在宝宝手中，如果宝宝可握笔杆2～3秒即通过1个月智能发育标准。

认知能力

听声音找声源。使宝宝处于俯卧，距宝宝耳朵一侧9厘米左右摇铃，若宝宝眼睛向声源方向移动即通过1个月宝宝智能发育标准。

言　语

会发细小喉音。在宝宝仰卧清醒的状态下，观察其发音。如宝宝能发出除哭以外的任何一种细小柔和的声音即表明宝宝通过1个月智能发育标准。

情感与社交行为

与父母眼对眼注视。如宝宝在清醒时能与父亲或母亲对视超过3秒以上，表明宝宝通过1个月智能发育标准。

逗引宝宝会微笑。让宝宝仰卧，家长用语言、表情逗他，但不要用手触及宝宝，如果宝宝有微笑等愉快反应，则表明宝宝通过1个月智能发育标准。

第二篇

我满月啦（2个月）

对大多数父母而言，第二个月最令人高兴的莫过于宝宝的微笑了。如果你注视着宝宝，跟宝宝说话，宝宝很可能会摇动四肢及身体，同时“咯咯、咕咕”地叫出来，仿佛整个身体都在“微笑”。宝宝的一切都在慢慢释放和舒展，让妈妈每一天都有惊喜的新发现。总而言之，进入第二个月的新生儿越来越像个“超级乖宝宝”，只有笑声，没有哭声，日子过得安逸而快乐！

第一章 宝宝成长脚印

经过父母又一个月的悉心照料，宝宝长高长胖了一些。虽然宝宝各项身体发育指标都有一定提高，但身体上的变化尚不明显，满月的宝宝和两个月的宝宝看起来没有很大的差别，爸爸妈妈不要太心急。

发育特征

第2个月的宝宝变得越来越可爱。体重和身高迅速增长，视力和听觉发达。以前整天睡觉的小贪睡鬼现在已经熟悉了生活的节奏，白天一双大眼睛会骨碌碌地转。

生长快

宝宝在这个月的生长速度之快，实在是令人惊奇。满月时，宝宝的体重比出生时平均增加了1千克，身高也平均增长了3～4厘米。有些生长顺利的宝宝，每天的体重增加量超过30克。但这只是平均数值，宝宝的生长在很大程度上取决于个人的差异。

会笑了

宝宝一过满月，爸爸妈妈就会发现宝宝仿佛一下子长大了，而且会笑了。这时候，每当爸爸妈妈对宝宝说话，对宝宝微笑时，宝宝也会对爸爸妈妈微笑，而且还会手舞足蹈，表现出兴奋的样子。尤其妈妈女性的高音比爸爸男性的低音更能诱发宝宝的微笑。

有了记忆

进入2个月的宝宝，开始注意周围的人，对于时常与他(她)亲密接触的妈妈或爸爸已经有了记忆，会从其他人当中认出来，并表现出欢快的样子，脸上笑着，嘴里叫着，手脚舞着，也乐于让妈妈或爸爸抱。如果面对的是生人，宝宝是不会让抱的，就会用啼哭表示反抗。这既是一种社交欲望，也是一种自我保护能力。

体格标准

2个月的小宝宝，面部长得扁平，阔鼻，小脸光滑了，皮肤也白嫩了。肩和臀部显得较狭小，脖子短，胸部、肚子呈现圆鼓形状，小胳臂、小腿也变得圆润了，而且总是喜欢呈屈曲状态，两只小手握着拳。所有这一切都表明，宝宝已经平安顺利地度过了新生儿期，开始迎接自己的新生活。

身 高

这个月的男宝宝平均身高为60.4厘米，女宝宝平均身高为59.2厘米。宝宝身高增长是比较快的，一个月可长3～4厘米。影响身高的因素很多，有喂养、营养、疾病、环境、睡眠、运动等，但这个月的宝宝身高的增长不受遗传影响。

体 重

这个月的男宝宝平均体重为6.1千克，女宝宝平均体重为5.7千克。宝宝体重增长较快，平均可增加1千克。人工喂养的宝宝体重增长更快，可增加1.5千克，甚至更高。体重增加程度存在着显著的个体差异，有的这一个月仅增长500克，这也不能认为是不正常的，体重的增长并不是很均衡的，这个月长得慢，下个月也许会出现快速增长。

头 围

这个月的男宝宝平均头围约为39.6厘米，女宝宝的平均头围约为38.6厘米。前半年头围平均增长9厘米，但每个月并不是平均增长。所以，总的趋势呈增长势头就是正常的，只要头围在逐渐增长，即使某个月增长稍微少了，也不必着急。

囟 门

宝宝的前囟被众多的父母所重视，尤其是老人，更加重视宝宝的前囟，认为这是宝宝的命门，不能触摸，触摸了，宝宝会变成哑巴。虽然从科学上来讲触摸宝宝的前囟是不会使宝宝变哑巴的，但前囟是没有颅骨的地方，一定要注意保护，不必非要触摸宝宝的前囟，更不能用硬的东西磕碰前囟。宝宝的前囟会出现跳动，这是正常的，前囟一般是与颅骨齐平的，如果过于突出或过于凹陷都是异常。

感官发育状况

在这个月，宝宝的视力、听力和嗅觉的发育都有明显增强，并且具有表达的意愿。

眼睛清澈了

宝宝满月后，视觉集中的现象就越来越明显，喜欢看熟悉的大人的脸。这时候的宝宝，眼睛清澈了，眼球的转动灵活了，哭的时候眼泪也多了，不仅能注视静止的物体，还能追随物体而转移视线，注意物体的时间也逐渐延长。

能辨声音方向

宝宝已能辨别出声音的方向，能安静地倾听周围的声音、轻快柔和的音乐，更喜欢听爸爸妈妈说话，并能表现出愉快的表情。当宝宝哭闹时，妈妈如果哄他，即使声音不高，宝宝也会很快地安静下来。如果宝宝正在吃奶时听到爸爸或妈妈的说话声，便会中断吸吮动作。宝宝对突如其来的响声和强烈的噪声，会表现出惊恐和不愉快，还可能会因此受到惊吓而啼哭。这个时期的宝宝对爸爸妈妈的声音很敏感，也非常乐于接受。

做“说话”动作

一个多月的宝宝不会有说的能力。还不能用语言来表达，但这么大的宝宝已经具有表达的意愿。爸爸妈妈和宝宝说话时，你可能会惊奇地发现，孩子的小嘴在做说话的动作，嘴唇微微向上翘，向前伸成“0”形，这就是想模仿爸爸妈妈说话的意愿，爸爸妈妈要想象着宝宝在和你说话，你就像听懂了宝宝的话，和宝宝对话，这就是语言潜能的开发和训练。尽量多和宝宝说话，建立语言学习能力。

闻到奶香味

宝宝在胎儿时期嗅觉器官即已成熟，新生儿依靠成熟的嗅觉能力来辨别母亲的奶味，寻找乳头和母亲。这个月的宝宝总是面向着妈妈睡觉，就是嗅觉的作用，宝宝是在闻妈妈的奶香。

皮肤感觉

皮肤感觉的发育还不成熟，不能确定受刺激部位，不能出现局部逃避反应，而是引起全身性运动。对寒冷的刺激较敏感，外界温度低时就会啼哭，甚至发生战栗，保温后马上安静下来；对热的刺激较迟钝，对过烫的热水袋不知道躲避，因而易引起烫伤，父母必须小心。触觉在某些部位较敏感，轻划其手掌或足底时能引起手指或脚趾的运动。痛觉发育较差，不敏感，对皮肤某一点的疼痛刺激，感觉到的却是该点所在整个部位的疼痛。

情感发育

第2个月开始，宝宝会微笑，一开始是无意识的，有时在安睡时出现微笑，逐步发育成为有意识的，如看见母亲，听到轻快、柔和的音乐时会有微笑。

肢体反应

第2个月开始，宝宝会把拳头放在嘴里，并开始能在垂直位抬起头来。发育快的宝宝这个时期就已经能够支撑起脖子，仰卧时可以转动脖子，翻身俯卧时能抬起头。宝宝俯卧位可以增加肌肉的运动，特别是颈肌和胸廓肌肉。从第2个月开始，在宝宝睡醒换好尿布，喂奶以前让他俯卧一会，把他的两只手臂曲放在胸前，每天做2次，这时宝宝可逐渐抬起头来。

动作发育

1．俯卧训练抬头。宝宝呈俯卧姿势，父母用色彩鲜艳的或摇动发出声音的玩具在前面逗引，宝宝的下巴能够短时间离床并且面部与床呈45°，并逐渐发展到双肩也能抬起来。

2．竖抱训练转头。将宝宝背靠妈妈胸腹部、面朝向前方，然后爸爸在妈妈背后呼唤宝宝的名字，或摇响玩具，时而向左、时而向右地交换方位，让宝宝进行互动逗乐游戏的转头训练。

3．精细动作训练。2个月的宝宝特别喜欢看、玩和吸吮自己的手。这是宝宝心理发展的必然阶段，不要阻挠。还可以通过在宝宝的手腕上拴一块小红布条或套上一对银器铃铛，帮助其小手的挥动、抓握而发出丁零的响声，不仅能够刺激宝宝的视觉、听觉的进一步发育，而且对其手的精细动作发展和肌肉的发育很有益处。让宝宝呈仰卧位，在训练其手臂自由活动时宝宝会主动把小手放进嘴里。

第二章 宝宝餐桌安排

母乳喂养至少四个月以上，对宝宝最为有利。这期间，妈妈要多吃营养丰富的食品，以让宝宝吃到充足、质量高的奶水。但因妈妈个人体质或其他原因，不能为宝宝提供全母乳喂养的，就需要喂宝宝牛奶、奶粉，或其他营养品，以保证宝宝营养的正常供给。

奶粉喂养注意事项

在没有母乳的情况下，配方乳喂养是较好的选择，特别是母乳化的配方乳。虽然现在提倡母乳喂养，但是如果实在没有母乳，或者各种原因导致不能成功母乳喂养，妈妈们不要遗憾，注意配方乳喂养的细节也会让宝宝很健康。

不随意加量

一般按宝宝体重算，每日每千克体重需要牛奶100～120毫升。妈妈们买了优质的奶粉后，一定要按照说明书的浓度来冲调，过浓或过淡都会影响宝宝健康。

控制好奶温

控制好奶的温度，宝宝的奶粉适宜用50～60℃的温开水冲泡，太热会破坏奶粉的营养成分。

奶具要洗净消毒

冲完一次奶粉后，请检查一下是否将小匙正确放置并每次用前都消毒，因为手的细菌可能粘在小匙上，蒙在奶粉罐里，污染奶粉，使宝宝闹肚子。奶瓶应洗净、煮沸、消毒10～15分钟，奶嘴煮沸5分钟即可。每次吃剩下的奶一定要倒掉，不能留到下一餐再吃。

改喂奶粉要循序渐进

有些宝宝是从母乳改喂配方奶的，由于配方奶大多味道比母乳重些，宝宝很容易出现拒奶现象，妈妈要循序渐进地让宝宝改变，一点点减少母乳，增加配方奶，便于宝宝逐渐习惯接受配方奶。

培养良好的喂食习惯

对于2个月的宝宝来讲，仍应继续坚持纯母乳喂养，只要母乳充足，吃奶就很有规律。一般每隔3～4小时吃一次。在这段时间，注意不要让宝宝养成吃吃停停、长达二三十分钟的坏毛病。

把握喂奶时间

宝宝吃奶的时间不宜过长，从奶汁的成分来看，先吸出的母乳中蛋白质含量高，而脂肪含量低，随着吸出奶汁的量逐渐增多，母乳中脂肪含量逐渐增高，蛋白质的量逐渐降低。吃奶时间过长，会使脂肪摄入过多，容易引起宝宝腹泻。其次，乳汁已吸空，再含着奶头，吸入的都是空气，容易造成溢乳。一般认为一侧乳房的哺乳时间为10分钟。吸奶最初2分钟，已经可以吃到总乳汁量的50%，最初4分钟，可吃到总乳汁量的80%～90%，最后的5分钟几乎吃不到多少奶。

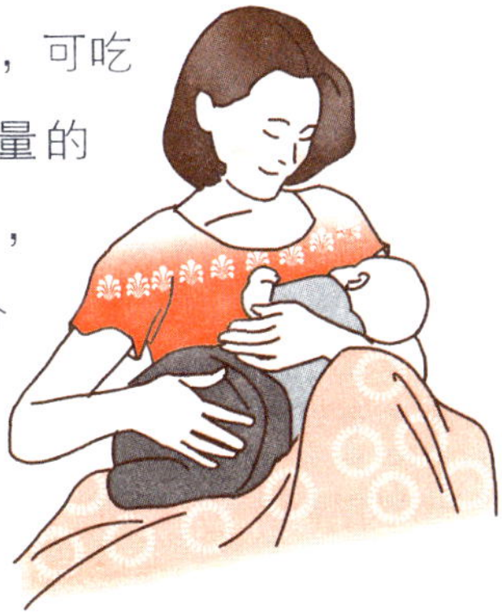

控制时间间隔

1．母乳喂养。妈妈们要有意识地将母乳喂养形成规律，3小时左右喂1次。若宝宝吃奶40分钟仍未吃饱，或者当母乳喂养宝宝的体重不能增加时，可能是你的乳汁供应不足，可以适量增加配方乳喂养或转为配方乳喂养就可以解决。

2．人工喂养。当不能对2个月大的宝宝采用母乳喂养时，应每隔4小时喂奶1次，每天共喂6次，牛奶喂养的宝宝奶量每次约100毫升，即使吃得再多的宝宝，全天总奶量也不能超过1000毫升。如果宝宝仍吃不饱，可以加健儿粉或糕干粉，每100毫升奶中加3～5克即可，放在奶中一起熬好。

不能一哭就喂

哭，是宝宝表达自己需求的一种方式，以吸引父母们对他的重视与满足。有些妈妈一看见宝宝哭，就马上给宝宝喂奶，这会加剧喂养的不规律。对于2个月的宝宝，不到时间，就是哭也不要给他吃。

有的营养素要重点补

当宝宝体内血钙不足时，可发生手足抽搐症，常伴有不同程度的佝偻病症状。这时应及时补充钙剂，而且要与含维生素D的药物配合应用如鱼肝油等。

视具体情况而定

为了防止宝宝患佝偻病，应常规补充维生素D。那么，是否也应常规补充钙剂呢？这要看具体情况而定。宝宝每天钙的需要量为400～600毫克，母乳每升含钙约300毫克，牛奶每升约含1250毫克。因此正常情况下，母乳和牛奶喂养的宝宝都不需要补充钙剂。千万不要把钙剂当成营养品，钙过量不仅无益反而有害。

常到户外晒太阳

要经常把宝宝带到户外晒太阳，每天不少于2小时，可上、下午各一次。当阳光较强时，应该去阴凉处，或选择避开上午至下午阳光较强的一段时间，身体照样可获得紫外线。值得注意的是日晒时不要把宝宝遮掩的太严实，尽量多露出皮肤，也不能让宝宝在房子里隔着玻璃窗晒太阳，因为紫外线很难透过去。特别要向妈妈提出的是经阳光照射体内合成的维生素D剂量是十分安全的。

服维生素不能过量

宝宝出生2周即应开始补充维生素D，每天服用400国际单位。如果是维生素A和维生素D混合制剂，选择时一定注意其中维生素A与维生素D剂量的比例是否是3：1，如“伊可欣”，维生素A为1800国际单位，维生素D为600国际单位，这样不易出现过量。在夏天户外活动十分充分时，1岁以上的宝宝可不服用维生素D。有的妈妈觉得鱼肝油是维生素D，多吃几滴只有好处没有坏处。其实不然，鱼肝油虽然能促进宝宝对钙的吸收，但千万不可服用过量，因为药物性维生素A和维生素D易在体内储存过度而引起蓄积中毒。

掌握热量的摄入

对于宝宝来说，卡路里摄入量的要求大约是成人的2.5～3倍。这个月的宝宝每日所需的热量仍然是每千克体重420～462千焦，如果每日摄取的热量超过504千焦，就有可能造成肥胖。母乳喂养的宝宝，每周要用体重计测量宝宝的体重，如果每周宝宝的体重增长都超过250克以上，就有可能是摄入热量过多，如果每周宝宝的体重增长低于100克，就有可能是摄入热量不足。人工喂养宝宝可根据每日牛奶量计算热量，母乳喂养宝宝和混合喂养宝宝不能通过乳量来计算每日所摄入的热量。实际上，计算每日所摄入多少热量没有什么必要，如果按照宝宝自己需要供给奶量，绝大多数宝宝都知道饥饱。

重视“脑黄金”

良好的营养是大脑发育的物质基础。DHA和AA是大脑和视网膜的重要组成部分，DHA是二十二碳六烯酸，又称“脑黄金”；AA是花生四烯酸，两者都是长链多元不饱和脂肪酸。它们是宝宝大脑生长发育所必需的营养物质，也是构成神经细胞膜且在神经细胞膜中发挥重要作用的“结构性”脂肪酸。均衡饮食的母亲的母乳中含有丰富的DHA和AA，可以满足宝宝的需要。但是，由于母乳不足或母亲因故无法进行母乳喂养时，宝宝就得从其他途径来获得DHA和AA，可以选择含有这两种成分的奶粉，如果奶粉中没有或含量不充足，还可以加入DHA牛奶伴侣，以满足宝宝大脑发育的需要，否则会造成宝宝的大脑发育不良，削弱宝宝的学习记忆能力。

育儿新经

补DHA和AA宜适量

DHA是一种多元不饱和脂肪酸，主要从无污染的深海鱼和单细胞藻类中提取，是宝宝大脑中枢神经和视网膜发育必不可少的物质。AA是构成脑部的重要脂肪酸。大脑中脂肪酸占60%，其中AA为15%，所以AA对脑部的发育十分重要。DHA和AA的摄入并不是越多越好，过犹不及，还是应该遵循比例接近母乳的原则，才可以使宝宝充足和安全地摄入DHA和AA。

特殊情况喂养方案

母乳喂养可能是一帆风顺的，也可能遇到各种问题。妈妈们常常因为自己的身体原因，动摇继续母乳喂养的决心。此外许多妈妈在宝宝6个月或更早一点就会重返工作岗位，上班和母乳喂养成为两难问题。

母体感冒

大多数病症只要妈妈恰当处理，都不会成为放弃母乳喂养的原因。当母体出现感冒、流感时，母乳中已经制造免疫因子传输给宝宝，即使宝宝感染发病，也比母亲的症状轻，所以不必断奶，一般药物对母乳没有影响。可以在吃药前哺乳，吃药后半小时以内不喂奶，注意多饮水，补充体液；注意卫生，勤洗手，少对着宝宝呼吸，可以戴口罩防止传染。为了宝宝的身体健康，经常接触宝宝的人都应注意卫生，勤洗手。

食物中毒

一般肠道感染不会影响母乳，不必断奶，注意多饮水。极端罕见的病例中，引起腹泻的病菌已经进入母亲的血液和母乳里，可以暂时停喂母乳，定时挤奶以免乳房肿胀。病愈后可继续哺乳。

患甲型肝炎

甲肝发病比较急性，母亲可能卧病不起，无法哺乳，可考虑暂时停喂，定时挤奶。美国儿科学会传染病委员会推荐给宝宝肌肉注射一针标准丙种球蛋白，母乳喂养可照常进行，乳汁中的抗体可以保护宝宝不受感染。

患糖尿病

母乳喂养对于患有糖尿病的母亲来说有特殊的好处。而且由于胰岛素的分子太大，无法渗透母乳，所以糖尿病妈妈完全可以进行母乳喂养。但是由于糖尿病患者容易感染各种病菌，母乳喂养期间要格外注意血糖水平，格外注重个人卫生，保护乳头不受感染。

患乳腺炎

过去的例行手续是一旦发生乳腺炎，就立刻建议断奶。但经试验证明，在几乎所有的情况下，一位患了乳突堵塞或者乳腺炎的妈妈，对自己和宝宝所能够做得最好的事情，是继续哺乳，而且应该更加频繁地哺喂，以缓解症状。

上班工作

在将上班的前几天，妈妈应根据上班后的作息时间调整安排好宝宝的哺乳时间。不足6个月的宝宝只吃乳品，妈妈可在上班前和下班后用母乳喂哺。如果妈妈能在午间休息时间回家喂奶更佳。在上班前1～2周由家人给宝宝试着喂奶瓶，开始的次数少些，每周1～2次，让他慢慢适应用奶瓶喝奶。4个月以上的宝宝需要添加辅食了，要合理安排喂奶和吸奶时间，应尽量把喂辅食的时间安排在妈妈上班的时间。妈妈在上班出门前给宝宝喂一次奶或将奶吸出来，后由家人或保姆喂奶。工作期间，即使再忙，你也要保证每3小时吸一次奶。

母乳存储方法

挤出来的母乳储存在干净的容器里，如消毒过的塑胶筒、奶瓶、塑胶袋。储存母乳时，每次都要另用一个容器。冷藏母乳与冷冻室的母乳加在一起时，切记新加的要比原来已冷冻的母乳少，否则已冷冻的会被新加入的母乳解冻。不要装得太满或把盖子盖得很紧，以防容器冷冻结冰而胀破。母乳分成小份冰凉储存，方便家人或保姆根据宝宝的食量喂食且不浪费，并贴上标签，记上日期。

喂冷藏乳须知

喂食前，冷冻母乳先用冷水或放置在冷藏室慢慢解冻退冰。最好的办法是用奶瓶隔水慢慢加入温水，摇匀后用手腕内侧测试温度，合适的奶温应和体温相当。已经拿出来的冷冻母乳退冰后不可再冷冻，只可冷藏。一旦加温后若未食用，不可再次冷藏，需要丢弃。不要用微波炉或直接在火上加热，因为微波炉加热不均匀，而直接在火上加热、煮沸会破坏母乳的营养成分。母乳冰凉后会出现分层现象，因为母乳中含有很多油脂，加热后要轻轻摇晃，使其混合均匀再喂食。

发湿疹的应对策略

湿疹俗称奶癣，是婴儿夏季常见的一种过敏性皮肤病，起病大多在出生后1～3个月，6个月以后逐渐减轻。诱发湿疹的原因很多，主要有对牛羊奶；牛羊肉、鱼、虾、蛋等食物过敏，过量喂食而导致消化不良等。

治疗措施

一般说来，先要观察有没有食物过敏，特别是牛奶、母乳或鸡蛋白等动物蛋白的过敏；其次，母亲吃鱼、虾、蟹、鸡等，也可通过母乳传给婴儿，在吃这些动物性食品后，应观察婴儿的皮肤病是否加重，如果与上述情况有关，婴儿应改变喂养方法。如母乳过敏，改用牛奶；牛奶过敏则改用母乳，或在喂奶期间母亲不吃鱼、虾、蟹等食物。常用的内用药有苯海拉明糖浆、复合维生素B、维生素C等，有继发感染时还要加用抗生素。外用药要视皮肤病变状态而定，出水糜烂或红肿时，用2%硼酸水溶液或0.1雷佛奴水溶液湿敷，渗液与糜烂消失后，外用湿疹霜等。

预防方法

预防宝宝湿疹要注意避免过量喂食，防止消化不良。如果是牛奶过敏，可把牛奶多煮开几次，改变其成分结构，减少致敏因素。如果是某些食物过敏，可开始吃少量，再慢慢加量，使宝宝逐渐适应。吃鸡蛋时，试着只吃蛋黄，不吃蛋白。母乳喂养小儿如患湿疹，母亲应暂停吃引起过敏的食物。

喂养上要特别注意

宝宝湿疹是妈妈常常碰到的问题，千万别掉以轻心，以为单纯的皮肤护理就可以应付了。这时，宝宝可能对牛奶过敏，在喂养上更需要特别的关注。对这个阶段的宝宝来说，牛奶蛋白是一种过敏原，这个时候可能就需要选择不含牛奶蛋白的特殊配方奶粉，如婴儿配方豆粉来喂养，帮助宝宝缓解湿疹。

腹泻的喂食方案

宝宝腹泻是仅次于呼吸道感染的第二位常见病、多发病。换季时节，天气时暖时热，腹泻的宝宝就会多起来，且以2岁内的婴幼儿多见。如果宝宝腹泻了，妈妈不要紧张。由于宝宝消化不良而致的腹泻不用药物也可治疗，除注意增减衣服外，合理喂奶也可达到控制腹泻的效果。

减少母乳喂养量

宝宝腹泻时，不必停止喂奶，只需适当减少喂奶量，缩短喂奶时间，延长两次喂奶的间隔时间，就可调整过来。一般说来，3个月以内的宝宝每3小时喂1次，夜间停喂1次；3～5个月的宝宝每3个半小时喂1次，5个月大后的宝宝每4小时喂1次，每次喂奶15～20分钟。除喂奶时间，如果宝宝啼哭可以喂点白开水，或5%葡萄糖水，也可以减少1～2次母乳的哺喂，使宝宝胃肠得到休息。腹泻时应停止添加一切辅食，随着病情的好转，先逐渐恢复一天应喂的奶量，待宝宝胃肠道恢复后，再逐一将已经食用过的辅食小心恢复。当宝宝腹泻时，母亲应少食含脂肪高的食物，以免增加乳汁中脂肪含量。每次喂奶前，母亲可喝一大碗开水稀释母乳，有利于减轻宝宝腹泻症状。

改牛奶为其他食物

宝宝腹泻时，要根据腹泻、呕吐、食欲和消化的情况，确定饮食治疗的方法。如病情较重，每日腹泻超过10次，并伴有呕吐，应暂停牛奶，禁食6～8小时，最长不超过12小时。禁食应保证充足的水分供应，可喂些葡萄糖淡盐水、胡萝卜汤、焦米汤等，或根据宝宝的需要随时少量哺喂。减轻宝宝胃肠道的负担，使之充分休息。待情况好转，逐渐改服米汤、冲淡的脱脂牛奶、稀释的牛奶等，至完全好转再恢复原来的饮食。如宝宝腹泻不严重，仅比正常多2～3次，无呕吐，可暂喂1～2日米汤，然后喂水或米汤冲淡的奶。奶量可视病情，先按1/2，后按1/3等，使肠道逐步适应。当大便正常后可改服全奶。如宝宝偶然出现腹泻，可将奶冲淡喂1～2天，即可恢复正常奶量。冲淡奶可用米汤，因米汤没有发酵作用，而且含有较高的营养成分，有利于腹泻患儿的恢复。

第三章 爱心呵护指南

作为父母都知道，在宝宝最初的成长过程中，每天最主要的照料内容除了喂奶就是料理宝宝的大小便，照顾宝宝睡觉、洗澡、穿衣等等，这些事情常常会使父母手忙脚乱。

看大便调节饮食

宝宝粪便的次数、性状、颜色、气味与宝宝的年龄、食物的种类及宝宝的消化、吸收功能有着密切的关系，它是反映宝宝胃肠功能的一面镜子，父母可以通过观察粪便来调整宝宝的饮食。

母乳喂养的大便

母乳喂养的宝宝，粪便呈黄色或金黄色，稠度均匀如药膏状，或有种样的颗粒，偶尔稀薄而微呈绿色，呈酸性反应，有酸味但不臭。每天排便2～4次，如果平时每天仅有1～2次大便，突然增至5～6次大便，则应考虑是否患病。

人工喂养的大便

牛乳喂养的宝宝，大便呈淡黄或土灰色，质较硬，呈中性或碱性反应。由于牛奶中的蛋白质多，有明显的蛋白分解后的臭味。

通过大便判断消化

1．大便太臭。蛋白质吃得太多，消化不良。刚从母奶换为牛奶时也会有此现象。

2．多泡沫。糖发酵旺盛，不是毛病。

3．有凝块奶。宝宝未完全消化会有此现象。

4．呈绿色。胃肠蠕动太快，不是毛病。

5．色太淡或淡黄近于白色。黄疸，赶快去看医生。

6．呈黑色。胃肠道上部分出血，去看医生。

7．呈红色。胃肠道下部分出血，去看医生。

8．呈红色水果冻状。可能是肠套叠，应立即送医院。

不要过早训练排便

1个月多的宝宝，仍然是随意大小便，此时训练大小便还为时太早，没有必要为此投入精力，因为这时的训练是无效的，所以不提倡过早训练宝宝大小便。尽管宝宝不能控制大小便，但和新生儿期相比，这个月的宝宝小便次数有所减少。如果使用尿布，不再是每天彩旗飘飘，而且，也比较有规律了，大多数是在醒后排尿。男宝宝可以看到阴茎立起来时，马上接尿，会成功地把尿接到小罐中。

小便次数减少原因

宝宝在新生儿期，小便次数较多，爸爸妈妈一天要更换几十块尿布。随着宝宝月龄的增加，进入第2个月的宝宝排尿次数会逐渐减少。爸爸妈妈很担心宝宝是不是缺水了。要想判断宝宝是不是缺水，一是要看季节，二是要看宝宝的体征。如果是在夏季，天气热，宝宝可能会缺水分。反应的症状是，宝宝不但尿的次数减少，而且每次尿量也不多，嘴唇还可能发干，这就证明缺水了，应该赶紧补水。还有一个原因就是宝宝逐渐大了，膀胱也比原来大了，储存的尿液也多了，原来垫两层尿布就可以，现在垫三层也会湿透，甚至能把褥子都尿湿。因此，宝宝小便次数少，并不是缺水了，而是宝宝长大了，爸爸妈妈应该高兴才是。

一吃就拉的护理

把尿布换得干干净净，抱起来吃奶，还没吃几口，就听到扑嚓嚓拉屎的声音，妈妈会认为宝宝不正常，就给宝宝吃药，或者马上给宝宝更换尿布。遇到这种情况，妈妈不要急于换尿布，其一是打断了宝宝吃奶，会由此导致宝宝吃奶不成顿；其二会引起宝宝把刚刚吃进的奶溢出来，加重溢乳程度；其三会增加护理负担，可能在整个喂奶过程中拉几次，如果拉一次，就马上换，恐怕要换几次。这样一次次折腾宝宝，中断喂奶是不好的。所以，应等宝宝吃完奶再换。

如何帮宝宝止嗝

宝宝的打嗝是因为横膈膜突然用力收缩所造成，是很常见的情形，一般都出现在喂食之后。其实，打嗝本身对宝宝的健康并无任何不良影响，没必要过分担心。人的成长需要一个过程，神经系统的发育同样需要一个过程。一般情况下，宝宝3个月后，打嗝现象会自然好转。

打嗝是正常现象

打嗝属于正常的生理现象，常在刚喝完奶时发生。可能是由于宝宝常哭闹或在喂食时吃得太急，而吞入大量的空气造成的；有时肚子吹到风受寒，或是吃到生冷食物等造成刺激也会出现打嗝症状；其他较少见的原因是与胃食道逆流疾病，如肺炎有关，或对药物的不良反应等。

轻拍宝宝背部

其实应该是没有任何可靠的方式来停止宝宝打嗝，尤其是不确定为什么会发生打嗝的时候。宝宝若无其他疾病而突然打嗝，一般无需作处理，通常打一会儿就可自行停止，除非发作时间较长，连续超过10分钟以上。家长可以在宝宝喝完奶之后，多抱一会儿，轻轻拍宝宝背部，或是轻柔按摩宝宝腹部来帮助其排气，这样可以预防宝宝打嗝及溢奶。此外，试试少量多餐的喂食法，或喂食后抱起宝宝帮他拍背加强排气，喂一点温开水或以有趣的活动来转移宝宝的注意力，或许可以改善宝宝打嗝症状。

打嗝的预防措施

日常生活中要避免宝宝打嗝，需注意要在安静的状态与环境喂食宝宝，千万不可在宝宝过度饥饿及哭得很凶的时候喂奶。且要有正确的喂奶姿势，进食时也要避免太急、太快、过冷、过烫，在宝宝打嗝时可用玩具或轻柔的音乐来转移、吸引宝宝的注意力，以减少打嗝的频率，或是让宝宝在喝奶的中间停一下休息，让宝宝直立站在你腿上，轻轻地拍他的背排气，打完了饱嗝可避免连续打嗝。

预防宝宝吐奶

宝宝吐奶时，最怕的是奶水由食道突然反逆到咽喉部时，又刚好在宝宝吸气的时候，奶水误入气管发生呛奶。呛奶量大时，将造成气管堵塞，不能呼吸，马上会缺氧危及生命；呛奶量少时，会直接吸入肺部深处造成吸入性肺炎。所以应付宝宝吐奶现象，是一项重要的课题。

轻微吐奶不必在意

吐奶和溢奶，其实都是指牛奶从宝宝嘴里面流出来的现象。一般来说，轻微吐奶和溢奶并没有什么太大的区别，不用采取特别的治疗方式。随着宝宝的逐渐长大，这种情况将会有明显的改善。通常宝宝也会自己调适呼吸及吞咽的动作，所以没有吸入气管的危险，父母只要密切观察他的呼吸状况及肤色即可。

大量吐奶要注意

若是平躺时发生呕吐，应先迅速将宝宝的脸侧向一边，以免吐出物因重力而向后流入咽喉及气管；同时用手帕、毛巾卷在手指上伸入口腔内，甚至咽喉处，将吐、溢出的奶水食物快速的清理出来。此时，清除口腔要比鼻腔重要，所以身边随时要带小手帕、小毛巾、小棉花棒等以备急需。如果发现宝宝有异常情况时，例如，声音变调微弱、吸气困难、严重凹胸等，应当即刻送医。

预防吐奶的方法

为了预防宝宝吐奶，喂奶量不宜过多，间隔不宜过密。采用合适的喂奶姿势，尽量抱起宝宝喂奶，让宝宝的身体处于45° 左右的倾斜状态，胃里的奶液自然流入小肠，这样会比躺着喂奶发生吐奶的概率低。喂完奶后，把宝宝竖直抱起靠在肩上，轻拍宝宝后背，让他通过打嗝排出吸奶时一起吸入胃里的空气，再把宝宝放到床上。此时，不宜马上让宝宝仰卧，而是应当侧卧一会儿，然后再改为仰卧。

正确抱宝宝

父母温暖的怀抱胜过世界上最舒服的摇篮，满月后的宝宝四肢仍较软，头也抬不起来，颈部、腰部也无力，这让初为人母的妈妈感到紧张，不知从何下手。因此，如何抱小宝宝就成了所有父母的必修课程。

竖抱仅限喂奶后

2个月左右的宝宝并不适合竖抱，一般只是在喂奶后打嗝时临时抱一会儿。抱宝宝的人一定要用两只手分别托住宝宝的背部和臀部，再把宝宝竖抱起来。虽然只是短时间的竖抱，但可以帮助宝宝练习抬头的动作，锻炼宝宝颈部的支撑力，同时，这一活动也可以帮助宝宝认识自己周围的环境，培养宝宝的视觉能力和观察事物的能力。由于此时宝宝的骨骼发育还比较差，千万不可长时间竖抱，因此这项活动持续的时间也不宜过长。

平抱或斜抱法

由于颈部和背部肌肉发育还不完善，满月的宝宝不能较长时间支撑头的重量。因此，抱宝宝的姿势是很讲究的，主要是平抱，也可采用角度较小的斜抱。平抱时让宝宝平躺在成人的怀里，斜抱时让宝宝斜躺在成人的怀里。不论是平抱或斜抱，成人的一只前臂均要托住宝宝的头部，另一只手臂则托住宝宝的臀部和腰部。对于易吐奶的宝宝则应斜抱，这样可防止吐奶或减轻吐奶的程度。

特别提醒

抱起宝宝前可先用眼神或说话声音逗引，使他注意，一边逗引，一边伸手将他慢慢抱起。不管用何种姿势抱这个月龄的宝宝，均应保护好头颈部和腰部以免造成意外伤害。这时将宝宝抱起来的时间不宜过长，以免疲劳，也不可将宝宝抱在手上来回摇晃，以免损伤脑部。最后，要提醒家长的是每次锻炼后要用手轻轻抚摸宝宝背部，放松背部肌肉，让宝宝感觉舒适和家长的爱抚。每次锻炼完后还可以让宝宝仰卧在床上休息片刻。

经常给宝宝按摩

经常对宝宝进行按摩是培养父母、宝宝间亲情的一种行之有效的好方法。宝宝在出生后的第一年里，触摸感觉是情绪满足和安全感的主要来源。

按摩的好处

按摩可以让宝宝感受到妈妈的爱心与耐心，在充满爱的呵护下，宝宝会觉得被重视，也能增加宝宝以后的自信心。给宝宝按摩具有帮助宝宝加快新陈代谢、减轻肌肉紧张等功效，还可促进宝宝对食物的消化、吸收和排泄，加快体重的增长，帮助宝宝睡眠，减少烦躁情绪等。

不要在宝宝吃得不饱或过饱的时候进行按摩，对新生儿，每次按摩15分钟即可，稍大一点的宝宝，约需20分钟，最多不超过30分钟。

按摩的方法

首先，对宝宝的按摩力度一定要轻，以免伤害其幼嫩的血管和淋巴管。其次，为宝宝按摩时，要从宝宝的头抚摩到躯体，然后从躯体向外抚摩到四肢。主要的按摩部位包括以下几处。

1．头部按摩。轻轻按摩宝宝头部，并用拇指在宝宝上唇画一个笑容，再用同一方法按摩下唇。

2．背部按摩。双手平放在宝宝背部，从颈向下按摩，然后用指尖轻轻按摩脊柱两边的肌肉，再次从颈部向底部运动。

3．胸部按摩。双手放在宝宝两侧肋线，右手向上滑向宝宝颈部，再复原。左手以同样方法进行。

4．腹部按摩。按顺时针方向按摩宝宝腹部，在脐痂未脱落前不要按摩。

5．上肢按摩。将宝宝双手下垂，用一只手捏住其胳膊，从上臂到手腕轻轻扭捏，然后用手指按摩手腕。用同样方法按摩另一只手。

6．下肢按摩。按摩宝宝的大腿、膝部、小腿，从大腿至踝部轻轻挤捏，然后按摩脚踝及足部。在确保脚踝不受伤害的前提下，用拇指从脚后跟按摩至脚趾。

适当到户外走走

宝宝2个月时，抬头能力明显地进步了。出去玩的时候，宝宝也会头直立地待上20～30分钟。这时，宝宝眼睛看东西的能力明显提高了。从宝宝一出屋就兴奋不已的表现，我们可以判断出他已看清楚外面的世界很精彩。

可提高抗病能力

户外空气浴可以使宝宝的皮肤、呼吸道黏膜接受外界空气的冷与热的刺激，这些刺激传递到大脑可提高神经中枢对体温的调节能力，并增强宝宝适应大自然和抵御疾病的能力。并且户外新鲜空气比室内的空气含氧量高，有利于宝宝呼吸系统和循环系统的发育。

有利于钙的吸收

宝宝在进行户外空气浴的同时还可以接受紫外线的照射。这会让宝宝自身产生更多的具有活性的维生素D，这将有利于钙的吸收，避免佝偻病的发生。

有益于智力发育

宝宝在户外看到的人和物远远地多于在家里，这些丰富的视听刺激以及与人的交流和沟通均会有利于宝宝智力的发育。

外出注意事项

让宝宝选择卧式婴儿车，当道路不平时也要把宝宝抱出来，以免躺着颠簸，震伤大脑。较适宜的抱宝宝的姿势是让宝宝面朝前，背靠母亲胸腹部；母亲一手托臀部，另一手环绕宝宝腰部。每过20～30分钟就应该给宝宝变换体位，这样有利于血液循环，也有利于肢体的运动。外出活动不要到人口聚集处，比如商场、电影院等地。这些地方通风不好，人流复杂，难免有病人或带菌者，而宝宝抵抗力弱，容易被感染。夏天天气炎热，户外活动要给宝宝戴帽子，抹防晒霜，同时要注意避免长时间地抱着宝宝，因为长时间地抱着宝宝不利于散热，会造成宝宝体温过高。外出活动后要及时给宝宝补充水分，培养宝宝喝凉白开水最好。

选择合适的玩具

2个月的宝宝俯卧时，头抬起来大约能支持30秒钟时间，眼睛已经能清楚地看东西，能追随活动的东西。对眼前的玩具或人脸也能目不转睛地注视，表情渐渐丰富起来。这时父母可以选择一些玩具给宝宝玩了。

安全是首要问题

对宝宝来说，安全总是第一位的，选择玩具，亦是如此。宝宝会将所有的东西放进嘴里，因此应避免购买因包含小部件而可能引起宝宝窒息的玩具。此外，要避免购买用PVC生产的塑料玩具，防止溢出有害化学物质。避免做工粗糙的玩具，防止一些多余的棱角伤害到宝宝。

有声有色

选一些颜色鲜艳、声音悦耳、造型精美的既能看又能听的吊挂玩具，如彩色气球、吹气娃娃及小动物、彩条旗、小灯笼、拨浪鼓、摇铃等。注意此时宝宝的视距在3米以内，要将玩具悬挂在宝宝的床头及周围，每隔4天轮流更换。

小、轻、软

可将拨浪鼓、摇棒、哗铃棒、环状玩具、拉串、软硬塑料和橡胶一类练手的玩具放在宝宝的摇篮边，让宝宝可随时看到、抓到。还可选用一些用手捏可发声的橡胶玩具或较轻的小型玩具。

温馨的小玩具

这时的宝宝需要温暖的母爱和安全感，可以选一些手感柔软、造型朴实、体积较大的毛绒玩具，放在宝宝手边或床上；还可以选择色泽鲜艳的挂图或者重点突出的名画，经常抱着宝宝看这些图画，并且柔声地告诉宝宝画里面的内容。

第四章 预防保健须知

产后在医院期间，即使有什么异常，因为有医生在，一般都会得到妥善处理，所以不用为琐事担心。回到家以后，父母注意观察宝宝的一些情况，如果宝宝表现异常，则应及时去医院就诊。

服用小儿麻痹糖丸

脊髓灰质炎俗称小儿麻痹症，是一种病残率很高、会导致儿童终生残疾的传染病，预防和控制的最有效方法是让适龄儿童服食小儿麻痹糖丸疫苗，强化免疫能力。

小儿麻痹症的症状

小儿麻痹症是由脊髓灰质炎病毒引起的。病毒主要由饮食污染或飞沫传播，损害部位为脊髓前角的运动神经元。表现为在瘫痪前期发热3～4天后或体温下降后出现瘫痪，可分为脊髓型、延髓型、脑炎型或混合型。

免疫程序缺一不可

小儿麻痹糖丸分为红色（Ⅰ型）、黄色（Ⅱ型）、绿色（Ⅲ型）三种。口服方便，无痛苦，易被小儿接受。自出生后2个月服用第1次，3个月服用第2次，4个月时服用第3次，Ⅰ型、Ⅱ型、Ⅲ型药丸依次服用，少服1丸就是少接种一个型的疫苗，所以3丸必须全部服完。以后于1岁、2岁、7岁各服1丸混合疫苗，才能取得良好的免疫效果。

糖丸用冷水送服

服用时应用冷水送服，绝对不可以用温水、温奶及母乳送服。严禁用开水化糖丸，以防疫苗被烫死而失效，通常把糖丸从冷藏瓶中取出，用一个小酒杯把糖丸放入杯中擀碎，马上给宝宝喂入口中，迅速咽下，再喂点凉开水，半小时以内不能喝热水和热奶。

预防佝偻病

佝偻病是危害宝宝身体健康的营养缺乏性疾病，是由于体内缺乏维生素D而造成的小儿多发病。患佝偻病的宝宝不仅骨骼变形，而且由于免疫能力的下降，易反复发生呼吸道感染和消化功能紊乱，患儿情绪不稳，爱哭易惊，妨碍他们的身心健康。

维生素D的作用

维生素D是一种脂溶性维生素，有五种化合物，与健康关系较密切的是维生素D_2和维生素D_3，维生素D_2和维生素D_3的作用和用途完全相同。维生素D在体内发挥作用主要是通过促进钙的吸收进而调节多种生理功能，其中包括调节体内钙、磷代谢，维持血钙和血磷的水平，从而维持牙齿和骨骼的正常生长和发育。

维生素D不能过量

妈妈总是担心宝宝缺这个缺那个，索性将鱼肝油、维生素片超量给宝宝吃，而且又晒太阳又补钙。本想一劳永逸，可是维生素补充过量也会中毒。维生素D中毒主要与高钙血症有关系，钙盐沉积于各组织器官，影响其功能。在给宝宝补钙或服用维生素制剂时，不能多多益善，要注意咨询医生，了解正常用量，清楚过量时的危害及症状，控制用量。

补充维生素D的方法

宝宝满月后经常抱出户外活动，使孩子多接触阳光；夏季在树阴下玩耍，也能达到晒太阳的目的。注意晒太阳时不要隔着玻璃，因为紫外线不能透过玻璃。正常母乳喂养宝宝应每日喂以维生素D400～800国际单位，早产儿也要加至每日600～800国际单位；对于每日口服维生素D有困难者，每月给宝宝口服一次50000～100000国际单位的维生素D。对于人工喂养的宝宝，应首选使用适合0～6月龄宝宝的宝宝配方奶粉，因为国家婴幼儿奶粉标准中规定这种奶粉中每百克应添加200～400国际单位的维生素D。对于早产儿、双胞胎宝宝，最好在专业人员指导下及时补充维生素D。

别让蚊虫"亲"宝宝

蚊虫叮咬多发生在夏、秋季节。蚊虫叮咬有传播疾病的危险性，尤其对于宝宝的危害更加大，因此预防蚊虫叮咬十分重要。

全方位拦截

给宝宝选择适当的蚊帐，不要因怕麻烦而放弃使用蚊帐。要为家中安上纱门、纱窗，并做到随手关好门窗。由于二氧化碳、体温、汗味儿是十分敏感的诱蚊剂，所以，一定要常给宝宝及时擦干汗液，注意勤给宝宝洗澡、换衣。出行时应尽量穿长裤、长袜，浅颜色衣服，可以在外出前全身涂抹适量驱蚊用品，对驱赶蚊子有较好的效果；注意环境卫生特别是死角处，要经常打扫，减少蚊虫滋生。蚊虫叮咬跟饮食有关，经常吃新鲜水果等碱性食物，就不易被叮咬。如果常吃高蛋白，宝宝汗液成酸性，容易招惹蚊子。

叮咬后的护理

宝宝被蚊虫叮咬后应即时作出如下处理。

1．止痒。一般性的虫咬皮炎的处理主要是止痒，可外涂虫咬水、复方炉甘石洗剂，也可用市售的止痒外涂药物。宝宝一旦被蚊咬后，立即擦上治疗蚊咬的药水。

2．防抓挠。父母要监督宝宝洗手，剪短指甲，谨防宝宝搔抓叮咬处，以防止继发感染。

3．防感染。宝宝被蚊虫叮咬后，因搔抓等原因而发生局部感染、红肿，还会出现脓性分泌物，这时可遵医嘱给宝宝内服抗生素消炎，同时及时清洗被叮咬的局部，涂抹红霉素软膏等。

4．送医治疗。对于症状较重或有继发感染的患儿，如果出现了发烧、意识不清等严重症状时，就需要立即就医治疗。

如何避免便秘

宝宝便秘后，排便困难的宝宝排便时会因肛门疼痛而哭闹不安，多日便秘的宝宝还会出现精神不振、食欲不好、腹胀等症状。更严重的往往数天不解大便，有时大便中夹有血丝及黏液，这是由于干燥的粪便擦伤肠黏膜所致，排便时肛门疼痛，甚至可导致外痔及直肠脱垂，希望引起父母的重视。幼儿是肠道发育的关键时期，便秘处理不当将影响孩子一生。防治婴幼儿便秘，主要可从以下几个方面着手。

定时排便

一般从3个月左右开始，就可以有意识地训练宝宝按时排便的习惯，使其逐渐形成条件反射，定时产生便意，避免宝宝出现便秘。

科学喂养

宝宝在接受新的食品时，容易出现便秘，因此，父母们在给宝宝添加辅食时一定要遵循由一种到多种，由少到多的原则。以婴儿营养米粉为例，对于3～4个月的宝宝来说，刚开始时喂1～2汤匙即可，2周以后再增加至4～5匙。另外冲调米粉时还要注意米粉和水的比例，避免宝宝大便干燥。此外，四五个月的宝宝，适当喂哺蔬菜泥及果泥等含纤维素的食物，可防止便秘。较大的宝宝可加服些滑肠的食物，如橘子汁、蜂蜜糖水等，另外要多吃些水果，含纤维素较多的蔬菜如芹菜、韭菜及粥类食物，如果有便秘现象的不妨喂他们点七星茶，效果不错。可以给孩子喝点丹尼宝贝益生菌冲剂等，改善肠道功能，增强宝宝自身胃肠功能。

因果同治

对便秘的宝宝应注意因果同治。发现宝宝便秘可每天早晨空腹服用适量蜂蜜，用右手掌心自宝宝右下腹向上绕脐顺时针轻轻按摩十余次，以达到蠕肠通便之作用。如果便秘严重，则应及早带宝宝看医生，排除先天性巨结肠、肛门直肠狭窄等疾病情况。

腹股沟疝要趁早治

小儿疝气是小儿外科常见疾病之一，主要临床表现为宝宝出生后不久，在腹股沟部位有可复性肿块，多数在2～3个月时出现，也有迟至1～2岁才发生的。小儿疝气一般发生率为1%～4%，男婴发病率是女婴的10倍。

疝气的危害

小儿腹股沟疝气首先会影响患者的消化系统，从而出现下腹部坠胀、腹胀气、腹痛、便秘、吸收功能差、易疲劳和体质下降等症状。又由于腹股沟部与泌尿生殖系统相邻，可因疝气的挤压而影响生殖系统的正常发育。所以小儿疝气应该及早进行彻底治疗。

疝气的症状

疝气可能在出生后数天、数月或数年后发生。通常在小孩哭闹、运动、解便后，在腹股沟处会有一鼓起块状物，有时会延伸至阴囊或阴唇，有可能在卧床休息或睡觉后自行消失。严重者会腹痛、恶心、呕吐、厌食或哭闹不安。因此有些宝宝发病很长时间家长还不知道，导致错过最佳治疗时机，留下终身的遗憾。所以，若发现宝宝无故反复哭闹，要检查一下有无疝气的发生。发现疝气后，要尽早带宝宝到正规医院就诊。

治疗要趁早

小儿疝气能不治自愈吗？疝气专家提醒家长，不排除极少数小儿疝气患者随着年龄的增长，疝气就不再出现，如果宝宝活动量增加，在腹压增大的情况下，疝气还有可能复发。有极少数宝宝，有自愈的可能，但宝宝患上疝气还是需要及时治疗的，这是因为疝气经常脱出，与疝环反复摩擦，长此下去，极易导致严重的疝气合并症。手术是小儿疝气最好的治疗方法。

湿疹的治疗护理

湿疹发生在吃奶期的宝宝，因此，民间则多叫做“奶癣”，是婴儿最常见的皮肤病。婴儿湿疹一般在宝宝出生2个月左右开始出现。

诱发湿疹因素

由于婴儿的皮肤细嫩，抗病能力较差，因此很容易患各种皮肤病，但湿疹不是感染引起的。一般过敏体质是发病的主要原因，外界各种激发因素是发病或加剧的诱因。比如，有的宝宝由于皮脂分泌过于旺盛，于是在头皮、眼睑、外耳道内、鼻周、耳周、股沟等处出现脂溢性湿疹，不过这种湿疹不是很痒。有的宝宝是因为衣服穿得稍多，汗液的刺激，或内衣上残留有洗涤剂，或者接触了宠物身上的绒毛等引起湿疹。服用某种易引起过敏的药物也会引起湿疹。因此，冬、春季节患湿疹的宝宝更为多见。

湿疹的症状

湿疹初起时，其皮疹多呈对称性、弥漫性和多形性，表现为颜面皮肤的红斑、米粒样丘疹、疱疹、糜烂、渗液和结痂等，其边界不清、炎症反应明显。可遍及整个颜面部和颈部，严重的患儿手、足和胸腹部也可见到，局部皮肤有灼热感和痒感，因而患儿往往显得烦躁不安，头颈在衣领处摩擦或是用手搔抓，有的则由此而引起细菌的继发感染。有的患儿因皮疹的反复发作，可转为慢性，病程迁延数月甚至数年，其皮疹主要表现为皮肤的浸润、增厚而致皮纹粗糙，但其周围边界清楚。

湿疹的治疗

在宝宝患了湿疹后，应将宝宝的指甲剪短，尽量避免宝宝用手搔抓。在穿着上，要给宝宝穿棉织品的衣服，并且勤换内衣和尿布，勤洗澡，以保持皮肤的清洁，预防细菌的感染。在洗澡时，用温热水，不要使用成人使用的肥皂，而应当选用适合宝宝的沐浴液或其他油性物质，有利于保持宝宝皮肤的弹性及湿度。然后在宝宝的患处涂抹炉甘石洗剂，以减轻宝宝的瘙痒。如果患处已经被宝宝抓破就要在患处涂抹抗生素药膏。

第五章 情商智商开发

2个月的宝宝已经能够感受到父母深切的爱意了，与前一个月比起来，宝宝醒着的时间长了许多，做父母的可以让你的宝宝快乐地玩耍和学习。

本月宝宝智能发育状况

这个月智能开发的要点，就是刺激宝宝的听觉、视觉、嗅觉等感觉器官，不过在训练时，爸爸妈妈要具有一颗平常心，给宝宝快乐是最主要的。

动作发育

趴着时，宝宝可以挣扎地抬起头并向四周张望，下颌能逐渐离开床面5～7厘米，但抬头时间只有1～2秒，之后头就会垂下来。轻轻拉着宝宝的手腕坐起，宝宝的头不会马上前倾，能竖直2～5秒，但很快又会垂下去。扶住肩部让宝宝坐着，宝宝的头仍会前倾下垂，但能反复地抬起来。

注视能力

用带柄的玩具碰手掌时，宝宝能握住玩具柄两三秒钟。把环状的玩具放在宝宝手中，宝宝的小手能短暂地举起环状玩具。当环状玩具或带柄的玩具出现在宝宝的视线范围内时，宝宝能转过头来注视玩具或大人拿玩具的手。

认知能力

宝宝喜欢重复能产生愉快的动作，如吸吮手指等。出现原始的预期现象，如抱到固定位置就等于喂奶，开始具有分析能力，知道吸吮乳头与吸吮自己手指的区别。

社交能力

当有大人逗宝宝时，宝宝会作出一定的反应，如发声、微笑、手脚胡乱挥动等。宝宝会表示苦恼、兴奋和快乐，除了对母亲微笑外，还会对照顾他的人微笑。当看见母亲或熟悉的人时，总是注视他们的脸，手脚乱动起来，甚至微笑，“咿呀”学语地扑过去。

语言能力训练

多与宝宝交流，能促进宝宝的身心健康和智力发育，使他充分享受你的爱抚。妈妈与宝宝一起玩耍，会增加母子间情感交流，使宝宝产生一种欢快的情绪惯性，这是宝宝心理健康的标志。

面对面温柔交谈

宝宝过了满月之后，在高兴时会发出“咿咿、呀呀”的声音，虽然这还不能算是说话，但却是开始说话的第一步。

妈妈或爸爸应因势利导，多和宝宝说话。虽然宝宝不懂每一个字的确切含义，更不能对此作出正确的回应，但宝宝在听到你的声音时，就会安静下来，专注地看着你嘴唇的动作，有时还会兴奋地扭动身体。这种有意识的语言“交流”，不仅能加强宝宝与爸爸妈妈之间亲密的感情联系，而且可以满足宝宝与他人交往，甚至身体接触的需求，为宝宝发展语言能力及社会交往行为奠定基础。在和宝宝进行语言“交流”时，要面对面说话，发音口型要准确，声音要轻柔。当宝宝注视着你时，你可以慢慢地移动头的位置，设法吸引宝宝的注意力，让宝宝的视线随你移动。这样做不但锻炼了宝宝的听力，也锻炼了宝宝的视力。

教宝宝吹泡泡

吹泡泡能运动宝宝的嘴唇肌肉，为以后宝宝说话奠定良好的基础。让宝宝仰卧在手臂中，妈妈的脸与宝宝的脸距离约为25厘米。妈妈说：“宝宝乖，看妈妈，舔舔嘴。”然后舔舔嘴，说：“宝宝也来舔一舔。”然后重新开始。妈妈说：“宝宝乖，看妈妈，吹泡泡。”然后用唾液吹出一个小泡泡，说：“宝宝也来吹一个。”然后再重新开始。可以把舔嘴唇和吹泡泡换成其他锻炼嘴部肌肉的小运动，保持新鲜感。

诱发宝宝发音

从宝宝诞生的那一天起，就开始了他模仿的历程。很小的时候宝宝就会模仿大人的脸部表情，父母朝他吐吐舌头，他也会学样。宝宝会动动手指，学父母的手势了。2个月的宝宝会跟着大人发出声音，父母对他笑，他也会以笑脸回报；父母张开双臂，他也会张开双臂了。这个时期的宝宝是个观察者，他能用眼睛盯着父母所指的事物并把眼光落在这个事物上。当他看到父母用舌头、嘴唇发出声音时，会模仿他们自发地发出一些无意识的单词，如“呀、啊、呜”等。对于宝宝咿呀学语发出的呢喃声，父母要尽可能去模仿。这样的回应会使宝宝很兴奋，就像拿到了一个新玩具。为了得到应答，宝宝会更积极地学发声。模仿时，父母与宝宝面对面，仔细倾听并重复宝宝发出的声音，将他发出的声音立刻转换成字，如将“啊”变成妈妈，每发一次重复音节就停顿一下，给宝宝模仿的机会。

惟妙惟肖学宝宝

父母可以去刻意模仿宝宝的动作与表情，他同样会因此而兴奋不已。反过来，假如父母做了一些夸张的动作，宝宝也能学得惟妙惟肖。宝宝通过模仿大人的表情，慢慢了解不同的心情是用不同的表情表现出来的。他们像大人一样微笑时，觉得自己很高兴。他们在模仿大人的各种表情时，大人的脸部表情不仅反映着自己的情绪，而且确确实实对宝宝有一定的影响。婴儿期的宝宝就拥有了这类感知能力。父母是宝宝的直接模仿对象，宝宝经常密切地观察和模仿自己的父母，以他们的行为举止为榜样，所以父母一定要把自己最好的行为展现在宝宝的面前，时常把愉悦的情绪和积极的生活态度慢慢地传达给宝宝。

育儿新经

发展宝宝的综合能力

宝宝各种能力发展是综合的，不能分离。如果心理发育不健康，会影响智能发育；如果身体发育不健康，会影响能力发展。一些硬性的条条框框对孩子的个性发展是不利的，只要观念正确，方向把握好，就能很好地开发孩子。

听力训练

对于宝宝来说，听觉是智能里最基础的因素，当宝宝到了2个月的时候，很快就会对更多的事情感兴趣，许多宝宝都会注意到居家生活中的，诸如脚步声、开门声、茶壶煮开的哨声、水流声、碗碟磕碰声、撕纸声或风铃声，以及窗外的人声、车声等。这些细微却生动的背景音效，不仅可以用来锻炼宝宝的听觉，而且还可以帮宝宝认识周围的事物。

选择适宜的声音

训练宝宝的听觉，仅靠周围这些自然存在的声音还是远远不够的，还要靠妈妈或爸爸制造一些适合宝宝听觉的声音。比如妈妈可以用有声响的玩具在宝宝身旁摇动，妈妈或爸爸在宝宝面前轻歌曼舞，宝宝会随着声音追视发出响声的地方。或者抓着宝宝的手，一起摇动会出声响的玩具，也可以在宝宝手腕上绑上一副摇铃，在锻炼宝宝听觉的同时，还有助于宝宝注意声音来源。训练宝宝的听觉要持之以恒，但不要不休止地训练，否则宝宝会因此失去了兴致。

播放轻音乐

第2个月宝宝的听觉进一步增强，而且对音乐产生了浓厚的兴趣。如果每天在宝宝情绪好的时候，放一些轻音乐，可以增添宝宝的欢乐情绪，使宝宝的大脑活动增强，促进其智能的发育。这个月的宝宝是很少挑剔音乐的。不管你选择的是主流音乐、流行音乐还是古典音乐，宝宝都会喜欢。不过，用不了多久，宝宝听音乐的表情会很快让你明白哪些是他最爱。你也可以利用音乐盒，尤其是有视觉吸引力的音乐盒更好。还可以使用音乐玩具，尤其是集视觉、听觉和运动于一身的玩具更好。由于宝宝毕竟还小，对不同分贝的声音辨别能力还很差，所以你要随时注意宝宝对音乐的反应，不要给宝宝播放很复杂或变化较大的音乐，不要离宝宝太近，也不要太响，以免刺激宝宝引起惊吓。如果某种音乐使宝宝显得烦躁甚至惊吓，就应把音乐关掉。

视力训练

在宝宝成长到第2个月时，就要对宝宝进行视觉的训练培养。在这一时期，宝宝视觉的训练培养要静动结合。

锻炼注视能力

现代科学研究表明，2个月的宝宝喜爱对比强烈的颜色，黑白色的几何图形或脸部画像是宝宝们的最爱。2个月以内的宝宝最佳注视距离是15～25厘米，太远或太近，虽然也可以看到，但不能看清楚。因此，在锻炼宝宝对静物的注视方法中，最有效的就是妈妈抱起宝宝，观看墙上的画片，桌上的鲜花，鲜艳洁净的苹果、梨、香蕉等摆件和食品。另外，妈妈对宝宝说话时，眼睛要注视着宝宝。这样，宝宝也会一直看着妈妈，这既是一种注视力锻炼，也是母子之间无声的交流。由于宝宝喜欢明亮及对比强烈的色彩，所以要给宝宝看一些色彩鲜艳，构图简单的图片，比如小朋友、小动物和其他构图简单的玩具等。你还可以在宝宝的婴儿床的上方挂一些悬挂物。这些悬挂物应悬挂在宝宝头上的30～40厘米处，应在宝宝的两侧，而不是在头的垂直上方。

训练眼的灵活性

2个月的宝宝，视觉能力进一步增强，两眼的肌肉已能协调运动，而且能够很容易地追随移动的物体。锻炼时，妈妈可以拿着玩具沿水平或上下方向慢慢移动，也可以前后转动，鼓励宝宝用视觉追踪移动的物体，或者抱着宝宝观看鱼缸里游动的鱼或窗外的景物。妈妈爸爸在和宝宝说话的时候，也要有意识地移动你的头部，让宝宝追视你的脸庞，使宝宝眼睛的灵活性随时得到锻炼。如果宝宝经常自己躺在一边没人理睬，对宝宝的要求也不主动理解，没有哄逗，将会影响宝宝的心理发育，不仅宝宝的表情会显得呆板，而且宝宝的反应也相对迟钝。

动作能力训练

爸爸妈妈们不要把所有精力都放在宝宝的吃喝拉撒睡上面，而忽略了对宝宝能力的培养和开发，在这个月，除了继续对宝宝进行运动能力和智力的开发之外，爸爸妈妈还要抽出时间来和宝宝一起做游戏，这是拓展宝宝动作能力的一个很好的方式。

创造运动机会

良好的体能发展不仅要给宝宝充足的营养作保障，而且还要为宝宝创造运动的机会。所以在日常护理中要尽可能地改变宝宝的姿势，为宝宝提供运动身体每一部分的机会。为此，在第2个月，要做到以下几点：第一，逐步建立起吃、玩、睡的规律生活。第二，让宝宝每天俯卧片刻。第三，悬吊鲜艳、能动的玩具，给宝宝看、触摸、抓握。第四，给宝宝做婴儿操，帮助增加宝宝的腹肌收缩力。第五，天气好时带宝宝到户外活动，呼吸新鲜空气，进行适当的日光浴和空气浴，增强宝宝的体质。

训练抓握能力

手的动作是小肌肉群的活动。2个月的宝宝能拿住放在他手里的东西，3个月时，当手触到玩具时，偶尔能抓住。此时，大人可用带响声、色彩鲜艳的玩具，如摇铃、响圈儿等，训练宝宝的抓握动作。开始可将玩具放在宝宝手中让他握住，逐步地再用玩具的声音和色彩逗引他注意，同时触碰他的手，吸引他去抓握，每天可做多次练习，通过手的动作来发展宝宝最初的感知、认识事物的能力。

适当到户外活动

这个月的宝宝颈部也有了一定的支撑力，而且喜欢看新鲜的东西，所以可以适当地抱到户外呼吸新鲜空气，让室外的空气刺激和锻炼宝宝的肌肤，以增强宝宝的体能。户外活动的时间，要以宝宝头部的直立情况而定。开始时以每次2～3分钟为宜，逐渐增加到0.5～1小时，每天可以安排1～2次。夏天可以安排在上午10点以前和下午4点以后进行，冬季可以安排在上午9点以后到下午5点以前，最好时间相对固定以使宝宝养成习惯。

宝宝益智游戏

在宝宝的能力培养和训练中，玩具和游戏可以说起着决定性的作用，爸爸妈妈们一定要抽出时间来和宝宝做互动游戏，在玩耍中拓展宝宝的能力。

看彩色图片

看图游戏可以培养宝宝的辨析能力。把“一图一物”的大幅彩图挂在房间四壁，图的内容不同，有人物的最好是小孩，或穿得鲜艳的女性，也可以是好看又好吃的水果或大个的动物、漂亮的汽车，或颜色鲜艳的花等。大人每天抱着宝宝去看并给他说图的名称，有时可以编一些顺口溜去形容某一幅图。到50～60天时，宝宝会对其中某一幅图画特别感兴趣，每次到图画跟前，宝宝会笑出声音，手舞足蹈，大人也会跟着很开心。每个宝宝喜欢的图都会有所不同。如果头几次宝宝没有强烈的看图兴趣，父母可以换掉其中一些，或者在图画上加上一点小装饰物，如在人物头上加一个蝴蝶、在苹果上加片叶子、在动物身上挂个铃铛等。有了一点改变，就使宝宝重新加以注意，然后注视他最喜欢的彩图。这个游戏可使宝宝有明确的视觉分辨能力，并选择自己喜欢的彩图。

多方诱导发音

在宝宝情绪愉快时，运用各种方法逗引宝宝发音，与宝宝“交谈”。主要包括以下几种逗引方法。

1．说笑逗引。抱起宝宝，与宝宝面对面，用愉快的口气和表情与宝宝说笑、逗乐，使宝宝发出“咿、啊”声或笑声。

2．玩具逗引。用宝宝喜爱的玩具、图片逗引宝宝发音，一旦宝宝兴奋地手舞足蹈时，就会发出“咿、啊”之声。

3．户外活动逗引。在户外活动，遇到宝宝感兴趣的人和物，宝宝也会高兴地咿呀作语。

4．轮流逗引。在逗引时，家庭成员可轮流同宝宝逗乐。宝宝在妈妈怀中更爱笑，并且更爱笑出声音，四肢及全身都愉快地活动。一旦逗引宝宝主动发音，你就要富有感情地称赞宝宝，轻柔地抚摸宝宝，与宝宝你一言我一语地“交谈”。

手套游戏很有趣

手套游戏有助于促进宝宝的视觉与触觉发育。把煮过的橡皮手套擦干，在每个手指和手掌中都塞满剪碎的泡沫塑料，把塞鼓了的手套吊在宝宝能看到之处，父母帮助宝宝的手去摸吊起的手套。宝宝很喜欢手，父母的手能满足宝宝各种需要，宝宝也会想方设法去摸橡皮手套并接近它，但宝宝还不能很顺利地摸到它。这时父母可以拿手套的任一个手指去碰宝宝的手心，让他能紧紧握住其中一个手指。妈妈可再把棉线织的手套洗净，用泡沫塑料塞鼓，把橡皮手套换下来，让宝宝握到用棉线织的手套，使宝宝感受到粗糙的棉线与细滑的橡皮完全不同的手感。

手语有益提高智商

手语游戏有助于促进宝宝语言能力的发展。在小宝宝会说话前，可以使用手语和宝宝进行交流。比如，“书”可以用手掌一开一合来代替，如同翻开或合上书本；“鸟”可以用食指和大拇指放在一起一张一合来表示，就好像鸟嘴的形状。学会手语的宝宝不但比那些没有学手语的宝宝说话早，而且智商也高。也就是说，手语对宝宝智商和语言能力的发展能够起到积极的影响。

蹬踢铃铛球

蹬球游戏可以使宝宝的下肢更灵活。把一个直径30厘米的大球放在床尾让宝宝双脚自由蹬踢。有些大球内有铃铛，宝宝踢动大球时能弄响里面的铃铛，使宝宝更乐意用下肢把大球推来推去，让铃铛发出声音。如果大球内没有铃铛，可以换用一个大的纸口袋，里面放几块尿布使纸袋鼓起来，当宝宝蹬踢时会“哗哗”地作响。也可以用一个硬一点的塑料口袋，吹一些气，然后把口袋口打上结，放在宝宝的小床尾，让宝宝随意蹬踢，硬塑料袋也会作响。当宝宝感到自己的运动会发出声音，就会更愿意蹬踢，这样既能使宝宝高兴，又能锻炼身体，使下肢更加灵活。

·本月智能发育测试·

大动作

1．俯卧抬头离床面45°。让宝宝俯卧，双手放在头两侧，前面用玩具逗引。宝宝如果可自行抬头离开床面，且面部与床呈45°则表明宝宝通过2个月智能发育标准。

2．注视自己的手。宝宝仰卧时，在手臂能自由活动的前提下，若能注视眼前自己的手5秒以上，表明宝宝通过2个月智能发育标准。

精细动作

让宝宝仰卧，让手臂能自由活动，如果宝宝能主动将手放进嘴里，表明宝宝通过2个月智能发育标准。

认知能力

追视玩具超过90°。让宝宝仰卧，在距宝宝视线20厘米处摇动一红线球（直径10厘米），引起其注意，然后慢慢将球移向头的一侧，再由一侧经过中央移向另一侧。若宝宝眼或头随红球转动大于90°，表明宝宝通过2个月智能发育标准。

言　语

会发a、o、e等单个韵母。面对宝宝，用丰富的表情和亲切的语言逗引他，如果宝宝会发出a、o、e等音，表明宝宝通过2个月智能发育标准。

情感与社交

1．笑出声音。用玩具或语言逗引宝宝，但不要接触其身体。如果宝宝能发出"咯咯"笑声，表明宝宝通过2个月智能发育标准。

2．天真快乐的反应。让宝宝处于仰卧状态，家长站在宝宝面前，不要逗引宝宝，观察他的表现。如果宝宝见人能自动微笑、发声或挥手蹬脚，表现出快乐的表情，则表明宝宝通过2个月智能发育标准。

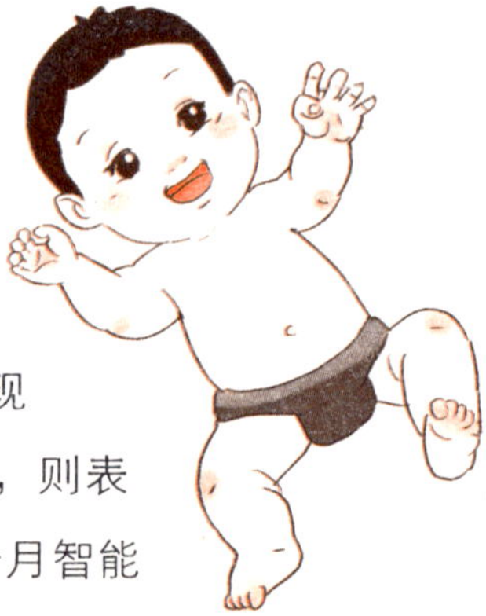

第四篇

我是小人儿了（3个月）

本月婴儿已经完全脱离了新生儿的特点，进入婴儿期。宝宝整个身体长胖了，会发出特别的声音，看到熟悉的人，会笑得像朵花儿似的。一时起兴，还会“手舞足蹈”起来。这时候的宝宝已经是个很有反应力、很有个性的小人儿了。现在，爸爸妈妈看着逐渐长大的宝宝，是不是感到很幸福呢？为了让宝宝更快、更好地成长，爸爸妈妈要保证宝宝的饮食营养，注意宝宝的日常安全。

第一章 宝宝成长脚印

宝宝现在已经是一副人见人爱的模样了。这个月是宝宝生长发育的重要阶段，这时候宝宝已经基本适应了周围的环境，身体的各种机能开始发育，宝宝的体重显著增加，大多数宝宝的体重都会达到刚出生时的2倍。

发育特征

这个月的宝宝仍然在快速成长发育，身体的活动越来越频繁，对外界的反应越来越强烈，更重要的是，在这个月，宝宝的头部发育已经趋于完善了。

是婴儿了

3个月的宝宝已经完全脱离了新生儿的特点，进入婴儿期。眼睛变得有神，能够有目的地看东西了。皮肤细腻，有光泽，弹性好，脸部皮肤变得干净，奶痂消退，湿疹减轻，但也有的婴儿反而加重。

肢体更活跃

这时候的宝宝肢体活动频繁，力量增大，学会了踢被子，盖上后，会迅速踢掉，让爸爸妈妈无可奈何。宝宝几乎可以自己竖头了，俯卧位时能够用两前臂把头支撑起来。把带把的小玩具放到宝宝手中，能够抓住，但还不会主动张开手指抓玩具。

喜欢亮地方

3个月的宝宝对外界的反应更加强烈，喜欢到亮的地方，如果抱到室外，会非常高兴。爸爸妈妈和周围的人逗会出声地笑，有时会发出一连串的笑。

头部发育逐渐完善

宝宝后囟门的闭合，标志着宝宝头部发育趋于完善，也是宝宝脑细胞发育第二个高峰期的到来。后囟门在宝宝头的后部正中，呈三角形。宝宝刚出生时，后囟门很软，还没有闭合。一般在宝宝生后2～3个月时开始闭合。

体格标准

在这个月，宝宝的身高、体重、头围等都有不同程度的增长，不过身高和体重的增长是呈跳跃性的，是个连续的动态过程。

身 高

这个月男宝宝平均身高为63厘米，女宝宝平均身高为61.6厘米。前3个月婴儿身高每月平均增加3. 5厘米。满2个月的孩子身高可达57厘米，这个月孩子的身高可增长3～4厘米，到了两个月末，身高可达60厘米。 虽然身高是逐渐增长的，但是，并不一定都是逐日增长的，也会呈跳跃性。有的宝宝半个月都不见长，但又过了一周，却长了将近三周的水平。生长是个连续的动态过程。

体 重

这个月的男宝宝平均体重约为6.9千克，女宝宝平均体重约为6.4千克。这个月宝宝体重可增加900～1250克，平均体重可增加1千克。这个月应该是宝宝体重增长比较迅速的一个月。平均每天可增长40克，一周可增长250克左右。但在体重增长方面，并不是所有的孩子都是渐进性的，有的呈跳跃性，这两周可能几乎没有怎么长，下两周快速增长了近200克，出现了对前段的补长趋势。

头 围

这个月男宝宝头围为41厘米，女宝宝头围为40.1厘米。头颅的大小是以头围来衡量的，头围的增长与脑的发育有关。月龄越小头围增长速度越快，这个月婴儿头围可增长约1.9厘米。婴儿头围的增长是有规律的，是一条逐渐递增的上升曲线。

囟 门

前囟和上个月比较没有多大变化，不会明显缩小，也不会增大。前囟是平坦的，可以看到和心跳频率一样的搏动。这是正常的，一般父母不敢触摸孩子的囟门，也不敢测量囟门的大小。囟门大小也有个体差异，有的孩子囟门很小，仅仅1厘米×1厘米大，有的囟门就比较大，可达3厘米×3厘米。

感官发育状况

第3个月的宝宝身体的灵活性增强了，感官系统也在迅速发育，感觉越来越灵敏。在视力方面，其焦距系统的伸缩性已经达到全部发展的时期；他的听觉能力也逐步提高，有了明显的发展，接近成人水平。对于这个时期的宝宝要加强亲子交流，因为他在感觉和心理上的发育也有了明显的进步，喜欢跟妈妈在一起，喜欢父母和他一起玩。

辨色力趋近成人

这个月的宝宝颜色视觉已经有了很大的发展，满2个月的婴儿已经能够对某些不同的波长做出区分，到了近3个月，颜色视觉基本功能已经距离成人很近了。对颜色的偏爱程度依次是红、黄、绿、橙、蓝。父母不要认为刚刚两三个月的宝宝对颜色的认识能力是很差的，不给宝宝看多彩的图案，削弱了宝宝这个时期视觉能力的进一步发展。父母要利用不同的颜色锻炼宝宝的色觉能力。

能区分语音和非语音

这个时期的婴儿已经能够区分语音和非语音，还能区分不同的语音，对音乐的感知能力也是父母难以想象的。早在胎儿期，宝宝就喜欢音乐而讨厌噪声。妈妈在孕期可能已有这样的体会，当听悦耳的音乐时，腹中的胎儿会比较安静；遇到噪声时，如路过施工现场，会出现乱动情况。

会简单发音

3个月是宝宝简单发音阶段，这个月的宝宝，就开始有了积极的表示，妈妈可以听到宝宝舒服、高兴时的发音，例如“阿、哦、噢”等，宝宝越高兴发音越多。所以要给宝宝创造舒适的环境，让宝宝在好的情绪中不断练习发音，这是语言学习的开始。

对特殊气味有反应

3个月的宝宝嗅到有特殊刺激性的气味时会有轻微的受到惊吓的反应，慢慢地就学会了回避不好的气味，如转头。

第二章 宝宝餐桌安排

这个月的饮食营养与上个月差不多，不过妈妈在给宝宝补充营养素的同时，还要灵活掌握喂奶的时间，并记住给宝宝补水。

本月饮食特点

3个月内的宝宝主要依赖母乳喂养。母乳喂养不仅仅能给宝宝提供丰富的营养素，还能通过给宝宝哺乳，用温柔的语言、慈爱的目光和亲切的态度，带给宝宝一种美好的感受，让他对周围的世界产生一种信赖感和安全感，对宝宝的心理发育也很有好处。

母乳喂养

3个月的宝宝体重平均每天增加30克左右，身高每月增加2厘米左右。过去吃奶吃得很多的宝宝，喂奶间隔的时间会变长。以往一过3个小时就饿得哭闹的宝宝，现在即使过4个小时甚至更久也不醒，说明宝宝的胃可以存食了，决不要因为喂奶时间到了就叫醒宝宝，这样会影响宝宝的休息。这个时期，有的妈妈可能会出现母乳逐渐减少的情况，如果宝宝体重增长速度下降，变得爱哭、夜里醒来哭闹的次数增多，此时应该加喂1次牛奶试试，如果效果不明显就再增加1次牛奶。

育儿新经

判断宝宝是否缺钙

给宝宝补钙剂时要注意将24小时内奶量中钙元素的含量计算在内。此外，由于每位妈妈的饮食都不一样，分泌的乳汁的质量也会有所不同。因此，这个时期，要具体分析宝宝的整体营养状况来判断是否需要补钙和补铁，尤其要注重给妈妈提供富有营养的产后膳食，以便给宝宝提供优质的乳汁。

牛奶喂养

此时的宝宝食欲旺盛，如果按照宝宝的欲望不断加奶就有可能过量，继续加下去就会过分肥胖，体内积存不必要的脂肪，加重心脏、肾脏和肝脏的负担。虽然吃母乳的宝宝也有肥胖的，但由于母乳易于消化，不会加重肝、肾负担。为了不使宝宝过胖，这时牛奶的日用量应限制在900毫升以下，900毫升产生的热量为2427千焦，足够宝宝的需要。如一天喂6次，每次不宜超过150毫升；如一天喂5次，每次不宜超过180毫升。

调整喂奶时间

对于3个月的宝宝来说，夜间大多还要吃奶，爸爸妈妈如果发现宝宝的体质很好，就可以设法引导宝宝断掉凌晨2点左右的那顿奶，因此，应将喂奶时间做一下调整，可以把晚上临睡前9～10点钟这顿奶，顺延到晚上11～12点。宝宝吃过这顿奶后，起码在4～5点以后才会醒来再吃奶。这样，爸爸妈妈基本上就可以安安稳稳地睡上4～5个钟头了，不会因为给宝宝半夜喂奶而影响休息了。刚开始这样做时，宝宝或许还不太习惯，到了吃奶时间就醒来了，妈妈应改变过去一见宝宝动弹就急忙抱起喂奶的习惯，不妨先看看宝宝的表现，等宝宝闹上一段时间，看是否会重新入睡，如果宝宝大有吃不到奶不睡的势头，可喂些温开水试试，说不定能让宝宝重新睡去。如果宝宝不能接受，那就只得喂奶了，等过一阵子再试试。总之，在掌握宝宝吃奶规律的基础上，爸爸妈妈应适当调整夜间吃奶时间，以保证妈妈的休息，使妈妈能产生更多的奶，精神饱满地去哺喂宝宝。

母乳不够怎么办

如果宝宝每周增加体重从原来的150克降至100克，或者是体重不增，就说明是乳汁不足。此外，如果出现宝宝要奶吃的哭闹时间提前，或夜里本来只起1次，现在变成一夜哭闹2～3次，也可以确定是母乳不足了。母乳不足时，可先加喂1次牛奶试试。在妈妈觉得奶最不发涨的时候可给宝宝喂 150毫升牛奶，试着连续喂5天。如果5天后宝宝体重增加仍不到100克，就需再加喂1次牛奶，但不要过量。如果每天喂6次奶，牛奶的量每次不应超过150毫升，日平均体重增长不应超过40克。如果每天加喂2～3次牛奶，宝宝日平均体重增加30克左右，就可一直坚持下去。

多吃养眼食物

眼睛是人类感观中最重要的器官，大脑中大约有80%的知识和记忆都是通过眼睛获取的。眼睛能辨别不同的颜色、不同的光线，再将这些视觉、形象转变成神经信号，传送给大脑。尤其是幼儿的视力处于发育阶段，保护眼睛就更加重要。除了防止用眼过度，定时做眼保健操外，经常吃些有益于眼睛的食物，对保护眼睛也能起到很大的作用。

钙可消除眼肌紧张

丰富的钙质对眼睛也是很有好处的，钙具有消除眼肌紧张的作用。食物中的豆及豆制品，奶类，鱼、虾、虾皮、海带、墨鱼等水产品，干果类的花生、核桃、莲子，食用菌类的香菇、蘑菇、黑木耳，绿叶蔬菜中的青菜苗、芹菜、苋菜、香菜、油菜薹等含钙量都比较丰富。另外，科学的烹调方法也可以增加人体对钙的吸收，比如在红烧排骨或炖排骨时放点醋，使骨头中的钙能够充分地游离到汤中，利于人体吸收。

维生素A不能缺

人体在缺乏维生素A的时候，眼睛感受弱光的能力下降，对黑暗环境的适应能力减退，严重时易患夜盲症。另外，缺乏维生素A可引起眼结膜干燥，眼泪少，甚至于导致眼角膜穿孔致盲，这就是人们常说的干眼症。维生素A的最好来源是各种动物的肝脏、鱼肝油、奶类、蛋类以及绿色、红色、黄色的蔬菜和橙黄色的水果，如胡萝卜、菠菜、韭菜、青椒、甘蓝、荠菜、海带、紫菜、橘子、柑、哈密瓜、芒果等。人体摄入足量的维生素A，不仅利于消除眼睛的疲劳，还有助于预防和治疗夜盲症、干眼症、黄斑变性。

维生素C防白内障

维生素C是组成眼球水晶体的成分之一，如果缺乏维生素C就容易导致水晶体浑浊患白内障。因此，应该注意在每天的饮食中摄取含维生素C丰富的食物。维生素C含量较高的食物有青菜、卷心菜、菜花、青椒、苦瓜、油菜、番茄、豆芽、土豆、萝卜，鲜枣、柑橘、橙、草莓、山楂、苹果等。

促进宝宝长高法

一个人身高多少受着先天遗传和后天生活等诸多因素的影响，如果把先天遗传因素比作一艘乘风破浪的船，那么，后天生活因素就是不停顿地划着的桨。这个比喻就是说，个子矮小的父母，他们的宝宝如果细心调养，个子可不一定矮。

配齐营养素

1．蛋白质。蛋白质是构成各种组织器官的生命物质，是生命的基础。因此，选择高蛋白食物，如瘦肉、鱼类、牛奶、大豆、鸡蛋等无疑是非常重要的。

2．矿物质。钙、磷、镁等矿物质是构成骨骼架构的最基础元素，有资料表明，骨骼中2/3的矿物质中99%是由以上三种矿物质构成的。因此，充足且适当的矿物质的补充，可以拉长骨骼。

3．脂肪酸。身高的发展是生长发育中重要的指标之一，只要孩子不太胖，就不要严格限制孩子选择脂肪性食品。应多选择天然的含必需脂肪酸高的食品，如鱼类、鸡蛋类等，建议不要过多吃仅含高油脂的食品，如奶油、牛油等。

4．维生素。别看这个家族的成员繁多，却对孩子的成长发育有平衡补充的作用，这个家族中维生素A、B、C等，尤其对孩子营养均衡，保持肌体活力，促进骨骼发育起着加速度的作用。

适量运动

运动是宝宝向高个儿冲刺的“助跑器”。除了全面的营养，适合宝宝年龄的适量运动，同样是宝宝长高必不可少的条件，有了它，宝宝向长个儿发起冲击的步子会更有力。经常运动的儿童比不运动的儿童至少平均高2～3厘米，运动可刺激生长激素分泌，促进新陈代谢，食欲增强。儿童经常从事体育运动，能促进骨的生长，使骨骼变长、变粗、骨密度增大。人体的高矮是由骨骼的生长发育决定的。我们的骨骼组成中，有一种专管骨骼生长的骺软骨，未成年时骺软骨不断增生，骨骼不断增长；成年后增生停止，个子也就不再长了。在骺软骨还没有停止增生以前，经常进行适当的体育锻炼，就能刺激骺软骨的增生而长高个，过了成长期，任何运动虽然对身体大有好处，但对于长个来讲，都是徒劳了。

保证充足睡眠

俗话说："人在睡中长。"生长激素在入睡初期的深度睡眠时分泌最多，血液中生长激素的浓度达到最高峰。如果睡眠受到干扰，缩短睡眠时间的话，生长激素的分泌就会减少，身高的增长也有可能受到影响。所以千万不要让孩子因为玩耍或者学习而熬夜。睡觉可使大脑神经、肌肉等得以松弛，有利于关节和骨骼伸展和解除肌体疲劳。在我们小的时候，都做过那种从很高的地方摔下来的梦，那也是我们身高成长的信号。这样的情况只发生在绝对放松的深层睡眠时段。如果宝宝还小，一些影响宝宝长高的细节父母也要有所了解。随着宝宝的长大，晚餐尽量不给宝宝吃大量促进排尿的饮食，最好养成一觉睡到大天亮而夜里不把尿的习惯，这需慢慢培养，以不尿床为宜，让孩子夜夜都有安稳觉。

在快乐中成长

1．快乐的孩子长得高。生长激素在情绪愉悦的时候分泌较高，在情绪低落的时候分泌较少。保持宝宝愉快的心情，也是宝宝长高的重要环节，千万不能忽视，情感因素对身体发育的影响已经越来越得到重视，就如同营养元素被重视一样。

2．压抑制造小矮人。如果宝宝经常处于受到批评、责备、吓唬或父母争吵，甚至打骂、训斥的环境中，宝宝精神会受到挫伤，心情压抑，情绪低落，内分泌失调，生长激素减少，就会导致生长发育不良，影响长高。因此为宝宝营造一个平和温馨的家庭和社会环境，才能让宝宝愉快地健康地长高。

影响长高的运动

1．举重。过强的负重运动让成长中的宝宝承受了过多压力。

2．摔跤。摔跤很容易造成骨骼的损伤，对太小的孩子不适合。

3．长跑。长跑是耐力性练习，对于小孩子来讲，运动过量不利于宝宝生长发育。

4．拉力锻炼。孩子的骨骼没有发育成熟，超负荷的运动方式不可取。

第三章 爱心呵护指南

在这个月中，爸爸妈妈护理的重点依然是睡眠、清洁、排泄、穿着等问题，同时由于现在宝宝可以外出了，所以要注意外出时的安全问题。

养成有规律的睡眠

3个月的宝宝睡眠时间明显减少，睡醒了玩一会，上午可以连续醒一两个小时，如果养成洗澡、做操、户外活动的习惯，睡眠可以很有规律了。上午醒的时间长一些，后半夜可以睡一个整觉了。

按时上床睡觉

随着宝宝的一天天长大和睡眠时间的逐渐减少，帮宝宝养成有规律的睡眠习惯就显得十分重要。所谓有规律的睡眠习惯就是按时睡、按时醒，睡时安稳、醒来情绪饱满，并可以愉快地进食和玩耍。这种有规律睡眠习惯，不但有利于宝宝的体格发育，而且还有利于宝宝神经系统和心理的发育。所谓规律也不是千篇一律的每个宝宝都有不同的睡眠习惯，妈妈或爸爸应该在护理中找出适合自己宝宝的规律，在验证这个规律确实对宝宝的健康发育有利之后，按照这个规律坚持实行，不能任着宝宝的小性子说变就变，宝宝经过一段时间的适应，良好的睡眠习惯就形成了。在培养宝宝有规律的睡眠习惯中，有一条比较重要的内容，那就是培养宝宝养成上床睡觉的好习惯。有了这个好习惯之后，当他(她)断奶以后仍可在床上安然入睡，而不再需要妈妈用乳头哄宝宝睡觉了。

尽量自然入睡

在这个月时，爸爸妈妈最好不要哄宝宝睡觉，尽量让宝宝自然入睡。这样可以养成宝宝自然入睡的好习惯，以免以后出现睡眠问题。即使出现了一些睡眠问题，父母也不要着急，着急的结果会使宝宝睡眠问题更加严重。宝宝哪一天睡得少了，哪一天晚上不好好睡了，睡醒后哭闹了等，如果父母过于干预、着急、焦虑，会使宝宝产生不良反应，还会产生对父母的依赖。对于宝宝偶然出现的睡眠问题，要进行冷处理，让宝宝有自己调节的空间。

有规律地生活

3个月时，宝宝白天清醒的时间越来越长，因为夜间哺乳的时间减少，有时候甚至能一直睡到天亮。大多数宝宝可以整夜睡眠7～8小时不醒。但是，如果白天睡眠时间过长，或者白天活动量较少，夜间就不容易入睡，而且分不清白天和黑夜。如果宝宝3个月时仍然不能整夜持续睡眠，你可以鼓励他在下午或晚上保持更长时间的清醒。在这些时间内主动与他玩耍，或者让他加入家庭成员在起居室的活动，保持他在睡眠时间以前清醒。因此，白天应给宝宝进行空气浴，或者让宝宝尽情地玩耍，夜间睡觉前给宝宝洗澡，建立一定的生活规律。

防止昼夜颠倒

宝宝的睡眠，在这个阶段很容易发生昼夜颠倒现象，一般发生这类现象是需要几天时间才能形成的。宝宝白天的睡眠延长时，夜间睡眠相应减少。如果他在夜间醒来时，获得喂奶和安慰，他就会很自然接受这种新的睡眠周期。为了打破这种习惯，在夜间要尽快地使宝宝重新睡着，不要开灯、谈话或与他玩耍。如果你必须给他喂奶或换尿布，尽可能轻，以免惊醒他。白天要尽量保持宝宝清醒，在夜里10点或11点以前不要放下他。如果你耐心并坚持的话，他的睡眠方式将很快发生变化。另外，宝宝睡眠采取正确的姿势，才能健康地成长发育。为此，做父母的必须注意宝宝的睡眠姿势，及时纠正一些不良的睡眠姿势。宝宝睡眠姿势主要有仰卧睡姿、侧卧睡姿、俯睡三种。这个年龄的宝宝应该仰卧睡觉，以免发生窒息的危险。

注意眼、耳护理

眼、耳是人体重要的器官之一，也是最容易受外物侵袭的两大外观。宝宝的这些器官功能都在发育中，宝宝眼睛的瞬间反射以及泪腺分泌功能也在逐步成熟。此外，保护好宝宝的听力也是非常重要的。

眼睛的护理

婴儿的眼睛十分娇嫩、敏感，极易受到各种侵袭，因此需小心保护，让孩子有一双明亮的大眼睛。保护宝宝的眼睛应做到以下几点：

第一，注意眼部清洁，防止疾患感染。宝宝应有专用的毛巾和脸盆，并保持清洁。每次洗脸时，可先擦洗眼睛，如果眼屎过多，应用棉签或毛巾沾温开水给轻轻擦掉。宝宝毛巾洗后要放在太阳下晒干。

第二，宝宝的手要保持清洁，不要让宝宝用手去揉眼睛，发现宝宝患眼病，要及时治疗。

第三，防止强烈阳光或灯光直射宝宝眼睛。宝宝室内的灯光不宜过亮，到室外晒太阳时，要戴遮阳帽以免阳光直射眼睛。

第四，防止锐利物刺伤眼睛及异物入眼，宝宝的玩具应是没有尖锐棱角的。

耳朵的护理

听觉功能，是语言发展的前提。如果耳朵听不到声音，就无法模仿语音，因而也就无法学会语言。为此，必须对下列方面加以注意。

1．慎用药物。链霉素、青霉素、卡那霉素、庆大霉素等是能够引起听神经中毒的抗生素，这些药物可以导致耳聋，即使非用不可，也应按医生嘱咐少用。

2．防止疾病发生。麻疹、流脑、乙脑、中耳炎等疾病都可能损伤婴儿的听觉器官，造成听力障碍。因此，要按时接种预防这些传染病的疫苗，积极治疗急性呼吸道疾病。

3．避免噪声。宝宝听觉器官发育还没有完善，外耳道短、窄，耳膜很薄，不宜接受过强的声音刺激。各种噪声对宝宝都不利，会损伤宝宝柔嫩的听觉器官，导致降低听力，甚至引起噪声性耳聋。

穿衣不能过多

在这个月，爸爸妈妈可以为宝宝选择一套合适的睡衣了，平时也不要给宝宝穿得太多，以免使宝宝适应环境的能力下降。

睡衣有讲究

为方便换洗，要给宝宝准备2～3套替换睡衣，最好是上下身成套的，夏天可以穿纱质的短袖睡衣，其他季节穿针织长袖。此外，这个月的宝宝比新生儿期时睡相更不安分，一般被子常会被踢开，所以，天冷时可以考虑给宝宝用睡袋，以免宝宝受凉。

保暖不宜过度

对于不少新妈妈来说，可能由于是初次养育自己的宝宝，也可能是因为对宝宝的过分溺爱，总是给宝宝穿着太多，使宝宝适应自然环境的能力大大减弱，导致体质下降，抵抗力降低。到了第3个月，宝宝渐渐增加了饮食，运动量也逐渐增加，体内所产生的热量也多了起来。对于这个时期的宝宝来说，运动是发育所必不可少的，可以带动宝宝全身各方面的发育。因此，穿得不宜太厚，以利于宝宝活动起来不易出汗，运动停下来时也就不易着凉。在宝宝的日常护理中，最重要的是根据具体情况及时给宝宝增减衣服。

正确穿衣、脱衣

虽说3个月的宝宝身子越来越硬朗了，但宝宝的脖子还不够硬，有的还不能自己支撑脑袋，而且前囟门的部位还很软，所以在给宝宝穿、脱衣服的时候还应十分小心谨慎。给宝宝最不好穿的恐怕就属背心了。因为穿背心必须从头上套，而3个月宝宝的头部是身体中最大，也是最不容易控制的部位。不过，现在大多数的背心都是带松紧的脖口或肩膀上开扣的，很容易让宝宝的头钻过去。首先，把宝宝仰放在床上或一个既平坦又坚实的地方，细心地把背心套在宝宝的头上；然后，轻轻地抬起宝宝的头，把背心拽到脖子上；再用一只手把袖孔处撑开，用另一只手把宝宝的一只胳膊伸进去后，再伸另一只，最后把背心轻轻拽下来就可以了。

带宝宝户外活动

宝宝总是那个最不乐意每天窝在家里的人，只要天气适宜，爸爸妈妈应该每天带宝宝到户外活动，接受阳光的爱抚，与大自然亲密接触，呼吸清新的空气。阳光浴和空气浴对宝宝的健康成长是大有好处的。

选择时间

3个月以后的宝宝，如果天气晴朗，妈妈不妨抓住这个有利时机，多带宝宝接触大自然。一天可以带宝宝出去2次，每次活动1个小时左右，时间安排在每天上午9～10点、下午3～4点较好。但什么时候进行户外空气浴，要根据宝宝睡眠和吃奶习惯灵活掌握。如果宝宝正好上午9～10点困了，就不要带宝宝出去了，一定要在宝宝高兴，精神状态好的时候进行户外活动。

开发潜能

宝宝到户外不再单纯是为了晒太阳、呼吸新鲜空气、增强体质了，不要把宝宝带出去后就放在婴儿车里，或抱在怀里。宝宝已经具备了相当的视觉能力。告诉宝宝，这是红花，那是绿叶，让他用小手触摸一下，感知一下，让看到的、摸到的、闻到的，经过大脑进行整合，立体感受自然界的事物。宝宝嘴里发出声时，要积极和他交流，这会刺激他发音的积极性，发出更多的声音。慢慢地，宝宝会把听到的声音记忆下来，并和看到的联系起来，当再次看到时，会想起它的发音，这就是语言学习的开始。

挑选衣物

为宝宝选购一两套连体衣，面料最好是防水布或是尼龙布。一般情况下，选购单衣就可以了，特别寒冷的冬季可以考虑穿连体滑雪服。这种衣服不仅让宝宝看上去更神气，而且能把衣服裤子全部保护起来，确保不被弄脏、弄湿。连体衣比较贴合身体，方便宝宝活动，并且不会在宝宝玩耍时发生上下身衣服脱节的情况，保证小肚皮不受凉。

给予爱的抚摸

妈妈对宝宝的抚摸是一种表现母爱的行为，但是，它所起到的作用却大大超过母爱，它对宝宝的身体、精神的发育大有好处。

可促进睡眠

睡眠是宝宝的主要“功课”之一，通过妈妈对小宝宝的抚触，会给宝宝带来一种满足感、安全感，从而使宝宝少哭闹，多安静，且更易入睡，睡得安稳，睡眠觉醒节律良好。

可增加食欲

抚触具有刺激消化功能，能促进宝宝消化吸收，同时还有诱发排便，促进排泄等效果，既可增进宝宝食量，又不会引起腹胀及消化不良，使宝宝发育得更好。

可提高免疫力

抚触能够促进宝宝血液循环，加速新陈代谢，提高宝宝的免疫能力。实践证明，经过抚触的宝宝其耐寒力和抵抗力均较未经过抚触的宝宝为强，尤其是在冬天，抚触还能减少宝宝感冒、腹泻等疾病的发生概率。

可密切感情

抚触是妈妈和新生宝宝之间一种最直接的情感交流方式。这种交流，给妈妈和宝宝双方都会带来身心的无比愉悦，为亲子感情的培养奠定良好的基础。

爱抚方法

要保持房间温度25℃左右，还要保持一定湿度。并且，居室应保持安静、清洁，可以播放一些轻柔的音乐，营造愉悦氛围。最方便做抚触的时候是在宝宝沐浴后或给宝宝穿衣服的过程中。在做抚触前妈妈应先温暖双手，倒一些婴儿润肤油在掌心，这样妈妈很容易用手蘸取，注意不要将油直接倒在宝宝皮肤上。妈妈双手涂上足够的润肤油，轻轻在宝宝肌肤上滑动，开始时轻轻按摩，然后逐渐增加压力，让宝宝慢慢适应按摩。

第四章 预防保健须知

在这个月，爸爸妈妈除了要给宝宝按时接种疫苗、及时进行全面体检之外，还要注意一些危害宝宝身体健康的疾病。

按时接种疫苗

3个月的宝宝需要服用第2颗小儿麻痹糖丸，还需要开始注射第一针百白破三联疫苗。父母要注意注射三联疫苗的时间以及宝宝不宜接种此疫苗的特殊情况，了解宝宝在打三联针后的反应及护理要点。最重要的是，别忘了去医院进行全面身体检查。

打“三联针”

百白破三联疫苗是由白喉类毒素、百日咳疫苗和破伤风类毒素按适当比例配置成的，用来提高对白喉、百日咳、破伤风三种疾病的抵抗能力。接种后，它们各自发挥其免疫作用。这种疫苗一般是肌肉注射，注射部位可在上臂三角肌附着处，也可在臀部的注射部位。三联针对破伤风的预防效果最好，抗体可维持10～15年时间，保护率可达95%以上；对白喉的预防效果也较为理想，约90%的宝宝血清中白喉抗毒素可达到保护水平；对百日咳的保护率可达到80%左右。

接种百白破三联疫苗后，宝宝可能有轻微的发热、烦躁不安。注射后的当晚宝宝睡眠不好，易惊醒哭闹，如发热未超过39℃，无抽筋等严重反应的表现，可不要处理。经过2～3天即可自愈。该疫苗接种的局部可能出现红肿，持续一定时间后也会逐渐吸收消失。第一针注射后宝宝的体温升到40℃以上或有抽疹，则不宜再接种第二针，以免发生严重反应。若宝宝全身反应较重，应及时到医院进行诊治。

服第二粒“糖丸”

宝宝满3个月后应及时的服用第2颗小儿麻痹糖丸，这样在宝宝体内就可产生对小儿麻痹症的抵抗力，防止疾病的发生。服糖丸后一般没什么异常反应，个别宝宝会有大便次数增加、大便比平常稍稀，但宝宝无不适的反应，持续2～3天，可以自愈，不必处理。

做好体检准备

宝宝3个月了，父母应带宝宝到当地的儿童专业医院做全面的身体检查。日常生活中，父母最好能记录下来宝宝的喂养和添加辅食情况，如每天的吃奶次数及每次的奶量，添加维生素D和钙的时间、添加菜汁、果汁的时间等；还应注意记录宝宝体格发展情况，如宝宝会笑出声的时间，抬头的时间、发出单字的时间、伸手抓玩具的时间等；如果发现宝宝有异常的情况，要记录发生的时间、部位、变化等，把发现的问题或想要咨询的问题记录下来，然后带上宝宝的新生儿体检记录、宝宝历次体检记录、疫苗接种记录、疾病就诊记录去体格检查，医生就能够很清楚地了解宝宝的生长发育情况，父母也能得到切实的医学指导。

检查项目早知道

在给宝宝进行全面身体检查时，首先医生会询问宝宝的喂养方式、奶量、断奶时间、辅食添加的情况以及相关的情况，还会询问疫苗接种和疾病情况，如呼吸道感染、腹泻、贫血、佝偻病、湿疹、药物过敏等。宝宝做体检时，应检查的项目有测头围、胸围、身高，称体重，对宝宝进行视觉、听觉、触觉等测试。还要进行一些必要的项目检查，如医生会摸摸宝宝的脖子，看有无斜头、淋巴结肿大的状况;听听宝宝的心跳速度及规律性是否在正常范围以及有无杂音，检查宝宝有无疝气、淋巴结肿胀。男宝宝检查阴囊有无水肿，女宝宝检查大阴唇有无鼓起或有无分泌物，追踪有无体关节脱位的状况等。

及早预防肥胖症

以往，人们总认为胖娃娃好，现在观点则认为，宝宝肥胖会给今后患肥胖症、高血压、胆囊炎和糖尿病等疾病埋下祸根。宝宝长到3个月，是食欲大增、消化功能增强的时候，这时，做父母的就应该注意到，不要盲目喂养，以免宝宝营养过剩导致肥胖。

肥胖原因

胖宝宝现象很常见，肥胖带给孩子很大的健康隐患，不但不利于孩子生长发育，对孩子的智力也会产生影响。小儿肥胖症是多种因素综合作用造成的。肥胖宝宝中的98%是单纯性肥胖，且属于喂养不当。例如在怀孕后期，孕妇摄食过多，宝宝过早断奶，过早添加辅食品、主食量，肉食量中所含有的糖、蛋白质和脂肪量过多，而又过度让宝宝睡眠，未能消耗的剩余能量便转化成脂肪藏于皮下，从而发生肥胖。

预防措施

现在大部分母亲都选择奶粉喂养。由于宝宝对饱胀不是很敏感，所以就出现“喂就吃”的现象，而很多家长就认为宝宝是饿，因此增加了喂食量，由此导致宝宝过度肥胖。而母乳喂养一般不会出现这种情况，母乳的分泌量与宝宝各个时期的需求是基本一致的，因此不会出现过度喂食的情况。坚持母乳喂养不少于四个月，是预防宝宝肥胖的有效途径。

科学喂养

在宝宝消化功能增强的时候，父母一定要注意合理喂养，同时食物品种要多样化，均衡热量摄入，保证宝宝正常生长发育。宝宝饮食要有规律，不能用哺喂的方法制止非饥饿性的哭闹，因为这样只会让宝宝在不知不觉中吃得更多，导致营养过剩，久而久之就会引起肥胖症。因此，在婴儿期就要提倡科学喂养，这可以为一生的健康奠定良好的基础。

防治碘缺乏

碘是影响智力发育的重要微量元素，人体缺碘会造成不同程度的损害，导致发生碘缺乏病，乃至残疾。碘缺乏危害十分严重，涉及地域广，威胁人口多，特别是对新婚育龄妇女、孕妇、婴幼儿的危害更为突出。

碘缺乏的症状

婴儿期碘缺乏可能引起克汀病，表现为智力低下，听力、语言和运动障碍，身材矮小，上半身比例大，有黏液性水肿，皮肤粗糙干燥，面容呆笨，两眼间距宽，鼻梁塌陷，舌头经常伸出口外等。幼儿期缺碘则会出现甲状腺肿大，俗称粗脖子病。生理功能低下表现为精神、食欲差，不善活动，安静少哭，嗜睡、低体温、怕冷、腹胀、便秘等。

碘缺乏的危害

世界卫生组织和医学专家研究发现，碘元素是智力元素，碘缺乏最为严重的危害就是造成胚胎、婴幼儿、儿童的脑发育不良，造成不同程度的智力损害，而且这种损害在婴幼儿出生后至2岁前如果没有发现，以后是无法弥补的。碘作为合成甲状腺激素的必要性营养元素，如果缺乏，人体合成甲状腺激素的量就会减少或不足，从而会导致新陈代谢紊乱，胎儿先天畸形、死胎。由于碘对婴幼儿的神经系统、骨骼生长、智力发育具有至关重要的作用，如果缺乏将导致不同程度的智力损害、弱智或智力残疾、呆小病。所以，碘营养素一直被科学界称为是人类的智力元素。

正确补碘

虽然现在已实施全民食盐加碘防治碘缺乏病，但婴幼儿不可能从食盐中摄取碘。而且孕妇在妊娠期间易患水肿、高血压，故常被告诫少吃盐，无法满足每日的碘所需，所以妈妈们要注意多吃一些含碘较高的食品，如海带、海鱼、菠菜等。对于不进行母乳喂养的婴幼儿来说，最安全、有效、方便，能够促进和改善婴幼儿智力健康发育的补碘方式是从饮用水中摄取。

防治缺铁性贫血

缺铁性贫血是由于体内铁缺乏致使血红蛋白减少引起。在婴幼儿期发病率最高，对宝宝健康和智能发育危害较大。

致病因素

导致宝宝缺铁性贫血的因素主要有以下三种。

1．生长发育快。婴幼儿期生长发育最快，3～5个月时为初生体重的2倍，1岁时体重为初生时的3倍。早产儿体重增加更快。随体重增加血容量也快速增加，如不添加含铁丰富的食物，婴儿尤其是早产儿很容易缺铁。

2．铁摄入不足。引起缺铁的主要原因是小儿铁摄入不足。人乳、牛乳中含铁均很低，但人乳中铁50%可被吸收，牛乳中铁吸收率约为10%。正常足月儿从母体储存的铁可足够供应生后3～4个月造血的需要。从母体储铁最多是在胎儿期最后3个月，所以早产儿体内储铁较少。如果生后不及时补充，缺铁是不可避免的。

3．铁丢失过多。正常婴儿每天排泄铁比成人多。用未经处理的鲜牛奶喂养婴儿可能造成婴儿因蛋白过敏而产生少量肠出血，每天失血约0.7毫升。此外，慢性腹泻、反复感染均可影响铁的吸收、利用和增加消耗，促进贫血发生。

缺铁的危害

在贫血出现前缺铁就可危害宝宝的健康。缺铁除影响血红蛋白生成外，还影响肌红蛋白合成，使体内某些酶活性降低，从而影响全身各器官功能。缺铁性贫血表现为面色苍白、乏力、不爱活动、食欲下降、常呕吐、腹泻，可能出现口腔炎、舌炎、胃炎和消化不良等症状。缺铁影响小儿智力发育，表现为烦躁不安、精神不振，较大儿童精神不集中、记忆力减退。机体抵抗力下降，容易感染疾病。

防治方法

为了防治缺铁性贫血，应提倡母乳喂养，及时添加含铁丰富且容易吸收的辅助食品，如肝、瘦肉、鱼等。注意膳食合理搭配。对于早产儿，从生后2个月开始用铁剂预防。两餐之间服铁剂最好，可减少胃肠刺激，同时服用维生素C可促进铁的吸收。

正确应对夜啼郎

不少宝宝白天好好的，可是一到晚上就烦躁不安，哭闹不止，人们习惯上将这些孩子称为“夜啼郎”。这是婴儿时期常见的睡眠障碍。

生理性原因

宝宝的尿布湿了或者裹得太紧，饥饿、口渴，室内温度不合适，被褥太厚等，都会使小儿感觉不舒服而哭闹。对于这种情况，父母只要及时消除不良刺激，孩子很快就会安静入睡。此外，有的孩子每到夜间要睡觉时就会哭闹不止，这时父母若能耐心哄其睡觉，孩子很快就会安然入睡。

调节生物钟

纠正宝宝夜啼要消除诱因。对宝宝生物时钟日夜颠倒的现象要逐步纠正，妥善安排生活秩序，白天不要让宝宝的睡眠次数过多、时间过长，宝宝醒时要充分利用声、光、语言等刺激，逗引他，延长清醒时间。晚上则要避免其过度兴奋而不入睡或产生夜惊，要革除半夜再吃一顿的习惯。卧室内、外要安静，温度适宜。

治疗疾病

一些疾病也会影响宝宝夜间的睡眠，对此，要从原发疾病入手，积极防治。患佝偻病的宝宝夜间常常烦躁不安，家长哄也无用。有的宝宝半夜三更会突然惊醒，哭闹不安，表情异常紧张，这大多是白天过于兴奋或受到刺激，日有所思，夜有所梦所致。此外，患蛲虫病的宝宝，夜晚蛲虫会爬到肛门口产卵，引起皮肤奇痒，宝宝也会烦躁不安，啼哭不停。如果宝宝得病了，除了哭闹还会有其他异常。妈妈可能不了解疾病的症状，但肯定会觉察宝宝有异常。父母最了解宝宝，宝宝出现丝毫变化父母都会看在眼里，父母的任务就是发现异常并及时看医生。

观察舌头识疾病

如果宝宝稍有发烧不适，很快就会被细心的妈妈发现，但很多妈妈却没有留心观察一下宝宝的小舌头。只有宝宝吃饭不好或是诉说舌头疼痛时，妈妈才会让他张开嘴巴，看看嗓子红不红。其实，宝宝的小舌头上大有学问，妈妈可通过宝宝的小舌头巧识一些疾病。

小舌头的健康表征

正常健康的宝宝舌体应该是大小适中、舌体柔软、淡红润泽、伸缩活动自如、说话口齿清楚，而且舌面有干、湿适中的淡淡的薄苔，口中没有气味。一旦宝宝患了病，舌质和舌苔就会相应发生变化。其实，小舌头就像一支反映宝宝身体健康状况的“晴雨表”，尤其是宝宝的肠胃消化功能更是能在小舌头上表现得淋漓尽致。如果妈妈对小舌头的变化能够有所了解，就能及早发现宝宝的异常，防患于未然。

发热时的舌象

宝宝感冒发烧，首先表现在舌体缩短，舌头发红，经常伸出口外，舌苔较少。如果发热较高，舌质绛红，说明宝宝热重伤耗津液，所以宝宝经常会主动要求喝水。发热严重的宝宝，还可看到舌头上有粗大的红色芒刺，犹如市场上的杨梅一样，这种杨梅舌多见于患猩红热或川崎病的宝宝。父母应注意及时为宝宝治疗引起发热的原发疾病，并及时进行物理降温或口服退热药物。注意多给宝宝饮白开水。可购买新鲜的芦根或者干品芦根煎水给宝宝服用。

厌食时的舌象

有的宝宝一看到喜爱的食物就会吃很多，这样，宝宝吃得过多、过饱，消化功能就发生紊乱。到了第二天，宝宝就可能不爱吃饭，肚子胀气、疼痛，严重时还会发生呕吐，气味酸臭。小一点的宝宝会由于食积导致腹泻，此时可看到舌上有一层厚厚的黄白色垢物，舌苔黏黏厚厚，同时口中会有一种又酸又臭的秽气味道。这种情况多是因平时饮食过量，脾胃消化功能差而引起。当宝宝出现这种舌苔时，饮食要清淡些、每餐适量，以使肠胃道得到充分的休息。如果宝宝出现乳食积滞，可酌情选用保和丸、健胃消食片或王氏保赤丸等中成药，消食导滞，保证大便畅通。

舌头像地图时

地图舌是指舌体淡白，舌苔有一处或多处剥脱，剥脱的边高突如框，形如地图，每当在吃热粥时会有不适或轻微疼痛。地图舌一般是由于宝宝消化功能紊乱，或宝宝患病时间较久，体内气阴两伤所致。患有地图舌的宝宝，往往容易挑食、偏食、爱食冷饮、睡眠不稳、乱踢被子、翻转睡眠，较小一点的宝宝易哭闹、潮热多汗、面色萎黄无光泽，体弱消瘦、怕冷、手心发热等。应多吃新鲜水果和新鲜且颜色深的绿色或红色蔬菜，同时注意忌食煎炸、熏烤、油腻、辛辣食物。可用适量的龙眼肉、山药、白扁豆、大红枣，与薏米、小米同煮粥给宝宝食用，如果配合动物肝脏一同食用，效果将会更好。如果宝宝面色白、较烦躁、汗多、大便干，多为气阴两伤，可用百合、莲子、枸杞子、生黄芪适量煲汤饮用，将会使地图舌得到改善。

光滑无苔时

有些经常发烧、反复感冒、食欲不好或有慢性腹泻的宝宝，会表现舌质绛红如鲜肉，舌苔全部脱落，舌面光滑如镜子，医学上称之为镜面红舌。出现镜面舌的宝宝，往往还会伴有食欲不振，口干多饮或腹胀如鼓的症状。对于镜面红舌的宝宝千万不要认为是体质弱，而给大补或多食肥甘油腻食物。应该多食豆浆或新鲜易消化的蔬菜，如花菇、黄瓜、白萝卜等。可把西瓜、梨、荸荠榨汁饮用，或早晚用山药、莲子、百合煮粥给宝宝食用，也会收到很好的效果。

育儿新经

正确区分宝宝的舌苔

新生儿的舌质红无苔和乳婴儿的乳白色苔属于正常现象，妈妈不要过于紧张，以为是疾病所致。一些宝宝吃了某些药品或食物，往往也会使舌苔变色。一般来讲，染苔的色泽比较鲜艳而浮浅，而病苔不易退去，可以利用这一点进行区别，千万不要将正常的舌苔误认为病苔而虚惊一场。

第五章 情商智商开发

爸爸妈妈不是仅仅要把宝宝养大，还要把他培养成人，让宝宝在身体和能力方面都得到健康的发展。这就需要爸爸妈妈从小就开始点滴的培养和训练。

本月宝宝智能发育状况

此时的宝宝，头竖立时间延长，有时能转头向四周张望。俯卧时头能抬起，两只手能支撑上肢，有的宝宝可以挺胸抬头，仰卧时能自动翻到侧卧位。清醒时挥动小手，能长时间吸吮自己的手，有时能看自己的手指，双手可接触在一起。手握玩具时可放进嘴里。被逗弄时知道笑，有时会“啊——喔”，好像与你“谈话”。知道喜欢与不喜欢，饥饿和疼痛时大声哭，吃饱和舒适时手舞足蹈。

视听能力

头和眼有较好的协调，视听建立了联系，宝宝听见声音能用眼睛去寻找。在安静时，自己咿呀发音，能把头转向叫他名字的人。能看见8毫米大小的物体，双眼能随发光的物体转动180°，眼睛更加集中灵活，对母亲的脸能集中而持久注视，部分宝宝的颜色视觉基本功能接近成人。能区分不同水平方向发出的声音，并寻找声源，能把声音与嘴的动作相联系。能分辨出不同人的声音，对亲人和陌生人的声音反应不同，特别是听到母亲的声音时格外高兴。

语言能力

宝宝除哭外，有时还能自由地发出两个音节的音，如“高高、拉拉、妈妈”等。见到亲人时或被逗弄时，会发出短暂而真实的笑声，看见令他高兴的物体时，会出现呼吸加深，全身使劲等表情。

社交能力

宝宝开始用目光期待着喂奶，看到母亲的乳房或奶瓶时，会表现出高兴。在宝宝自己玩耍时，开始注视自己的手，能自然地把一只手或两只手放在自己面前注视，并能将自己的双手放在一起，玩耍手指。能来回张望寻找亲人，亲人走近时手舞足蹈，伸手要抱。可用面部表情表示喜悦、不快、厌倦、无聊等心情。

认知能力

宝宝喜欢重复能产生愉快的动作，如吸吮手指。开始有分析能力，如吸吮乳头与吸吮手指的方式不同。视觉集中长达1～2分钟，注视不稳定，容易转移。能分辨出彩色与非彩色，眼睛能够追随物体移动180°，见到大玩具会手舞足蹈起来。能分辨味道，如奶水、糖水等。从3个月开始，宝宝可以初步分辨各种颜色，对彩色，特别是黄色和红色感兴趣。给宝宝提供色彩鲜艳的玩具，可以促进宝宝辨色能力的发展。

运动能力

在仰卧位时头在中央位置占优势，宝宝的颏、鼻与躯干的中线能保持在一条直线上，并且头可以自由地从一侧转向另一侧。在俯卧位时，当把宝宝面朝下放在硬平面上时，宝宝抬头能保持在中线的位置，而不是转向一侧，宝宝头能持续抬起至45°。俯卧时宝宝能将大腿伸直在床面上，虽然双膝可能有弯曲，但髋部没有外展。扶孩子坐起来时，头能经常竖起，微摇动，且向前倾，与躯干在一角度。站位时，用双手扶孩子腋下使其站起来，然后放松手，孩子能短暂保持起立姿势，然后臀部和双膝弯下来。手经常呈张开状，可握住放在手中的长棒达数分钟，扒、碰、触桌子上的物体，并将抓到的物体放入口中舔。但手眼不协调，常抓不到物体，抓物也是一把抓，即大拇指与其他四指方向相同。常用手抓自己的身体、头发和衣服，有时将手放在口中，开始注意自己的手。

语言能力训练

随着宝宝各种感觉器官的成熟，宝宝对外界刺激的反应越来越多，愉快情绪也逐渐增加。3个月的宝宝在发音和语言能力上有了一定的发展。

打“哇哇”

爸爸妈妈逗宝宝时，宝宝会非常高兴并发出欢快的笑声，当看到妈妈时，脸上会露出甜蜜的微笑，嘴里还会不断地发出“咿呀”的学语声，似乎在向妈妈说着知心话。此时，宝宝能发出较多的自发音，并能清晰地发出一些元音，妈妈和爸爸可以利用这个机会培养宝宝的发音，在宝宝情绪愉快时多与宝宝说笑。宝宝哭泣时，可以轻轻抱起宝宝，用手指在他(她)嘴上轻拍，让宝宝发出“哇、哇、哇”的声音，也可以将宝宝的手放在妈妈或爸爸的嘴上，拍出“哇、哇、哇”的声音。这些都可以作为宝宝发音的基本训练，使宝宝感受多种声音、语调，促进宝宝对语言的感知能力。

热情回应

当宝宝感到寂寞不安而哭闹时，妈妈要走到床边，和宝宝说说笑笑。这时，孩子立即会被妈妈的情绪所感染，高兴得踢腿、伸腰、举手，一边笑一边和妈妈“喔”、“依”、“呀”地说话，这时妈妈要热情地应答，激发他快活的情绪，这是最好的母子交流。这是对宝宝初始的发音训练，把自己的声音同听到的声音联系起来，使宝宝对外界的语言刺激更为敏感。

多种交流

促进宝宝的发音，提高宝宝的语言能力。妈妈对着镜子中的宝宝打招呼：“你好，宝宝。”并用手做“招手”动作，或用一个有声的玩具娃娃配合妈妈的话：“宝宝，你好。”逗引宝宝愉快地笑。妈妈指着镜子中宝宝和自己的影像，对宝宝说：“这是宝宝，这是妈妈。”妈妈可做出各种表情，让宝宝注意镜中妈妈的表情。

听力训练

3个月的宝宝对声音有定向反应。此时，父母可在不同方向摇动玩具或呼叫宝宝，训练宝宝辨别声音来源的能力。宝宝还能倾听音乐的声音，对轻快、柔和的旋律表现出微笑和手脚轻轻晃动等愉快情绪。

听不同方位声音

各种能发出声音的材料都可作为训练工具，如小铃、八音盒、钥匙串、勺子轻敲碗边等。宝宝玩时，爸爸妈妈在宝宝的左边、右边、上边、下边、前后等处摇铃或发出其他的响声，让宝宝辨别声音从何处发出。听觉发育好的宝宝能将头转向声源方向；发育不太好的宝宝经过多次训练以后，也能正确地辨别声源。训练时注意声音要由近及远，逐日推移。

听非立体声音乐

为宝宝播放悠扬的音乐，让音乐围绕在宝宝的耳畔，这会刺激宝宝的大脑发育，在头脑中的音乐处理中心激荡起一系列强有力的反应，而我们头脑中的音乐处理中心恰恰与数学、语言和其他高级神经活动中心重合。因此，通过这种音乐刺激，提高的不仅是宝宝对音乐的敏感性和感受能力，而且还会促进宝宝大脑高级认知活动区的发展。需要注意的是，不要给宝宝听立体声音乐，因为立体声音量一般比较大，立体声进入耳蜗没有缓和与回旋的余地，会直接刺激宝宝的听觉器官，时间一长，会损伤宝宝的听力。还有就是每次听音乐的时间不能超过15分钟，因为长时间的音乐会让他们产生听觉疲劳。

母亲声音最受欢迎

母亲的声音是宝宝最喜爱听的声音之一。母亲用愉快、亲切、温柔的语调，面对面地和宝宝说话，可吸引宝宝注意成人说话的声音、表情、口形等，诱发婴儿良好、积极的情绪和发音的欲望。可选择不同旋律、速度、响度、曲调或不同乐器奏出的音乐、发声玩具发出的声音或改变对宝宝说话的声调来训练宝宝分辨各种声音。当然，不要突然使用过大的声音，以免宝宝受惊吓。

视力训练

视觉功能训练主要是训练宝宝的视觉集中能力，对物体的追视能力，对物体形状、大小、颜色的辨别能力，对声音距离准确估量的能力和眼、手协调能力。

训练追视能力

父母要有意识地训练宝宝的视觉集中的能力和对事物的追视能力。视觉集中能力要从新生儿期就开始训练。可在距宝宝眼睛约60厘米的地方悬挂一些色彩明艳的物体，并注意定时调整方位，训练宝宝把目光集中在某一物体上的能力。训练追视能力可用颜色鲜艳、有声音、能运动的物体吸引宝宝的注意，训练他用目光追视物体并随物体的移动而移动，也可跟宝宝玩“藏猫儿”的游戏，即大人用衣物或毛巾遮住脸，或是躲在他人身后，让宝宝追视寻找。

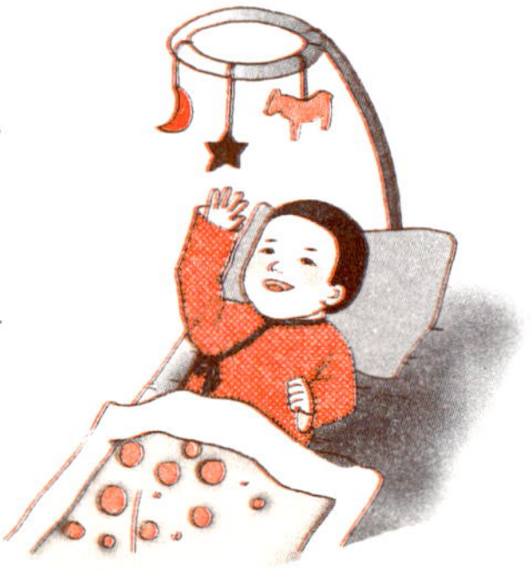

区分色、形和大小

父母可以开始有意识地训练宝宝区分颜色、形状和大小的能力，平时让宝宝多接触各种颜色。在宝宝接触各种色彩的过程中，成人用语言讲述各种色彩的名称，以语词强化宝宝对色彩的分辨能力。给宝宝某一玩具，或教他认识某一事物时，强调让他记住不同事物的颜色、形状、大小的特点，然后与别的事物加以比较，分析它们的差异等。这样宝宝养成了习惯，积累了经验，辨别能力自然会得到提高。

判断距离感

父母可以开始有意识地训练宝宝准确的估量空间距离。宝宝判断物体距离远近的水平很低。我们常常可以见到宝宝发现一件距他很远、用手根本够不着的东西时，仍然伸手抓的现象，这是由于宝宝不能准确估量物体空间距离的缘故。对此，家长应该注意为宝宝提供各种玩具或物体，让他能够触摸各种不同距离上的玩具，在实际生活中学习掌握物体之间的距离并且逐步准确化。

社交能力训练

满足宝宝逐渐形成的各种生理需求和认识要求，是宝宝积极情绪产生的主要条件，也是宝宝学会与人交往的基础，有利于促进宝宝社会交往能力的形成和发展。

辨哭声识需求

哭声是宝宝表示不满的主要手段。宝宝啼哭时，闭着眼睛，嘴左右觅食或吮吸手指，双脚紧蹬、号叫不停，说明宝宝是饥饿或口渴，应给宝宝喂奶或喂水。持续不断悲悲切切地哭叫流泪，可能是尿布湿了、衣着太紧或身体不舒服，父母可给宝宝宽衣带、更换尿布。如宝宝是因为生病或身体不适而啼哭，可抱抱宝宝，轻拍宝宝，和宝宝说说话，安慰他。哭而无泪或注视着父母，脸仅有哭的表情“哼哼”直叫，是想父母抱，可抱抱宝宝，但不要让宝宝养成非抱不可的习惯，可坐在宝宝床边逗逗宝宝或在宝宝床头挂些色彩鲜艳的玩具，让他自己玩玩。夜间烦躁啼哭，夜惊多汗则常见于佝偻病的早期表现。大声阵发性尖叫常为腹部疼痛，均应尽早到医院就诊治疗。

教“认”事物

利用宝宝清醒时间，让他看看周围环境，并告诉他注意到的周围东西的名称。宝宝语言表达能力的发展在很大程度上依赖于所处的语言环境，因此，要促进宝宝的语言发展，你要做一位“唠叨”的爸爸妈妈。在繁琐的生活中，时刻给宝宝语言的刺激，告诉他周围的一切事物，告诉宝宝你正在做的每一件事。让宝宝逐渐地感受生活，也让宝宝分担你的快乐、忧愁，让彼此都不再孤单，在交流中拉近心灵的距离，享受生活的缤纷色彩。在日常的环境中接触语言，宝宝可以自然感受语音，并且当他慢慢地熟悉特定的语音之后，逐渐就能够把特定的语音和动作、行为、事件、物体联系起来，对掌握口语也具有很重要的意义。

逗宝宝发声

和蔼微笑着和宝宝说话，引逗宝宝发出“哦哦”、“嗯嗯”声。也可模仿宝宝发出的声音，鼓励宝宝积极发音，对宝宝微笑可促进宝宝喜悦情绪的产生，激励宝宝与人交往。

动作能力训练

第3个月的宝宝运动能力得到了很快的发展，爸爸妈妈要抓住时机，继续对宝宝进行训练，不断完善和拓展宝宝的运动能力。

练习侧翻

1．转侧练习。用宝宝感兴趣的发声玩具，在宝宝头部左右侧逗引宝宝，使宝宝头部侧转注意玩具。每次训练2～3分钟，每日数次。这可促进颈肌的灵活性和协调性，为侧翻身做准备。

2．侧翻练习。宝宝满月后，可开始训练侧翻动作。先用一个发声玩具，吸引宝宝转头注视，然后，父母一手握住宝宝一只手，另一只手将宝宝同侧腿搭在另一条腿上，辅助宝宝向对侧侧翻注视，左右轮流侧翻练习，以帮助宝宝感觉体位的变化，学习侧翻动作。每日2次，每次侧翻2～3次。

练习抬头

1．俯卧抬头。使小宝宝俯卧，两臂屈肘于胸前，父母在宝宝头侧引逗小儿抬头，开始训练，每次30秒钟，以后可根据宝宝训练情况逐渐延长至3分钟左右。

2．坐位竖头。将宝宝抱坐在成人一只前臂上，宝宝的头背部贴在成人前胸，父母一只手抱住宝宝的胸部，使宝宝面前呈现广阔的空间，能注视到周围更多新奇的东西，这可激发宝宝兴趣，使宝宝主动练习竖头。也可让宝宝胸部贴在成人的胸前和肩部，使宝宝的头位于成人肩部以上，用另一只手托住宝宝的头、颈、背，以防止宝宝头后仰。

训练手部动作

除了前面所述训练宝宝手部触觉的方法外，还可帮助宝宝进行手部感知练习。在宝宝手腕部系上铃铛或红色手帕、鲜艳的手镯，来吸引宝宝对手部的感知，帮助他感知手的存在、体验手的动作。脱下手镯、红手帕让婴儿瞧瞧、摸摸，让他感觉一下这些东西与手部动作的关系。

坚持做健身操

3个月大的孩子要保证有室外活动的时间，在天气好的情况下，可以在室外活动25分钟，父母要坚持给宝宝做健身操。这样，对宝宝的身心健康都有好处。

扭扭操

让宝宝平躺，握住宝宝双脚，将左脚抬起，交叠于右脚上，此时宝宝的腰部应该微微扭转，恢复平躺，再换右脚交叠于左脚上。如此左右重复各10次。

屈腿运动

两手分别握住宝宝的两条腿腕，使宝宝两腿伸直，然后使宝宝两腿同时屈曲，使膝关节尽量靠近腹部。连续重复3次。

小腿上举

宝宝仰卧，母亲拇指在下，其他4指在上，握住宝宝小腿，使两腿伸直。把宝宝两腿上举，与腹部成直角，然后还原。连续做2遍。

扩胸运动

婴儿仰卧，母亲握婴儿手腕，大拇指放在婴儿手心里，让婴儿握住。首先让婴儿两臂左右分开，手心向上，然后两臂在胸前交叉，最后还原到开始姿势。连续做3次。

俯卧运动

使宝宝呈俯卧姿态，两手臂朝前，不要压在身下，母亲站在宝宝面前，用玩具逗引宝宝，宝宝自然将头抬起。为了避免宝宝劳累，开始一次只练30秒钟，逐渐增加时间，一日1次即可。俯卧不仅能锻炼颈肌、胸背部肌肉，还可增大肺活量，促进血液循环，有利于呼吸道疾病的预防，并能扩大宝宝视野范围，从不同的角度观察到新的事物，有利于宝宝的智力发育。

伸展运动

准备姿势，宝宝仰卧。母亲双手握住宝宝手腕，把宝宝两臂放在体侧。拉宝宝两臂在胸前呈前平举，掌心相对，然后使宝宝两臂向两侧斜上举；再拉宝宝两臂在胸前呈平举，掌心相对，最后还原。

·本月智能发育测试·

大动作

1．俯卧抬头离床面90°。让宝宝俯卧，两臂放在头两侧，前面用玩具逗引。如果宝宝能抬头离床并与床面呈90°，则表明宝宝通过3个月智能发育标准。

2．头能竖直且平稳。抱直宝宝，观察其头竖直情况。若宝宝头能竖直超过10秒钟，则表明宝宝通过3个月智能发育标准。

精细动作

手握着手。让宝宝仰卧，穿着宽松，使手臂能自由活动，观察宝宝两手在胸前的位置。若宝宝两手能在胸前接触、互握，则表明宝宝通过3个月智能发育标准。

认知能力

眼随玩具移动180°。让宝宝仰卧，距宝宝视线20厘米处摇红线球（直径10厘米）引起其注意，然后慢慢将球移到头的一侧，再由一侧经过中央移向另一侧（180°）。如果宝宝眼或头随红球转动180°，则表明宝宝通过3个月智能发育标准。

言　语

与人“交谈”。让宝宝仰卧，家长与其面对面，用丰富的表情和亲切的语言逗引宝宝发音。如果宝宝能“一问一答”地发出声音，则表明宝宝通过3个月智能发育标准。

情感与社会

见到妈妈高兴。宝宝见到妈妈时，观察其是否有特殊表现，如发出声音、急切地看或挥动手脚表示愉快。如果宝宝能表现出对妈妈的偏爱，并且随着时间的推移，宝宝渐渐地由一开始的“日夜不分”，转变为现在的能翻身、怕生等表现，则表明宝宝通过了3个月智能发育标准。

第五篇

我们聊聊天吧（4个月）

百天左右的宝宝非常招人喜爱：脖子挺得直直的，大脑袋微微摇晃，像个可爱的大头娃娃；眼睛的黑眼球很大，会用惊异的神情望着不认识的人；如果你对他笑，他会回报你一个欢快的笑；当你用手蒙住脸，再突然把手拿开，冲着宝宝笑，宝宝会发出一连串咯咯的笑声。在宝宝的世界里，每天都充满了令人兴奋的发现。他会尝试着用各种方法与他人交流，“咿咿”“呀呀”地自言自语，含含糊糊地应答。

第一章 宝宝成长脚印

宝宝4个月了，与出生时候相比，无论体重或身高都增加了许多，身体也壮实了许多，如果爸爸妈妈长时间地抱着，就会感到胳膊酸痛，有点抬不起来。爸爸妈妈抱时的感觉也不一样了，不是软绵绵的，而是有了一些力度了，变得好抱了。

发育特征

这个时期宝宝的增长速度开始稍缓于前3个月。宝宝的头看起来仍然较大，这是因为头部的生长速度比身体其他部位快，宝宝的身体很快也可以赶上。

越来越可爱

第4个月的宝宝到了非常招人喜爱的月龄。脖子挺得直直的，因为头相对较大，宝宝的头会微微摇晃，看起来像个会活动的大娃娃，眼睛的黑眼球很大，会用惊异的神情望着不认识的人，如果你对他笑，他会回报你一个欢快的笑。当你用手蒙住脸，突然把手拿开，并冲着宝宝笑时，宝宝会发出笑声，而且会发出一连串咯咯的笑声。

开始长牙了

极个别的宝宝在4个月时就已经开始长出1～2颗乳牙了。宝宝开始长牙的时候，会流很多口水，父母可以准备一些纱布或是小毛巾备用，给宝宝擦口水。

身体发育因人而异

每人的体格是有差异的，往往受遗传、环境、营养、精神、疾病等因素的影响。人在婴儿期的个体差异较大，除了上述因素之外，还要受水分、脂肪和骨骼的影响。因此，对宝宝体格标准评价，也要客观地、一分为二地进行。宝宝的生长指数，既有共性，也有个性，爸爸妈妈在进行对照时，如果发现宝宝的实际生长指数与理论上的生长指数有出入，要根据宝宝的实际状况进行分析研究，针对宝宝其他方面的发育给予综合分析，既不要因此而焦虑，也不能放松警惕而延误治疗。

体格标准

在这个月，宝宝的身高、体重的增长都有所放缓，这是发育中的正常现象，爸爸妈妈不要过于担心。很多动作较前三个月都熟练了很多，且很多动作呈对称性，扶立时双腿已经能够支撑身体。

身　高

这个月男宝宝的平均身高为64.6厘米，女宝宝的平均身高为63.4厘米。宝宝身高增长速度与前三个月相比，开始减慢，一个月平均增长约2厘米，但与一岁以后相比还是很快的。只要没有疾病，就不要为宝宝一时的身高不理想而担心。身高的增长是连续动态的，静态的一次或一个月的测量值，并不能说明是否偏离了正常生长标准。

体　重

这个月男宝宝的平均体重达到7.5千克，女宝宝平均体重达到7千克。宝宝体重可以增长900～1250克。如果体重偏离同龄正常儿生长发育标准太多，就要寻找原因，除了疾病所致以外，大多数是由于喂养或护理不当造成的。

头　围

这个月男宝宝的平均头围为42.1厘米，女宝宝平均头围为41.2厘米。这个月婴儿头围可增长1.4厘米，婴儿定期测量头围可以及时发现头围过大或过小的问题。如果超过或低于正常标准太多，则需要请医生检查是正常的变异还是疾病所致。

囟　门

这时婴儿后囟早已闭合，前囟为1.0～2.5厘米，如果前囟大于3厘米或小于0.5厘米，应该请医生检查是否有异常情况。前囟过大可见于脑积水、佝偻病，前囟过小可见于狭颅症、小头畸形、石骨症等。囟门的检查多要靠医生。有的医生在测量囟门时，没有考虑到个别婴儿囟门呈假性闭合，就是说从外观上看囟门像是闭合了，其实是头皮张力比较大，类似闭合，但颅骨缝仍然没有闭合。这些不解释清楚，会给父母带来不必要的担心。父母不要因为宝宝囟门大就认为是佝偻病，盲目补充钙剂。

感官发育状况

4个月的宝宝身体的活动比上个月更加频繁，眼睛和耳朵的功能与手脚的运动能够逐渐开始协调了，头部能逐渐挺直，躯干肌肉功能也加强了。

能追视面前物体

此时宝宝可能已经能够跟踪在他面前半周视野内运动的任何物体，同时眼睛协调也可以使宝宝在跟踪靠近和远离他的物体时视野加深。宝宝的视线灵活，能从一个物体转移到另外一个物体，头眼协调能力好，两眼随移动的物体从一侧到另一侧，移动180°，能追视物体。

听力明显增强

宝宝吃饱奶后，心满意足地躺在那里，舞动着手脚撒欢。妈妈轻轻一声“宝宝”的呼唤，就使宝宝的头和眼睛，随着妈妈声音的来源一起转动，宝宝可以听见妈妈的声音并看到妈妈的笑脸了。4个月的宝宝，听力明显增强，只要在耳朵边发出声音，宝宝就会跟着声音的来源转头。如果声音太大或刺耳，宝宝就会因惊恐而啼哭。

发音增多了

宝宝的情绪越好，发音越多。爸爸妈妈要在宝宝情绪高涨时，和宝宝交谈，给宝宝发送更多的语音，让宝宝有更多的机会练习发音。让宝宝多到户外，听小鸟叫、听流水声、听风刮树叶声，并不断告诉宝宝这是哪里发出的声音。给宝宝做元音发音口形，让宝宝模仿爸爸妈妈说话。

想与人接触

4个月的宝宝有了自己的情感需求，不再任人摆布。宝宝除了对食物和睡眠的需求外，更加要求与人接触了。当妈妈或爸爸走近宝宝的床边时，即使他正在啼哭，也会很快地安静下来，而且手脚一张一合地，渴望着爸爸妈妈的搂抱和爱抚。

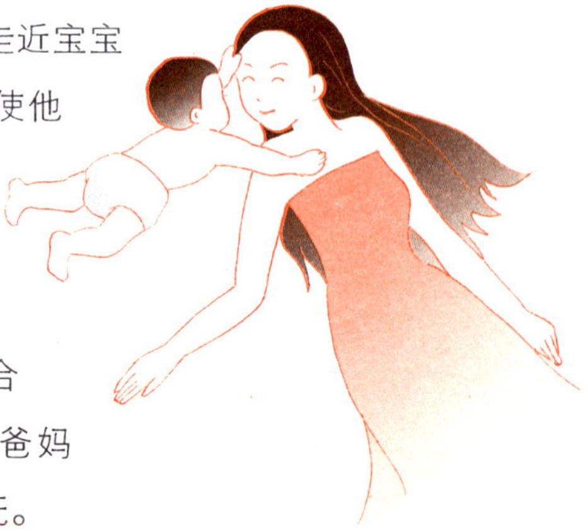

心 理

4个月的宝宝喜欢从不同的角度玩自己的小手，喜欢用手触摸玩具，并且喜欢把玩具放在口里试探着什么。能够用“咕咕噜噜”的语言与父母“交谈”，会听自己的声音。有声有色地说还挺热闹。对妈妈显示出格外的偏爱，离不开妈妈。父母要多进行亲子交谈，如跟孩子说说笑笑给孩子唱歌或用玩具逗引，让他主动发音，要轻柔地抚摸他，鼓励他。

动 作

4个月的宝宝，头能够随自己的意愿转来转去，眼睛随着头的转动而左顾右盼。大人扶着孩子的腋下和髋部时，孩子能够坐着。让孩子趴在床上时，他的头已经可以稳稳当当地抬起，下颌和肩部可以离开桌面，前半身可以由两臂支撑起来。当他独自躺在床上时，会把双手放在眼前观看和玩耍。扶着腋下把孩子立起来，他就会抬起一条腿迈一步，再抬另一条腿迈一步，这是一种原始反射。能把自己的衣服、小被子抓住不放，摇动并注视手中的拨浪鼓，手眼协调动作开始发生。平躺时，会抬头看到他的小脚。 趴着时，会伸直腿并可轻轻抬起屁股，还不能独立坐稳。对小床周围的物品均感兴趣，都要抓一抓、碰一碰。

社 交

宝宝不会对每个人都非常友好，很自然他最喜欢父母，到第4个月时，他会用“微笑”谈话，喜欢其他小朋友。如果他有哥哥姐姐，当他们与他说话时，你会看到他非常高兴。如果他听到街上或电视中有儿童的声音，他也会扭头寻找。会用“微笑”谈话，随着宝宝长大，他对儿童的喜欢也会增加。相比之下，对陌生人他只会好奇地看一眼或微笑一下。可以看出，他已经开始分辨他生活中的人，毫无疑问，他非常依恋与他最亲密的人。他可能已经学会用手舞足蹈和其他的动作表示愉快的心情，开始出现恐惧或不愉快的情绪。抱着宝宝坐在镜子对面，让宝宝面向镜子，然后轻敲玻璃，吸引宝宝注意镜子中的自己，他能明确地注视自己的身影，对着镜中的自己微笑并与他“说话”。

第二章 宝宝餐桌安排

4个月，宝宝的活动量增大了，食量也开始增加，若只是哺育牛奶或母乳，对宝宝而言是不够的。另外，宝宝从4个月起，口中的唾液淀粉酶以及胰脏淀粉酶分泌急速增加，正是添加副食品的好时机。

本月喂养须知

这个月宝宝仍然需要大量的热量和营养素，如果此阶段满足不了宝宝生长发育的营养需求，极易引起宝宝营养不良或营养缺乏症。

有母乳万事足

这个月宝宝仍能够从母乳中获得所需营养，每天所需热量为每千克体重462千焦左右。母乳充足的宝宝这个月可以不添加任何辅食，仅喂些新鲜果汁就可以了。如果宝宝大便比较稀且次数多，也可以不喂果汁，喂多种维生素片也可以。4个月的宝宝对碳水化合物的吸收消化能力还是比较差的，仍然是对奶的吸收消化能力较强，对蛋白质、矿物质、脂肪、维生素等营养成分的需求可以从乳类中获得。

预防缺铁性贫血

众所周知，铁缺乏就会引起贫血。引起贫血的原因，除了一般常见的原因外，主要是由于宝宝日渐长大，母体里带来的铁质及母乳中铁质的不足而引起的。另外，出生后有缺陷或后天护理不当也可引起贫血。这个时期的宝宝会出现缺铁性贫血，应该注意补充铁剂。蛋黄、绿叶蔬菜、动物肝脏中含有较丰富的铁，但这个月的宝宝有时不能消化吸收这些食物，要一种一种添加，从小量开始。这个月可以先加1/4鸡蛋黄，观察宝宝大便情况，如果没有异常，可以继续加下去，一周后可以添加菜汁。

保证母乳质量

4个月之前一直采用母乳喂养的妈妈，要及时发现自己母乳不足的迹象，并想办法保证自己母乳的质量。宝宝在这一时期里的生长发育是很迅速的，食量增加。当然，因宝宝的胃口、体重等差异，所食母乳的量也有很大的差别。做父母的，不但要及时注意奶量的多少，而且还要注意奶的质量高低。母乳喂养要注意提高奶的质量，有的妈妈只注意在月子中吃得好，出了月子以后，便忽略了哺乳期的饮食质量，这都是错误的。宝宝要吃妈妈的奶，妈妈就必须保证营养的摄入量，否则，奶中的营养不丰富，直接影响到宝宝的生长发育。在这个月里，妈妈仍需要多吃一些能促进乳汁分泌的食物，还要尽量多摄取各种蔬菜、水果，以使乳汁中含有宝宝需要的各种营养成分。有偏食、厌食倾向的妈妈要调整自己的饮食习惯，也不要吃刺激性的食物，以免乳汁中带有异味使宝宝不喜欢吃。更不能为了恢复身材而节食。另外，为了促进宝宝的脑发育，使宝宝更聪明，妈妈应坚持多吃一些健脑食品。有利于促进宝宝健脑益智的食品有动物脑、肝、鱼肉、鸡蛋、牛奶、玉米、小米、大豆及豆制品、苹果、橘子、香蕉、核桃、芝麻、花生、榛子、各种瓜子、胡萝卜、黄花菜、菠菜等。

及时添加牛奶

这个月的宝宝如果每日体重增长低于20克，一周体重增长低于120克，可能有潜在的母乳不足状况。同时，如果宝宝开始出现闹夜，睡眠时间比原来缩短了，吃奶时间比原来延长了，体重低于正常同龄儿过多，就说明应该及时添加牛奶了。

添加辅食原则

4个月的婴儿食入量差别比较大，仍应坚持纯母乳喂养。而有的生长发育快的宝宝，食奶量较大，有的还要加糕干粉等。除了吃奶以外，要逐渐增加半流质的食物，为以后吃固体食物做准备。

注意方法

给宝宝增加辅食要注意方法。4个月的宝宝肠胃功能还未完善，要选择适合他的食物来制作辅食，不要一下子就让宝宝吃各种不同的辅食。辅食的添加要从少到多，从细到粗，不要立刻用辅食代替配方乳。总之，增加辅食要循序渐进。

从稀到稠

宝宝在开始添加辅食时，都还没有长出牙齿，因此妈妈只能给宝宝喂流质食品，逐渐再添加半流质食品，最后发展到固体食物。如果一开始就添加半固体或固体的食物，宝宝肯定会难以消化，会导致腹泻。应该根据宝宝消化道的发育情况及牙齿的生长情况逐渐过渡，即从菜汤、果汁、米汤过渡到米糊、菜泥、果泥、肉泥，然后再过渡成软饭、小块的菜、水果及肉。

由细到粗

宝宝的食物的颗粒要细小，口感要嫩滑，因此菜泥、果泥、蒸蛋羹、鸡肉泥、猪肝泥等“泥”状食品是最合适的。这不仅锻炼了宝宝的吞咽功能，为以后逐步过渡到固体食物打下基础，还让宝宝熟悉了各种食物的天然味道，从而养成不偏食、不挑食的好习惯。而且，“泥”中含有纤维素、木质素、果胶等，能促进肠道蠕动，容易消化。另外，在宝宝快要长牙或正在长牙时，妈妈可把食物的颗粒逐渐做得粗大，这样有利于促进宝宝牙齿的生长，并锻炼他们的咀嚼能力。

由一种到多种

要按照宝宝的营养需求和消化能力逐渐增加食物的种类。刚开始时，只能给宝宝吃一种与月龄相宜的辅食，如果宝宝的消化情况良好，排便正常，再让他们尝试另一种，千万不能在短时间内一下子增加好几种辅食。

增加蛋白质摄入

蛋白质，用于维持婴幼儿新陈代谢、身体的生长及各种组织器官的成熟。这一时期处于正氮平衡状态，对蛋白质不仅要求有相当高的量，而且对质的要求也很高。

摄入量的确定

母乳可以为新生儿提供高质量的蛋白质，而人工喂养的宝宝由于蛋白质的质量低于母乳，所以，蛋白质的需要量高于母乳喂养的宝宝。母乳喂养时蛋白质需要量为每日每千克体重2克，牛奶喂养时为3.5克，主要以大豆及谷类蛋白供给时则为4克。另外，婴幼儿的必需氨基酸的需要量远高于成人，同时由于婴儿体内的酶功能尚不完善，其必需氨基酸的种类也多于成人，即对于成人来说是非必需氨基酸，而对于婴儿来说是必需氨基酸，如半胱氨酸和酪氨酸。婴儿自身不能合成这些氨基酸，只能从食物中供给。动物性蛋白中必需氨基酸的质和量都强于植物性蛋白，母乳中的蛋白质都含有各种必需氨基酸，也包括半胱氨酸和酪氨酸在内。

适量获取脂肪

脂肪摄入的过多、过少都会对宝宝的健康有不良影响。如果宝宝摄入脂肪过少，会使生长发育受到很大影响，而摄入过多脂肪就会引起肥胖。有研究数据表明，成年后才发生的肥胖，脂肪的细胞只增加体积而不增加数目，可是少年时发生的肥胖，脂肪细胞不但增加体积，而且数目也会增加；当体重减轻时脂肪细胞只减少体积，而不减少数目。另外，摄入脂肪过多还会引起宝宝消化不良，容易引发肠胃道方面的疾病。一般2岁以下的宝宝平常脂肪的摄取量应该在40%～50%之间。所以在宝宝发育时期，避免宝宝肥胖是十分重要而且必要的。

第三章 爱心呵护指南

这个月中，爸爸妈妈护理宝宝的重点和上个月差别不大，不过随着宝宝月龄的增加，在生活中更应该小心呵护。

本月护理要点

虽然宝宝现在可以外出了，但大部分时间还是要在室内度过，爸爸妈妈要为宝宝创造舒适的室内环境，并特别注意环境中的不安全因素。

保证居室舒适

首先，居室要经常开门开窗通风换气，保持空气流通，保持适宜的温度和湿度。其次，室内应保持安静，家人或来客不要大声喧哗，家人在做家务或其他工作时应避免产生噪音。但是并不是要求房间静悄悄没有一点声音，太安静了对宝宝的身心发育也不利。此外，室内还要时刻保持清洁。环境要丰富多彩，主要是因为第4个月宝宝的智能有了很大发展，心理上也有了更明显的需求。因此，妈妈或爸爸在为宝宝布置居室的时候，应该在墙上贴一些色彩鲜艳、图案简洁的图片，在床头悬挂一些色彩鲜艳的玩具等，这些精心布置的室内环境，将会给宝宝以美的享受，陶冶宝宝的情操，使宝宝的身心健康成长。

清除不安全因素

这个阶段的宝宝，白天醒着的时间逐渐增多，而且小手特别喜欢东摸西摸，抓起什么都要放进嘴里。所以，千万不要把药品、洗涤用品等有毒有害物品放在宝宝能摸到的地方，以防误食中毒。同时，诸如刚盛好的热粥、米糊或菜汤等食物，也不要放在宝宝能摸到的地方，以免烫伤宝宝。妈妈或爸爸不要把宝宝单独放在床上或没有安全保障的地方，以免宝宝乱动而发生意外。宝宝经常抓握的玩具也要定期洗涤和消毒，尽量避免细菌或病毒感染而生病。

宝宝穿衣指南

这个月的宝宝长大了不少，服装的要求和前几个月有所不同，爸爸妈妈不仅要注意宝宝服装的面料，还要关注款式是否适合宝宝。

服装的选择

第4个月的宝宝生长发育比较迅速，活动量也比以前大了许多，所以宝宝衣服的设计原则是简单、大方、易穿、易脱、舒适、宽松。同时，还要注意服装的面料和款式。由于的宝宝皮肤很细腻，一不小心就会受到损伤，所以宝宝的内衣应选择质地柔软、通透性能好、吸湿性强的棉织布料。在款式上，要在保证舒适的基础上消除一切不安全的隐患。不宜有大纽扣、拉链、扣环、别针之类的东西，以防损伤婴儿皮肤或吞到胃中。如果用布带代替纽扣，布带也不能太长，以免勒伤宝宝。这个月的宝宝由于活动较为频繁，最好给宝宝穿上下一体的衣服，因为上下一体的衣服更利于宝宝活动。但注意尽量不要给宝宝穿得太厚，宝宝活动出汗多时，要经常给宝宝换内衣。

分季节准备

这个月的宝宝，在春秋季可穿用棉布做成的单衣、单裤。为更换尿布方便，裤子最好穿开裆背带裤，背带要长一些，以便于随着宝宝生长发育可适当调整背带长度。在夏季只要穿件背心或短衣、短裤就行了。在冬季，宝宝穿棉衣的时候，里面一定要穿内衣，内衣可穿有小翻领的，翻在罩褂外面，既保暖又美观。棉衣外面还应有罩衣，罩衣也以小圆领，背后开口系带的宝宝衫为宜，这种罩衫便于穿脱和清洗。棉裤也应制成背带开裆裤。

此外，还应给宝宝穿鞋和袜子。鞋的帮和底要柔软，而且要宽松。一般情况下，冬季准备4套，夏季准备6套，春、秋季准备3套进行更换就可以了。

睡眠一定要充足

从第4个月开始，宝宝白天睡的时间比以前缩短了，而晚上睡得比较香，有的宝宝甚至一觉睡到天亮。一般每天总共需睡15～16小时。由于宝宝在睡眠时间上的差异较大，大部分的宝宝上午和下午各睡2个小时，晚上8点左右入睡。

注意冷暖

睡眠，在人的生命过程中占有非常重要的地位，对宝宝更是如此。宝宝香甜安稳的睡眠，将给宝宝的身心发育带来非常好的帮助和影响。宝宝睡觉时，妈妈或爸爸要时刻关注宝宝的冷暖，如果妈妈害怕宝宝睡觉时过冷或过热，因不好掌握而总放心不下，可以用手摸一摸宝宝的后颈，摸的时候注意手的温度不要过冷，也不要过热。如果宝宝的温度与你手的温度相近，就说明温度适宜；如果发现颈部发冷时，说明宝宝冷了，应给宝宝加被子或衣服；如果感到湿或有汗，说明可能有些过热，可以根据具体情况去掉毯子、被子或衣服。

变换睡姿

父母应该创造条件，让宝宝衣着单薄甚至光着身子自由地伸展身体，练习技能。最好在洗澡前配合空气浴进行。要经常让他俯卧，练习抬头、支撑全身，从仰卧翻到俯卧，并将身体从一侧转向另一侧。要经常变换孩子小床的位置或变换睡的方向，以免把头睡偏。

顺其自然

一般认为宝宝的个体差异大，睡眠时间为12～16小时，具体时间长短与宝宝的体质和父母睡眠时间长短有关。只要宝宝本身精神状态好，食欲正常，无消化方面问题，体重增长良好，家长就无需顾虑，让宝宝自己决定睡眠时间好了。贪睡的宝宝可以比睡觉少的宝宝一天多睡4～5个小时，这种差异是可以存在的。

留心宝宝大小便

在这个月，母乳喂养的婴儿大便可能会1天5～6次，也可能变成了1天1～2次，甚至2天1次，这都是正常的。母乳喂养不像人工喂养那样均衡，乳量某天可能会少一些，某天可能会多一些，妈妈可能会吃些生冷食品，这些都会影响宝宝的大便。

切忌乱用药

如果发现宝宝大便异常，可留取不正常的那部分大便，带到医院进行化验。不要轻易带宝宝到医院，以减少交叉感染。药店推荐的药物，也不要轻易购买，要想到药店的商业性。治疗肠道疾病的药物，可能会引起肠道内环境紊乱。这个月婴儿比较容易出现大便问题，也是父母容易乱用药的时候，一定要避免。一旦破坏了宝宝肠道内环境，调理起来是比较困难的。防患于未然的根本方法就是不要乱投医，乱吃药。

小便与季节有关

宝宝夏季小便次数可能会少一些，冬季可能会多一些，尿泡可能会小一些。冬季尿到容器里的尿会发白，底部会有白色沉淀物，这是尿酸盐，遇冷结晶，不是疾病，注意补充水，降低尿中尿酸盐浓度，这种症状就会有所减轻。

别强迫大小便

这个月的宝宝训练大便还太早。对于尿泡大的，次数少的，喜欢让妈妈把尿的宝宝，也可以把一把。但如果宝宝不喜欢，一把就打挺或越把越不尿，放下就尿，这样的宝宝不喜欢妈妈干预他尿尿，妈妈就不要非把不可。否则会伤害宝宝的自尊心，到了该训练的月龄也训练不了了。有的宝宝大便每天1～2次，也可以根据每天大便时间把一把。注意，不要长时间把宝宝大便，如果长时间让宝宝肛门控着，会增加脱肛的危险。爸爸妈妈不必为别人家的宝宝已经能够把尿便，已经很少洗尿布，已经很节省一次性尿布而着急，这是没意义的。

第四章 预防保健须知

对于第4个月的宝宝，爸爸妈妈除了要了解接种疫苗的一些注意事项外，还应对宝宝的一些疾病及其症状有所掌握。父母要记得继续给宝宝服用小儿麻痹糖丸并第二次注射“百白破”三联疫苗。

注意日常保健

给宝宝预防接种是一项重要的工作，父母对其重要性已经有了深刻的认识。

观察接种反应

观察防疫针打了以后，打针的部位有没有变化。由于接种疫苗后，疫苗中的病菌、病毒要在体内生长繁殖，才能刺激机体免疫系统产生免疫力，故注射部位常发生某些反应。以卡介苗为例，接种后2～3天打针的部位皮肤略有红肿，并很快消失，2周左右局部再次红肿，并破溃形成溃疡，直径一般不超过0.5厘米，有少量脓液，然后结痂，痂皮脱落后留有轻微疤痕，前后持续2～3个月。

区分发热表现

首先要排除疾病所致的发热，疾病可以是接种前就感染的，也可以是接种后感染的。如果是疾病所致，检查可见阳性体征，如咽部充血、扁桃体增大充血化脓、咳嗽、流涕等症状。疫苗所致发热没有任何症状和体征。如果既有疫苗反应，也有感冒发热，那症状就会比较重。接种多长时间发热，与接种的疫苗种类有关，疫苗接种后的发热一般不需要治疗，会自行消退。

腹绞痛是怎么回事

当身体不舒服时，太小的宝宝不会表达自己不适的部位及症状。若出现经常哭闹，过后就没事了的情况，则很有可能是婴儿腹绞痛，这种情形一般在宝宝较大后都能改善。

症 状

这个时期的宝宝常在傍晚到凌晨间不停地、剧烈地哭闹，有的在不固定的时间哭闹，而导致脸部涨红、四肢弯曲、肚子绷得很紧，之后肠蠕动增快、放屁次数增加，无论怎样安抚、换尿布、喂奶都不得要领。宝宝怎么会发生这种异常的哭闹呢？经医生检查，这种症状就是所谓的婴儿腹绞痛。

原 因

婴儿腹绞痛大多是由于对外界环境不能适应造成的。胎儿还在母体时，受到母体激素昼夜变化的影响，所以在母体内时有固定的生理时钟；出生后内分泌功能发育未成熟，未来得及自行调节生理时钟，而引起晚上哭闹，白天睡觉，与大人不能配合日夜颠倒的生活方式。等到宝宝较大了，内分泌功能较成熟了，就会自然改善。有的认为婴儿腹绞痛是由于对牛奶中的蛋白质过敏引起的，但换吃蛋白水解的低过敏奶粉也仅有1/10会改善。美国小儿科医学会不建议豆奶用于腹绞痛的婴儿，因为大豆蛋白过敏性仍很高。有的认为是刚出生的宝宝其小肠对母乳或牛奶中的乳糖吸收不完全，未吸收的乳糖发酵后产生气体，引起腹胀、绞痛的现象，但是改用低乳糖的奶粉也只有少数会改善。

护理方法

3～4个月大的宝宝腹绞痛通常会消失，但遗憾的是，对此问题没有经过实验证实的治疗方法，只能采取一些措施缓解痛苦。轻度腹绞痛可采取安抚的方法，腹绞痛时试着安抚他（她），例如，拥抱着并规律地轻摇宝宝、吸奶嘴、肚皮擦清凉剂、喂奶等。如果宝宝睡不安稳，妈妈可以躺在宝宝身边，轻轻拍打宝宝的胸脯，哄宝宝入睡。

预防和治疗水痘

水痘是由水痘带状疱疹病毒初次感染引起的急性传染病，传染率很高，主要发生群体在婴幼儿，以发热及成批出现周身性红色斑丘疹、疱疹、痂疹为特征。冬、春两季多发，其传染力强，接触或飞沫均可传染。易感儿发病率可达95％以上，学龄前儿童多见。临床以皮肤黏膜分批出现斑丘疹、水疱和结痂，而且各期皮疹同时存在为特点。该病为自限性疾病，病后可获得终身免疫，也可能在多年后感染复发而出现带状疱疹。

水痘的症状

水痘的潜伏期为14～15天。水痘发病急骤，大都先见皮疹，同时有中、低度发热以及不适等症状。皮疹多数见于躯干和头部，也可见于腋部，四肢稀少，偶见于掌心和脚底。皮疹初期为红色小斑疹和丘疹，隔数小时或一日后很快变为疱疹，呈椭圆形，大小不等，周围有红晕，以后结痂，至2～3周才完全脱落，脱落后一般不留痕。皮疹数目多少不定，在1～6日内皮疹相继分批出现，在同一病人身上，可以同时看到斑丘疹、水疱、结痂，这是水痘的特点，病中可伴发脑炎、肺炎、败血症等。

传染途径

患者为主要传染源，出疹前1～2天至出疹后5天都有传染性。传播途径主要是呼吸道飞沫直接接触传染或接触患儿的衣服、被褥、玩具等间接传染。

治疗方法

出水痘的宝宝要隔离患儿2～3周，直至皮疹干燥结痂或痂皮脱落就没有传染性了。要将宝宝的被褥、衣服和用具进行彻底消毒。宝宝的鼻涕、脱落的痂皮要用卫生纸包上烧掉。餐具要煮沸消毒5～10分钟，玩具、家具、地面可用肥皂水或来苏水擦洗消毒，被褥、衣服可在阳光下曝晒4～6小时。室内要通风，保持室内空气新鲜。要勤给宝宝洗手，勤剪指甲，防抓破水痘引起感染。饮食上吃清淡易于消化并富含营养的食物，如面条、稀饭、牛奶、豆浆、鸡蛋等，多吃些水果，多喝些绿豆汤等。忌吃燥热和滋补性的食物。注意多给宝宝饮水。

第五章 情商智商开发

第4个月的宝宝不论是在运动能力还是在智力方面都有了很大的进步，爸爸妈妈要坚持继续对宝宝进行各种能力的开发和训练。

本月宝宝智能发育状况

4个月龄的婴儿俯卧时能用前臂支撑抬头和胸部，直抱时头能保持平衡，逐渐能从仰卧位翻身到侧卧位或俯卧位，能从成人手里拿玩具，会注视自己的手，能抓住玩具和把玩具放入口中。

运动能力

4个月的婴儿，当他用肘部支撑时就可以抬起头部和胸部，并根据自己的意愿向四周观看。你会察觉到宝宝自主地屈曲和伸直腿，随后会尝试弯曲自己的膝盖，俯卧能抬头至90°，竖抱时头稳定，扶着腋下可以站片刻，在爸爸妈妈的帮助下，宝宝会从平躺的姿势转为趴的姿势。

精细动作

到了4个月时，宝宝的握持反射逐渐消失，两只小手可以自由地合拢和张开，并互相玩弄，还会将整个拳头伸进嘴里。有时宝宝会用小手来回蹭自己的头脸，或许是痒痒了。当宝宝看见一件玩具时，会高兴地伸出手去拿，当抓住玩具时，还会把玩具拿到眼前来看，对看得见的东西表现出很浓厚的兴趣。握物时，不再显得笨拙，而是大拇指和其他4指对握，抓得比较牢。

视觉机能

视觉机能比较完善了，能逐渐集中于较远的对象。开始出现主动的视觉集中，并开始形成视觉条件反射，如看到奶瓶会伸手去要，听到声音能愉快转头，对逼近物体有明显躲避反应。宝宝已具有较完善的视觉机能了。

语言表达

4个月的宝宝会自言自语，咿呀不停，对成人的话有反应。向母亲伸手要抱，在成人逗引时能笑出声音。当看见一件玩具时表示高兴，眼及身体的动作协调，当和他讲话时，会发出“咕咕”及“咯咯”声。

感觉能力

4个月的宝宝对周围的事物有较大的兴趣，喜欢和别人一起玩耍。能识别自己的母亲和面庞熟悉的人以及经常玩的玩具。逐渐会区别颜色了，对远近目标聚焦的能力接近成人，目光会跟随室内走动的人。

能力的培养训练

到了第4个月，宝宝的体能有了进一步的发展，训练时要注意加强锻炼宝宝的脊柱及腰腹部的肌肉力量，比如采取给宝宝做翻身操等方式，帮助宝宝学习翻身的动作，为将来学坐做准备。

训练翻身

到了第4个月，宝宝可以开始练习翻身了。妈妈或爸爸现在可以先帮助宝宝学习从仰卧翻身为俯卧。训练时可以参考以下方法。

1．背部刺激法。训练时，妈妈或爸爸可以先让宝宝仰卧在硬板床上，衣服不要穿得太厚，以免影响宝宝的动作。再把宝宝的左腿放在右腿上，以你的左手握宝宝的左手，让宝宝仰卧，以你的右手指轻轻刺激宝宝的背部，使宝宝自己向右翻身，直至翻到侧卧位时为止。

2．玩具逗引法。正式训练前与背部刺激法相同，不同点在于玩具刺激法不是刺激宝宝的背部，而是在宝宝的一侧放一个色彩鲜艳的玩具，逗引宝宝翻身去取。如果宝宝还不能自己翻身，妈妈或爸爸也可以握住宝宝的另一侧手臂，轻轻地把宝宝的身体拉向玩具一侧给予帮助。每次数分钟，逐渐达到宝宝自己会翻。宝宝学会从仰卧翻身为俯卧后，再从俯卧翻成仰卧就是件很容易的事了。学会翻身时宝宝就可以自主地移动身体，为将来练习坐起来打下基础。

做被动操

在训练宝宝翻身时，为发展和巩固宝宝的翻身动作，促进宝宝动作的灵活性，可以教宝宝做翻身被动操。具体方法是，先让宝宝仰卧在平整的床上，妈妈或爸爸一只手握住宝宝的前上臂，另一只手托住宝宝的背部。然后喊着口令“一、二、三、四，宝宝翻过来”，将宝宝从仰卧推向俯卧，再喊口令“一、二、三、四，宝宝翻过去”，将宝宝从俯卧推向仰卧。如此反复，每日数次。

智能的开发训练

在这个月，爸爸妈妈对宝宝智能开发的重点是要进行全方位的综合感官训练和语言训练，并要关注宝宝心理健康的程度。对于第4个月的宝宝来讲，让宝宝把看、听、触、嗅、味、运动等感觉联系起来，利用身边的玩具或其他东西，给宝宝看、听，触摸、摇动，进行全方位的综合感官训练，以此锻炼宝宝感知事物的能力。

感知声响

声响感知法可以通过视觉、听觉与手部触觉之间的协调促进宝宝感知事物能力的发展。训练时，妈妈或爸爸可用松紧带的一头，把色彩鲜艳的玩具吊在床栏上，把另一头拴在宝宝的任意一个手腕或脚踝上，然后妈妈或爸爸触动松紧带使玩具发出响声。开始时，宝宝会手舞足蹈或使出全身的力气摇动松紧带使玩具发出响声，经过若干次训练之后，宝宝就能知道该动哪一只手或哪一只脚，才能使玩具发出响声。当宝宝体验到自己的成功之后，就会高兴万分、信心百倍，逐渐学会自己弄响这些可爱的玩具。但要注意的是，结束训练之后，妈妈或爸爸一定要记住解开拴在宝宝手上或脚踝上的松紧带，以免松紧带长时间拴在手上或脚踝上妨碍血液循环。

训练视觉

妈妈或爸爸要在过去几个月的视听训练基础上，用声音或动作吸引宝宝的视线，并让视线随之转移；或让宝宝的视线从妈妈转移到爸爸，或者在宝宝注视某个玩具时，迅速把玩具移开，使宝宝的视线随之移动，也可以用滚动的球从桌子一侧滚到另一侧让宝宝观看。此外，还可以在窗前或利用户外锻炼的时机，让宝宝观察户外来往的行人或汽车等移动物体。

做眼部按摩

宝宝眼部肌肉发育还不完善，泪囊管容易堵塞，经常给宝宝做眼部按摩，能疏导泪囊管，刺激视觉神经，激发宝宝的视觉潜能。具体按摩方法是，让宝宝平躺在床上，尽量使其放松，将擦有精油的双手搓热，然后妈妈用手轻轻地在宝宝眼眶周围按摩，注意动作要保持连贯。在按摩过程中，爸爸妈妈不要让衣服袖子或手指碰触到宝宝眼球，造成流泪反应而影响按摩效果。

发展语言

训练宝宝语言能力的首要一点，就是要创造良好的语言氛围，妈妈或爸爸要养成与宝宝说话的习惯，让宝宝有自言自语或与妈妈和爸爸咿咿呀呀“交谈”的机会。起初，宝宝喉咙里的咯咯声或嘴里发出的咿咿呀呀声完全是无意识的，并对元音做出更多的尝试。这时，宝宝的词汇包括从简单单音节的或短或长的尖叫。随着月龄的增加，宝宝就可能发出拖长的单元音或连续的两个音，如“啊咕”“啊呜”等，并能逐渐模仿妈妈或爸爸的口形发出声音。所以，在宝宝情绪好的时候，妈妈或爸爸可用愉快的口气和表情，你一言，我一语地和宝宝说话，逗引宝宝主动发声，逐渐诱导宝宝出声搭话，使宝宝学会怎样通过嗓子、舌头和嘴的合作发出声音。和宝宝说话时，要见到什么说什么，干什么讲什么，而且语言要规范简洁。虽然宝宝不会重复你所说的任何话语，但宝宝会注意倾听，并会把你的话储存在大脑里，而且宝宝也越来越善于表达自己，甚至会用高兴的尖叫或咯咯的笑声来表达自己的快乐。

宝宝益智游戏

和宝宝一起做游戏可以使宝宝获得爱抚、鼓励和安全感，同时能有助于宝宝运动能力和智能的发展。适合这个月宝宝的游戏有很多。

抱大球

培养肢体协调能力。把一个直径30厘米的大球吊起在宝宝双手能够得着的高度。先让宝宝双手抱住大球，然后提起宝宝的双腿，让腿也能够到大球。有些大球内有铃铛，宝宝推动大球时能打响里面的铃铛，使宝宝很愿意用四肢把大球推来推去，让铃铛发出声音。如果大球内没有铃铛，大人可以另外把铃铛挂在吊大球的绳子上，也能在大球被推动时打响。不过要挂得结实，否则掉下来会打伤宝宝。如果宝宝的四肢不能同时抱大球，可以分开先让宝宝用双手去抱，玩熟练后把球拖到脚够得着处，再用双脚练习踢球，渐渐把球向腹侧移动，让宝宝的脚渐渐上举，最后四肢都能同时抱球，把球弄响以取乐。

拨药丸

发展手眼协调能力。铺一张大的白色纸巾，上面放一颗红色直径为0.4厘米的小药丸，宝宝会伸出手掌准确去拨弄，把小药丸拨到纸巾的任何部位，但是拿不着它，这个小药丸可以让宝宝专心地玩2～3分钟。宝宝准确的拨弄，足以证明宝宝的视觉已经能自己调整，看清楚细小的东西，而且手能准确达到精细的部位，手眼协调已经进了一大步。因为手指还没有提取的功能，手掌只能拨弄，不能拿起细小的东西来。这个游戏能促使视觉分辨明确且能动手拨弄，使宝宝进一步发展手眼协调能力。

逗逗飞

锻炼语言动作协调能力。让宝宝背靠在妈妈怀里，妈妈双手分别抓住宝宝的两只小手，教他把两个食指尖对拢再水平分开，嘴里同时说“逗逗——飞”，如此反复数次。还可以分别将其余4指合拢再分开来玩此游戏。这个游戏能锻炼宝宝的小肌肉，同时可以训练宝宝的手眼协调能力和语言动作协调能力。

本月智能发育测试

大动作

会翻身，从仰卧变俯卧。让宝宝俯卧，用玩具在其一侧逗引，如果宝宝能从仰卧翻成侧卧再翻成俯卧，表明宝宝通过4个月智能发育标准。扶髋能坐。抱宝宝坐在大人腿上，用两手扶住其腰下的髋部。宝宝如果能靠大人的帮助自己坐稳5秒以上，表明宝宝通过4个月智能发育标准。

精细动作

抱坐，将玩具如摇铃放在桌面上距宝宝手2.5厘米处。若宝宝能主动够取桌面上距手2.5厘米的玩具并紧握，则表明通过4个月智能发育标准。

认知能力

头转向声源。抱坐，在距宝宝耳侧水平方向15厘米处摇铃，如果宝宝能转头找到声源，表明宝宝通过4个月智能发育标准。

言　语

大声笑。逗引宝宝，如胳痒、抱到户外等，引起愉快情绪。宝宝如果笑声响亮，表明宝宝通过4个月智能发育标准。

情感与社交

1．见食物有兴奋模样。观察宝宝见母亲乳房或奶瓶时的表情，如果宝宝见到食物两眼盯着有兴奋表情，表明宝宝通过4个月智能发育标准。

2．见母亲伸手要抱。观察宝宝见母亲时的反应，如果宝宝伸手要求抱，则表明宝宝通过4个月智能发育标准。

3．辨认生熟人，见生人盯看、躲避、哭等。观察宝宝见生人的反应，如果宝宝见到陌生人有直盯、躲避、哭等行为，表明宝宝通过4个月智能发育标准。

第六篇

开始长本事啦（5个月）

与上个月相比，宝宝身体各部分的运动能力进一步加强，力气增大了，对自己周围的事物也越来越感兴趣，活动范围可以变得更大一些。无论是在家里还是在外面，宝宝总是东瞧瞧西看看。宝宝还能区别熟悉的人和陌生人了，会对他们做出不一样的反应。随着感知的提高，面对这丰富多彩的世界，小宝宝更需要父母倾注更多的爱和时间。现在，宝宝要充满活力地运用他已经获得的能力，并为新的发育阶段积蓄力量。

第一章 宝宝成长脚印

现在，宝宝的身体和能力的发育已经进入稳步增长阶段，可能爸爸妈妈还是觉得宝宝长得太慢了，不要着急，小宝宝会一天天长大的。同时，宝宝对周围事物的兴趣也在增强，一段轻灵的音乐，一束色彩鲜艳的花，父母手中的摇鼓，都能引起宝宝极大的兴趣。

发育特征

到5个月时，宝宝已逐渐成熟起来，已显露出活泼、可爱的体态。身高、体重的增长速度也渐渐较出生的前3个月缓慢下来。对自己周围的事物也越来越感兴趣，活动范围可以变得更大一些。无论是在家里还是在外面，宝宝总是东瞧瞧西看看。

体形逐渐匀称

这个月的宝宝已经呈现出丰满、匀称、健壮的体形特征。这时，宝宝头部比例大的特征慢慢消失，头部在全身所占的比例缓慢下降，下身和上身的比例逐渐对称。

胎毛慢慢脱落

宝宝进入5个月时，妈妈发现，宝宝后脑勺上的头发几乎已脱尽，枕头上沾满宝宝细软的胎毛，只有脑袋的前半部和左右两边，还有点胎毛。这个时期的宝宝，正是胎毛脱落时期，后脑勺部位因为经常触碰枕头，所以胎毛脱落最明显。宝宝只有脱尽胎毛，才会有质感不同的新头发生成。

显示个体差异

在这个月，有的宝宝能吃能喝、身高体胖、活泼好动，一天能睡十几个小时的觉；而有的宝宝即使妈妈很长时间不喂奶，也不主动哭着要，身体相对来说比较瘦小，睡觉不踏实，还有过腹泻现象。出现上述这两种现象，是因为随着宝宝体质、营养、环境、运动量等的不同，个体发育出现了差异，而且这个差异还非常明显。这也是这一时期的宝宝发育中明显的特征之一。

体格标准

宝宝这个时期的体重增加不如以前，相应的，生长速度也不如以前快，出现了平缓增长的趋势。父母不要着急，这是规律性的过程。

身高

这个月男宝宝平均身高约为67厘米，女宝宝平均身高约为65.5厘米，宝宝身高平均可增长2厘米，如果宝宝身高与平均值有一些小的差异，父母不必不安。身高是个连续的动态过程，要定期进行测量，了解身高的增长速度。

体重

这个月男宝宝平均体重为8千克左右，女宝宝平均体重为7.5千克左右，婴儿体重增长速度开始下降，这是规律性的过程。4个月以前，婴儿每月平均体重增加900～1250克，从第4个月开始，体重平均每月增加450～750克。

头围

这个月男宝宝平均头围为43厘米左右，女宝宝平均头围为42.1厘米左右，婴儿头围的增长速度也开始放缓，平均每个月可增长1厘米。头围的增长也存在着个体差异，婴儿头围增长是呈规律性逐渐上升的趋势，有正常增长值，也有差异的正常范围。爸爸妈妈要定期测量头围，可及时发现头围异常，如果头围过小，要观察婴儿是否有智能发育迟缓的症状；如果头围过大，应确定宝宝是否有脑积水、佝偻病等。

囟门

正常宝宝5个月大时前囟门可随着头围的增加而略变大，但一般不大于3厘米，不小于1厘米，也不向外突出。此时宝宝的后囟门已经闭合。这个月宝宝的囟门可能会有所减小了，也可能没有什么变化。如果婴儿头发比较茂密，就不容易发现前囟的变化，妈妈也不会格外注意前囟的情况；如果头发比较稀疏，或把头发剃得光光的，前囟就会看得很清楚。妈妈喂奶时，甚至会看到宝宝囟门一跳一跳的，很是害怕。不用担心，这是正常的。

感官发育状况

这个月的宝宝，运动能力、感觉能力、认知能力都有了一定的进步，记忆力也有了明显的增强。会积极地倾听音乐，并会随着音乐的旋律摇晃身体，虽然还不能与旋律完全吻合，但已经有节律感了。

可看几米远了

现在的宝宝能辨别红色、蓝色和黄色之间的差异。如果宝宝喜欢红色或蓝色，不要感到吃惊，这些颜色似乎是这个年龄段孩子最喜欢的颜色。在这时，孩子的视力范围可以达到几米远，而且将继续扩展。当他看见母亲时，眼睛会紧跟着母亲的身影移动。

会循声倾听

爸爸妈妈发现，当宝宝啼哭的时候，如果放一段音乐，正哭的宝宝会停止啼哭，扭头寻找发出音乐的地方，并集中注意力倾听。听到柔和动听的曲子时，宝宝会发出咯咯地笑声，而且小嘴里也咿咿呀呀地应和着，拍打着小手，显示出愉快、满意的表情。如果听到刺耳嘈杂的声音，宝宝就会表现出惊恐的样子啼哭起来。有时，爸爸妈妈叫宝宝的名字，宝宝会很快转过头来，眼睛热切地望着爸爸妈妈，似乎有应答的样子。对于能发出声音的玩具，宝宝更是喜爱，拍一拍，抓一抓，似乎想搞清楚玩具是怎么发出声音的。

能连续发音了

4个月以后，婴儿进入了连续音节阶段。妈妈可以明显地感觉到，宝宝发音增多，尤其在高兴时更明显，可发出如ba—ba、da—da、mou—mou等声音，但还没有具体的指向，属于自言自语，咿呀不停。如果宝宝不经意发出“妈妈”的音节，就要马上亲吻宝宝，并称赞“宝宝会叫妈妈了，妈妈可真高兴”。尽管宝宝还没有意识到他发出的声音就是在呼唤妈妈，但随着妈妈不断强化“妈妈”，不断和宝宝说“妈妈要给你吃奶了”，“妈妈要给你洗澡了”等，宝宝就会把“妈妈”这个音和妈妈这个人结合起来，就会有意识地喊妈妈了。这需要一段很长的时间，可宝宝就是这样学习语言的。

能细辨不同味道

这个月是味觉发育最迅速的时期。宝宝对食物味道的任何变化，都会表现出非常敏锐的反应并留下“记忆”。因此，宝宝能比较明确而精细地区别出食物酸、甜、苦、辣等各种不同的味道。例如，吃惯了母乳的宝宝在刚刚换喝牛奶的时候往往会加以拒绝，因为宝宝感觉到所吃的食物不是以往的味道，宝宝因为吃不惯，所以才加以拒绝。

明白因果关系

随着孩子记忆力和注意力的加强，你会注意到一些迹象，表明他不仅在接受一些信息，而且也把它们应用到他的日常生活中。这一阶段他可以明白一个重要的概念——因果关系。在他踢床垫时，可能会感到婴儿床在摇晃，在他打击或摇动铃铛时，会认识到可以发出声音。一旦他知道自己弄出这些有趣的东西，他将继续尝试其他东西，观察出现的结果。对大人的脸非常有兴趣，抱他时，会用手指戳你的眼睛；叫他的名字时，能转过头去朝声音方向寻找。这个月的宝宝，开始注意镜子中的自己。

会伸手要抱

5个月大的宝宝听到母亲或熟悉的人说话的声音就高兴，不仅仅是微笑，有时还会大声笑。此时的宝宝是一个快乐的、令人喜爱的小人儿。宝宝的微笑现在已经随时可见了，而且，除非宝宝生病或不舒服，否则，每天长时间展现的愉悦微笑都会点亮你和他的生活。这一时期是巩固宝宝与父母之间亲密关系的时期。宝宝会伸手让妈妈抱，这是让妈妈非常开心的事情。爸爸也不妨试一试，做出要抱宝宝的动作，观察宝宝是否会伸出小手让爸爸抱。

第二章 宝宝餐桌安排

进入这个月，给宝宝添加辅食的品种越来越多，数量也在逐渐增加，这就需要爸爸妈妈们掌握一些辅食喂养的方法，使宝宝健康、茁壮地成长。

为离乳做准备了

宝宝长到5个月以后，开始对乳汁以外的食物感兴趣了，即使5个月以前完全采用母乳喂养的宝宝，到了这个时候也会开始想吃母乳以外的食物了。

准备离乳餐

很多妈妈在宝宝刚进入离乳餐阶段，往往不知道该喂些什么食物，其实只要宝宝容易习惯的食物就可以选择喂食，如过滤的果汁、蔬菜汤或米粥等，当然也可以选择一些婴儿食品。另外，在给宝宝添加食物时要由少到多，由一种到多种，一种食物添加后最好持续喂3～5天再更换另一种食物，宝宝患病时要停止添加新食物。刚开始给宝宝吃的离乳食物，必须要制作得较为精细，食物要呈黏糊状，不能结块，而且不适合添加任何调料。离乳餐的喂食时间最好在喝牛奶或母乳前，开始时1天1次。

辅食的营养标准

在给宝宝添加辅食的同时也要注意辅食的营养，以保证宝宝的饮食营养均衡。宝宝辅食的营养必须达到以下标准：必须含有维生素和矿物质，特别是保持正常身体功能所需的维生素及铁和钙质等。这类辅助食材主要包括蔬菜、水果、菇类等。必须含有碳水化合物群，这是为身体提供热量的主要来源。这类辅助食材主要包括米、面包、面类等淀粉类及芋类等。必须含有蛋白质群，特别是要含有身体成长所需的必要蛋白质。这类辅助食材主要包括肉、鱼、蛋、乳制品、大豆制品等。

品尝多种辅食

5个月大的宝宝，一般每4小时喂奶1次，每天吃4～6餐，其中包括一次辅食。每次喂食的时间应控制在20分钟以内。在两次喂奶的中间要适量添加水分和果汁。这个月辅食的品种可以更加丰富，让宝宝适应各种辅食的味道。

辅食的种类

这个月的宝宝，消化酶分泌逐渐完善，已经能够消化除乳类以外的一些食物了。为补充宝宝乳类营养成分的不足，满足其生长发育的需要，并锻炼宝宝的咀嚼功能，为日后的断奶做准备，5个月的宝宝可以添加以下辅食。

1．半流质淀粉食物。如米糊或蛋奶羹等，可以促进宝宝消化酶的分泌，锻炼宝宝的咀嚼、吞咽能力。蛋黄含铁高，可以补充铁剂，预防宝宝发生缺铁性贫血。

2．水果泥。可将苹果、桃、草莓或香蕉等水果，用匙刮成泥喂宝宝，先喂一小勺，逐渐增至一大勺。

3．蔬菜泥。可将土豆、南瓜或胡萝卜等蔬菜，经蒸、煮熟透后刮泥给宝宝喂服，逐渐由小勺增至一大勺。

另外，还可增加鱼类如平鱼、黄鱼、马鱼等，此类鱼肉多、刺少，便于制作成肉末。鱼肉含磷脂、蛋白质很高，并且细嫩易消化，适合宝宝发育的营养需要。

喂养方法

给5个月的宝宝喂辅助食品，爸爸妈妈一定要耐心、细致，要根据宝宝的具体情况加以调剂和喂养。除了要按照由少到多、由稀到稠、由细到粗、由软到硬、由淡到浓的原则外，还要根据季节和宝宝的身体状态添加。如发现宝宝大便不正常，要暂停增加，待恢复正常后再增加。另外，在炎热的夏季和身体不好的情况下，不要添加辅食，以免宝宝产生不适。要想让宝宝能够顺利地吃辅食，也有一个技巧，就是在宝宝吃奶前、饥饿时添加，这样宝宝就比较容易接受。

喂养辅食的误区

有些父母缺乏喂养宝宝的知识，常常出现一些喂养误区，对宝宝的生长、发育极为不利。

忽视泥糊状食品

宝宝5个月时，单纯的母乳喂养或配方奶粉喂养已不能满足宝宝生长需要，必须添加含有大量宝宝生长所需的营养素、又能适应其消化能力的泥糊状食物作为辅食。然而长期以来，有些父母对它的重要性认识不足，有些母乳喂养的宝宝到8～9个月时还没有建立喂泥糊状食品的习惯。不及时进食泥糊状食物，不但无法使宝宝得到全面的营养，而且由于4～6个月是宝宝促进咀嚼功能和味觉发育的关键时期，延迟添加泥糊状时期会使宝宝缺乏咀嚼的适应刺激，使咀嚼功能发育延缓或咀嚼功能低下，引起喂养困难，从而易产生语言发育迟缓、认知不良、操作智商偏低的现象。因此，我们鼓励给4个月以后的宝宝添加泥糊状食品，首选是有多种维生素和矿物质强化的营养米粉。要用小匙喂，只要每天坚持，经过10次左右宝宝都能学会吃米粉。同时要保证泥糊状食品的质量，逐渐添加不同颜色、不同味道和不同质地的食物，如蛋黄、菜泥、果泥、鱼泥、肝泥、肉泥等，以刺激宝宝的味觉，同时满足生长发育的需要。

不重视血红素铁

缺铁性贫血是婴儿时期的多发病，主要是由于铁缺乏引起。在婴幼儿体内，铁的来源很大程度上依赖于食物。食物中的铁有两个来源，一种是血红素铁，它来自于含动物蛋白质高的食物，如瘦肉、动物肝脏、动物血、鱼等，这些食物不仅含铁量高，而且在吸收过程中不受膳食中其他食物的影响；另一种是非血红素铁，它来自于蔬菜、谷物、赤豆等植物性食物。目前在宝宝喂养中，家长喜欢给宝宝吃鱼、虾，觉得肉类不易烹调，宝宝嚼不动，不易消化，认为肝脏是解毒器官，其中有很多毒物很少给宝宝吃，以致血红素铁的摄入不足，同时也影响非血红素铁的吸收。为了预防缺铁性贫血，除了要鼓励母乳喂养，在母乳不足时应食用配方奶粉。

食物种类单调

许多家长不重视宝宝食物种类的多样化和烹调方法，给宝宝的食物种类过于单调，如每天给宝宝吃青菜、鱼和蛋黄；有的家长每天将菜粉、鱼粉和肝粉拌在米粉中，使宝宝不能分辨不同食物的味道和质地，久而久之，宝宝不仅得不到全面的营养，也不愿意接受新食物，甚至会引起排食和偏食。世界上没有任何一种天然食物含有人体所需的各种营养素，只有通过进食多种食物才能得到全面营养。妈妈在做菜的时候可以变化多种花样，养成宝宝吃各种食物的习惯。

盲目吃保健品

许多父母怕饮食中的营养成分不够完善，不能满足宝宝生长发育的需要，因此会买些营养品或补品给宝宝吃，如西洋参、银耳、桂圆、蜂乳等，认为这些食品是补药，会促进小儿生长发育。其实，这些营养补品的营养价值并不高，更有些补品还含有激素，有引起儿童性早熟的可能。也有些家长总是担心宝宝缺这缺那而给宝宝恶补，如给宝宝吃了鱼肝油，同时又吃多种维生素，吃了钙粉又吃多种矿物质的增补剂，造成某种营养素摄入过多或营养素之间的比例失调，对宝宝身体发育十分不利。因此，在吃任何保健品之前要先了解宝宝身体的状况，如通过静脉血测定体内矿物质的情况，的确是某种元素缺乏才给予补充，并且在医生的指导下进行。其实，药补不如食补，只要保持平衡的膳食，就能保证基本营养平衡。而且通过食物得到的各种营养素，即使过量也能通过身体的调控作用而达到平衡，很少引起中毒。

育儿新经

吃水果有讲究

宝宝身体状况好的时候，爸爸妈妈可以每天选择1～2样水果，做成水果泥喂给宝宝。如果遇到宝宝身体不适时，可以根据宝宝的状况合理选择水果，这样不仅可以补充营养，而且还可以起到治病和帮助恢复的作用。如宝宝大便稀薄时，可用苹果炖成苹果泥喂给宝宝，有涩肠止泻的作用；如宝宝有上火现象时，可用梨熬成梨汁喂给宝宝，有清凉下火作用。

有规律地进食

所有的宝宝都能自然地养成固定的饮食规律。如果父母稍加引导，这种规律就会养成得更早。在宝宝5个月的时候，随着他们不断长大，吃奶间隔就会越来越长。这时，父母应该对宝宝进行有规律地喂养，从这个时候起，你就可以训练你的宝宝，吃饱了以后就能和父母一样睡上一整夜。

定时定量

进食如果能做到定时定量，宝宝在一定的时间会产生饥饿感，胃肠内会产生大量的消化液，而使吃进的食物能顺利地消化和被吸收。什么时候吃饭、排便、睡眠都是人类的一种生物本能，但这些活动会受到社会生活环境的制约，更多地受时间的影响，也就是受生物钟的影响。帮助宝宝建立正常规律的饮食生物钟，不但对宝宝的健康有利，同时也可以帮助宝宝将来更好地适应幼儿园、学校的集体生活。

白天固定喂食

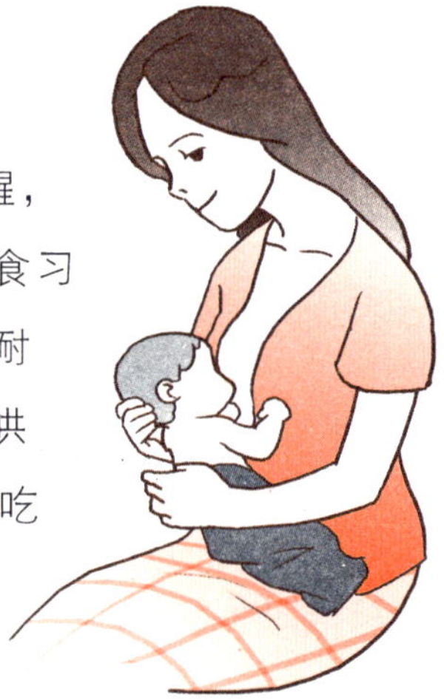

如果白天宝宝吃过奶以后就睡着了，4个小时以后还没有醒，妈妈就应该把他叫醒。这就是在帮助宝宝养成固定的白天饮食习惯。即使宝宝吃过奶以后在睡觉期间哼唧两声，妈妈也应该忍耐几分钟。假如宝宝真的醒了而且哭闹，可以给他一个橡胶奶嘴哄哄他，以便他能有机会再次入睡。这就是帮助宝宝适应更长的吃奶间隔。

规范吃奶间隔

如果宝宝最初的时候吃奶无精打采，迷迷糊糊或者躁动不安少睡觉，家长应该坚持适当地引导宝宝，使他的吃奶间隔不断向规律发展。比如，让吃母乳的宝宝每两三个小时吃一次，让吃配方奶的宝宝每三四个小时吃一次，父母减少了忙乱，宝宝也能尽早养成固定的吃奶习惯。

第三章 爱心呵护指南

这个月的宝宝长得越来越大了，日常生活中的护理问题也出现了一些新的情况，这就需要爸爸妈妈们高度注意。

加倍注意安全

第5个月既是宝宝手的握力增加，并学会翻身、爬，甚至学会坐的时候，同时也是最容易发生意外的时候，所以在日常护理中爸爸妈妈一定要加倍注意宝宝的安全。

避免从床上掉下来

由于宝宝已经学会了翻身，动作一天比一天成熟和灵活，到了五六个月时宝宝的翻身动作已经非常熟练，从床中间翻到床边的速度之快常常是很惊人的，在没有人看护的情况下或稍加疏忽，宝宝很容易从床上掉下来，以致摔伤，所以一定要加强看护。还有，应在床下铺上毛毯或地毯，以免宝宝直接摔到地上。这样，宝宝即使从小床摔到地上时，就是碰着脑袋也不会有什么大的危险。

逗笑要把握分寸

这时候的宝宝白白胖胖，招人喜爱，有的大人喜欢和宝宝玩，逗得宝宝大笑，有的甚至被逗得笑个不停。有资料表明，过分逗宝宝笑会造成宝宝暂时缺氧窒息，引起主脑贫血，也会造成宝宝口吃或痴笑，严重的还可造成下颌关节脱臼。过分逗弄宝宝，时间久了，宝宝就不自己玩啦。所以，逗宝宝要适可而止。

内衣要品质良好

内衣是宝宝娇嫩的肌肤直接接触的东西，从出生到长大的每一天，宝宝从它那里感觉到的体贴，要远远多于妈妈的双手。如何正确选购品质良好，又适合宝宝的内衣是对父母的一个考验。

质地优良

质地直接决定了内衣的触感，是选择时首先要考虑的因素。纯棉内衣以其良好的吸汗透气性、舒适的手感成为宝宝内衣质地的唯一选择。一般来说，针织螺纹布是夏天的首选；针织棉毛布保暖性、透气性较好，适合做秋冬内衣；棉纱布易缩水，主要用于夏季；毛巾布则主要用于秋、冬季。

做工精细

宝宝内衣讲究做工不是为了美观，而是为了安全、舒适。做工精细的内衣一般在剪裁设计上更注重宝宝的体态特点，比如，宝宝的颈部总是转动不停，下颌和脖子易出汗，因此领窝处不能太深；袖缝设计影响着宝宝手臂的活动，最好采用袖部与肩部水平的立体剪裁；宝宝的肚子比较娇嫩，因此腹部的重叠设计可以保证宝宝不会受凉。另外，因宝宝内衣需经常洗涤，做工精细的衣物才能保证纽扣、带子等不易脱落，从而避免宝宝误食等意外事故的发生。

功能细化

宝宝内衣虽小，种类却不少，长的、短的、袍状的、蛙型的，日常穿的、睡觉穿的，林林总总也有七八种之多，选择时要考虑到每一种的不同功效。

本色最佳

宝宝内衣应该选择本白色，这样才有可能把各种有色染料带给宝宝的伤害降到最低，并有利于发现一些异常情况，比如不正常颜色的粪便或宝宝自己抓破皮肤留下的血迹等。但是，一些过分白的内衣有可能含有荧光剂，应慎选。另外，粗糙的缝边易刺激宝宝皮肤，尤其是腋下、手腕等处，选择时不妨放在自己脸颊旁感觉一下。一些品牌的内衣将所有内衣缝边向外翻，更不失为安全之举。

选择合适的玩具

5个月大的宝宝活动能力已经得到很大的增强了。他们需要用玩具或者借助生活中的一些常见常用的实物来有目的地帮助他们发展全身和四肢的活动。这时父母应该多和宝宝一起游戏玩耍，并为宝宝挑选一些有趣的玩具。

小手可抓玩

5个月的宝宝这时正在学习使用自己的手指，已经了解了手的一些用途，手能自由地活动，能够主动抓东西，可给宝宝购买相应的玩具。

1．发展视觉的玩具。可以选择色彩鲜艳的脸谱、镜子、洗澡玩具、塑料书、图片、小动物、动物造型之类的玩具。

2．发展听力的玩具。可以选择小摇铃、拨浪鼓、八音盒、风铃等能发出悦耳动听的声音的玩具，宝宝有时候就会随着音乐手舞足蹈。

3．发展触觉能力的玩具。可以选择不同质地的玩具，如绒毛娃娃、丝织品做的小玩具、床头玩具、积木、海滩玩的球等。

光滑柔软耐用

在购买任何玩具时，应注意看一下玩具有没有小部件，以防宝宝因吞咽而窒息。最好选用没有尖锐边缘的玩具，以防划伤宝宝的皮肤。并且还要检查一下玩具是否耐用。有些玩具几天就散了架子，宝宝在玩时容易被破损的玩具刺伤，因此，最好选择结实耐用的玩具给宝宝玩，这样做也相对安全。

安全环保

无论何时，安全都是十分重要的。宝宝有着独特的探究世界的方式，他们不仅看和听，他们更要摸、要闻、要咬，还要敲打等。这就要求玩具不能存在安全隐患，要避免过小的零件，避免过于坚硬锐利的部分，也不能过重。要选择“绿色”玩具，即使宝宝咬在嘴里也不会对他的安全和健康造成威胁，也就是所谓可以放在餐盘上的玩具。

第四章 预防保健须知

宝宝在成长过程中，常常会被一些疾病困扰，有了疾病要积时治疗，重要的是要积极预防，爸爸妈妈要想办法把宝宝患病的危险降到最低，这比有了病再急急忙忙去医院治疗要好得多。

日常保健免疫

在这个月，宝宝的“百白破”疫苗接种已经全部完成了，同时，妈妈还要注意提高宝宝的免疫力和掌握安全用药的知识。

接种“百白破”疫苗

这个月，父母要及时的带宝宝去医院注射第三针三联针，这样就完成了三联针的第一次免疫注射过程，即在宝宝的体内产生了抗百日咳、白喉和破伤风三种传染病的抗体。接种后，如果宝宝体温升至39.5℃以上，有抽搐、惊厥、持续性惊叫等严重反应，应及时到医院进行诊治。

按处方要求用药

让宝宝服用任何药物时都要非常小心。药品必须是针对宝宝的正确种类而且完全按处方服用。让宝宝服药时要遵循以下指示。

1．让宝宝服用药水时，要使用量匙、塑料的药匙或口腔注入器。不要使用餐具，如果你使用餐用汤匙来喂药的话，剂量可能会不准确。即使你的药匙的容量差距只有1毫升，你喂给宝宝吃的药可能就比他所需的药量多了或少了20％。因此，喂宝宝吃药时，一定要用适当的测量器具。

2. 确定你所使用的器具上的测量单位和所需的单位是一样的。

3. 让宝宝服用正确的药量。

4. 别将药品放在浴室的橱柜内，因为蒸汽和湿气会影响它的效用。

5. 在每种药品上贴上标示，注明服用的剂量与时间。

6. 确定拿对药了，再重新检查标记。

7. 如果处方给宝宝的药不止一种，还要确定它们一起服用时没有问题。

8. 别保存旧药，扔掉它们。

9. 要使用干净的点滴器和药匙，使用后要洗干净然后风干。喂完药后，用温肥皂水清洗这些器具，然后将它们存放在密封的塑料容器或塑料袋中。

提防病毒感染

随着宝宝外出的增多，与传染病接触的机会也增多了。特别是到了这个时候，宝宝出生时从妈妈体内带来的抗体也在逐渐减少和消失，可自身的免疫力还没有产生，身体抵抗病菌的能力较差，容易患上各种传染病。为了预防传染病，一定要及时为宝宝接种各种疫苗，提高自身免疫力，同时，坚持正确喂养，及时按月龄添加辅食，提供均衡的营养素，以增强身体的抗病力。在传染病流行季节尽量不带宝宝去空气不良的场所，避免与传染病患者接触，家里发现患者也要及时隔离。冬、春季节气候多变，一定要根据气温变化及时为宝宝增减衣物，夏、秋季节则要注意饮食卫生。

随时观察出牙情况

牙齿是健康的指标之一。出牙早晚与智力无关，而有些如佝偻病、营养不良、呆小病、先天愚型等疾病，都会出现出牙延缓、牙质欠佳的情况，因此，爸爸妈妈要随时观察宝宝的出牙及牙齿情况。不仅宝宝的生长发育需要钙质，而且宝宝牙胚的发育生长也需要大量钙质，还需要促进钙质吸收的维生素D。宝宝出生后如果没有及时补充鱼肝油和钙剂，又很少晒太阳，就容易得佝偻病，使出牙延迟。宝宝缺少维生素C时，会影响牙釉质的生长；宝宝缺氟时，牙齿易“蛀蚀”，但氟过多又会使牙釉质上出现棕褐色斑纹而且质脆易裂。人体氟的摄入主要来源于水，因此，爸爸妈妈要了解本地区水中氟的含量。

喂药注意事项

宝宝出生后，给家庭生活带来了无限欢乐的同时，也带来了不少烦恼。特别是当宝宝生病的时候，哪怕是轻微的感冒，爸爸妈妈也会非常的紧张，更是常常因喂药困难而感到头痛。因此，父母掌握一些给宝宝喂药的注意事项是十分重要的。

服药前须知

服药前，不宜给宝宝喂乳及饮水，要使宝宝处于半饥饿状态，这样既可防止恶心呕吐，又可因宝宝饥饿而便于药物咽下。再者，服药前首先应看清楚药物标签，了解药物用途及用量。因为宝宝服药是根据体重计算用量的，切勿过量，以免发生药物中毒。另外，还要掌握用药次数及天数。

喂药时须知

按医生嘱咐，先将药片或药水放置勺内，用温开水调匀，也可放糖少许。喂药时将宝宝抱于怀中，托起头部成半卧位，用左手拇、食二指轻轻按压宝宝双侧颊部，使宝宝张嘴，然后将药物慢慢倒入宝宝嘴里。要注意，不要用捏鼻的方法使宝宝张嘴，也不宜将药物直接倒入咽部，以免宝宝将药物吸入气管发生呛咳，甚至导致吸入性肺炎的发生。

喂苦药须知

不太苦的药，可以将药溶于少量的糖水里，用小勺或奶瓶喂。太苦、太难吃的药，应先喂糖水或奶，然后趁机将已溶于糖水中的药喂入，再继续喂些糖水或奶。如果宝宝一直又哭又闹，不肯吃药，只好采取灌药的方法：一人用手将宝宝的头固定，另一人左手轻捏住宝宝的下巴，右手拿一小匙，沿着宝宝的嘴角灌入，待其完全咽下后，固定的手才能放开。不要从嘴中间沿着舌头往里灌，因舌尖是味觉最敏感的地方，易拒绝下咽。哭闹时灌药容易呛着鼻子，从而容易引起窒息。

喂药后须知

喂药后，应继续喂水20～30毫升，将口腔及食道内积存的药物送入胃内，而且，喂药后不宜马上喂奶，以免发生反胃引起宝宝呕吐。

保护宝宝的乳牙

宝宝在3岁以前长出的牙齿被称为乳牙。一般来说，宝宝5个月的时候，就开始长出第一颗乳牙。那么，为了保护宝宝的乳牙，父母应该怎么做呢？

保证充足营养

宝宝乳牙的生长要有充足的热量，蛋白质，钙，磷，氧及维生素A、D、C等。钙、磷是牙骨质的主要成分，如钙、磷及维生素D摄入不足，会影响牙齿的正常形态和结构；如果长期缺乏维生素A、C，牙齿会长得稀疏、短小，或者横七竖八，里进外出。所以，在宝宝出牙期，要注意营养，不断补充牙齿需要的钙磷，而且要注意加维生素D，在4～6个月要给宝宝服用维生素D和钙片，饮食中注意加蛋黄、菜泥、果泥、鱼泥、肉泥、骨头汤、烂面条、饼干、馒头片等。

保持口腔卫生

乳牙阶段是宝宝生长发育的重要时期，也是龋齿好发时期，从口腔卫生角度要求，宝宝从小就要清洁口腔。进行口腔清洁的做法是，用消过毒的干净纱布蘸淡盐水，轻擦宝宝的口腔牙床。

注意哺乳姿势

人工喂养时，宝宝吃奶的姿势、奶瓶的位置、奶嘴孔大小，都对牙齿发育影响很大。妈妈一定要注意采取正确姿势，使宝宝吮吸时下颌前伸运动近似于吮吸母乳，不影响下颌骨正常发育，避免引起宝宝牙颌畸形。

做好出牙时的护理

宝宝开始长牙时，由于乳牙即将萌出，距离龈缘很近，会刺激牙龈充血、肿胀发痒，这时宝宝通常喜欢咬自己的手指，吃奶时咬奶头，咬硬东西、咬玩具，连续几天烦躁不安，哭闹增多，流口水。出现这些情况不必紧张，可给宝宝一些硬食物如饼干、苹果啃咬，刺激牙床促使牙齿萌出。个别宝宝还有可能发低烧，哭闹等，症状因人而异。这些反应主要是由于出牙对口腔黏膜的机械刺激所引起，一般不需要专门治疗，待牙齿长出来后，症状会自然消失。另外应注意让宝宝少吃甜食多喝水。

第五章 情商智商开发

5个月大的宝宝，随着感知觉的提高，面对这丰富多彩的世界，更需要父母倾注更多的爱和时间，陪宝宝认识周围的世界。因此，父母要花一定的心思和时间陪孩子玩，选择一些能引起和维持他们兴趣并适宜他们年龄的游戏。

本月宝宝智能发育状况

5个月的宝宝能比较熟练地从仰卧位翻到侧卧位，再翻到俯卧位，可以背靠着坐片刻，独坐时身体前倾。仰卧时抬起双脚蹬踢。手摸、摇晃、敲打东西，趴着抬头挺胸环顾四周。能听懂责备与赞扬的话，能发出哺哺的单音节。

动作能力

到5个月时，宝宝能够自由翻身了，这时大人要扶他坐一会儿。这说明宝宝的运动机能发育已从头部进入躯干，躯干肌肉可支撑脊柱直立片刻。练习靠坐时，将婴儿放在有扶手的沙发上或小椅子上，让他靠坐着玩儿；或把宝宝放在床上，身后放一些棉垫练习靠坐，以后慢慢减少他身后靠的东西，使宝宝仅有一点支撑即可坐住，或是撤开你的支撑独坐片刻。

认知能力

玩耍是宝宝的正经事。随着宝宝的成长，玩耍逐渐成为他们活动的重要内容，父母和他们打交道不仅在于生活料理，而是开始同他们一起玩耍。对宝宝来说他们要在玩耍中学习运作和感知等心理能力，会对客观事物产生认知和感受，不断探索和了解外部世界。这个月龄的宝宝最喜欢与父母一起玩，父母的微笑和声音对他们有很大吸引力。有父母在宝宝面前，他们可以做许多他们独自不能做或不敢做的活动。

语言能力

宝宝经过了发元音、发辅音的阶段，对语音的感知更加清晰，发音也更加主动，好像已开始咿呀学语。有时他会自动发出一些不清晰的音节，如啊——吗——吧等，父母可有意识地教宝宝发一些音，引导婴儿模仿发出一些声音，甚至可以是咳嗽声、咂嘴声等。

能力培养与训练

虽然从第4个月就开始对宝宝进行大小肌肉运动能力的训练，但这种训练到了第5个月还应该继续，以使宝宝全身肌肉的运动能力逐渐加强。对宝宝来说，这个月的感知训练依然是以视力、听力和语言能力为主。

锻炼手部肌肉

训练宝宝手部肌肉运动能力时，妈妈或爸爸可将宝宝抱成坐位，面前放一些色彩鲜艳的玩具，边告诉宝宝各种玩具的名称，边引导宝宝自己伸手去抓握。开始训练时，玩具要放置在宝宝一伸手就可抓到的地方，如果宝宝已经能够比较容易抓到后，再慢慢地移到稍远的地方。在此基础上还可以在宝宝左手或右手已经拿到一个玩具后，再向宝宝的同一只手递玩具。然后试着将宝宝不喜欢的玩具递过去，让宝宝练习推开的动作，还可以将宝宝喜欢的玩具从他手中拿过来再扔到宝宝身边，让宝宝练习拣东西的动作，玩具的个头应从小到大，以锻炼宝宝手部肌肉的力量。

训练向前爬

5个月的宝宝趴着的时候，已经能神气十足地挺胸抬头，有时还会胸部离床，将上身的重量落在手上；有时甚至双腿也离开床铺，身体以腹部为支点在床上打转。这时，妈妈或爸爸可以用手抵住宝宝的足底，并用色彩鲜艳的玩具在前面引逗，宝宝就会以足底为基点，用上肢和腹部的力量开始向前匍行。如果妈妈或爸爸放开抵住宝宝足底的手，这时的宝宝由于失去了足底的基点，在手部力量的作用下，越往前使劲，身体反而越向后面匍行。如此反复练习，宝宝很快就会爬行了。需要注意的是，床上铺的东西不要太光滑，应该既平整又有质感，这样便于宝宝匍行。

训练学坐

学坐对宝宝来说，也是一个重要的成长过程。这件事情在我们看来也许很容易，但对正在成长中的宝宝就不那么容易了。不过，只要妈妈掌握一些正确方法，宝宝就会轻松快乐地学会坐。宝宝仰面躺着时妈妈用双手慢慢拉起宝宝，然后把上身扶直，稍坐片刻后，再让宝宝仰面躺下，妈妈用双手夹住宝宝腰部或腋下，扶成站立的样子，记住两只小脚要分开些。然后，把宝宝的身体向后、向下推按，让宝宝坐下，但要扶直上身，稍坐片刻再重新开始练习这个动作，每次练习4～6次。通过以上训练，当宝宝6个月时，可能自己会独坐片刻了。

做下肢保健操

宝宝动作的发展在1岁之内是最迅速的，除了日常训练外，还有一个好的办法就是做婴儿保健操，下面介绍一些训练宝宝下肢的保健操方法。

伸屈踝关节（两个8拍）：预备姿势为宝宝仰卧，成人右手操作宝宝的左踝部，左手握住左足前掌。①将宝宝足尖向上，屈曲踝关节；②足尖向下伸展踝关节；③动作同①；④动作同②；⑤～⑧动作同①～④。后8拍换右足，做伸展右踝关节动作。注意伸屈时，动作要求自然，切勿用力过猛。

两腿轮流伸屈(两个8拍)：预备姿势为成人两手分别握住宝宝两膝关节下部。①屈宝宝左膝关节，使膝缩近腹部；②伸直左腿；③～④屈伸右膝关节；⑤～⑧动作同①～④；左右轮流，模仿蹬车动作。注意屈膝时，稍帮助宝宝用力，伸直时动作放松。

下肢伸直上举：预备姿势为两下肢伸直平放，成人两掌心向下，握住宝宝两膝关节。①～②将两下肢伸直上举过头；③～④动作还原；⑤～⑧动作同①～④。注意两下肢伸直上举时，臀部不离开桌(床)面，动作轻缓。

转体、翻身：预备姿势为宝宝仰卧并腿，两臂屈曲放在胸腹部，成人左手扶胸部，右手垫于宝宝背部。①～②轻轻地将宝宝从仰卧转为右侧转体、翻身卧；③～④动作还原；⑤～⑧成人换手，将宝宝从仰卧转为左侧卧，后还原。注意侧卧时，宝宝的两臂自然放在胸前，使头抬高。

反复听某首儿歌

在音乐记忆力训练中，最有效的方法就是让宝宝反复听一首儿歌。如果有条件的话，可用画有相应形象的彩色图片或实物与儿歌配合，比如给宝宝放小蝌蚪找妈妈的音乐，并让宝宝看这些图片，爸爸或妈妈做相应的解说，这样就可以做到声、物、情融为一体，极大地调动宝宝的兴趣和愉快的情绪，使记忆力得到最大限度的强化。此外，还应给宝宝听一些模仿动物的叫声或生活中、大自然中的各种声音，以丰富宝宝的音乐范围。

语言训练须知

在宝宝学说话的过程中，父母一定要注意以下几个问题。

1．自从宝宝对声音有反应时，就开始专心地和宝宝谈话。宝宝最早学会的一类词是识别物体名称的说明性词语，因此，在和宝宝谈话时，父母应有意识地强调物体的名称，并多重复几遍。

2．有意识地少用代词。

3．最初对宝宝的发音要求不要太准确。努力去理解那些宝宝自己发明出来的词汇或读错的词。

4．在某种程度上，父母应有几分像演员，必须让自己所说的一切富于戏剧性和趣味性，这意味着自己的拼读和语调应该变得夸张些，把情绪都表现出来，使自己的声音富有感染力。

5．和宝宝交谈时，应该眼睛看着宝宝，当宝宝和你“说话”时，你应停下手中的活，目不转睛地注视着宝宝，当宝宝对你的言谈作出反应时，你应夸奖宝宝所做的种种努力。

6．你可以向宝宝提问，如“宝宝的玩具在哪儿呢”等问题，宝宝最初也许不能回答你，但是宝宝会明白你的意思，也许会指给你看或点点头。

7．对宝宝说话时，不要过分简化你的语言，宝宝需要成人语言的刺激。

8．充分利用宝宝的兴奋点，和宝宝谈一些宝宝感兴趣的话题。

9．鼓励宝宝使用学会的那些词，把它们运用到你们的交谈中。

10．如果宝宝能够同时学习两种语言，那么宝宝的智力发育会比较快。

宝宝益智游戏

5个月的宝宝在各方面已经具备了不少技能，为了进一步加强宝宝全身和四肢的活动，促进宝宝各个方面的成长发育，父母就应该多和宝宝一起游戏玩耍。

本月挑选玩具原则

宝宝的玩耍需要适合的玩具，对于5个月的宝宝来说，下面几类玩具可供父母选择：第一，触摸感知训练玩具。如不同材质的绒毛玩偶、丝织品小玩具、铁皮制成的小汽车、积木、橡胶或塑料制成的球等。第二，视觉感知训练玩具。如色彩鲜艳的脸谱、卡通形象的画册、塑料包边的镜子、塑料图形玩具、各种材质的动物造型等。第三，听觉感知训练玩具。如风铃、八音盒、彩色小摇铃以及拨浪鼓等可以发出悦耳声音的玩具。

训练平衡感

到了第5个月时，宝宝的脖子稳固后可以进行这种平衡游戏。父母扶住宝宝手肘及肩膀，将卧躺的宝宝扶起来，一边哼唱“摇啊摇，摇到外婆桥……”的歌谣，一边把宝宝拉起来，这时宝宝的身体就会有悬空的感觉。通过这种游戏，可以训练宝宝的平衡感。

做滚球游戏

做滚球游戏时，可以让宝宝趴着，先让宝宝触摸一下有铃铛的球，然后把球放在宝宝的手边滚动。接着，再从稍远的地方将球滚向宝宝，甚至从宝宝身边滚过。滚动的球就会引导宝宝移动整个身体追寻球的去向。或者父母先抓住宝宝的脚，让宝宝的脚被动踢球。刚开始时，宝宝肯定不会踢，不是用脚从上面蹬踩球，就是用脚踝笨拙地碰球。等宝宝把球碰出去后，父母再把球用手挡回来。当宝宝看到自己的脚把球碰出去然后又弹回来的时候，一定会表现出很兴奋的样子。经过这样多次练习，如果父母再把球放在宝宝的脚边时，宝宝就会自动踢球了。

锻炼追寻力

由于宝宝对看得见的东西能准确抓到，尤其对新奇的东西更喜欢去抓，妈妈或爸爸就要利用宝宝的这一特性进行寻找玩具的训练。训练时，妈妈或爸爸可将色彩鲜艳而带响声的玩具，从宝宝的眼前扔到一边，宝宝听到玩具发出的声音，并看到妈妈或爸爸把他（她）喜欢的玩具扔了，就会随声追寻。当宝宝追寻到玩具后，妈妈就要表现出惊喜的样子边说“宝宝真棒”，边把玩具捡回来还给宝宝。宝宝得到妈妈的表扬后，会更加积极地寻找玩具，准确度也会越来越高。经过多次训练之后，妈妈再用不会发出声响的绒毛玩具扔到更远的地方，锻炼宝宝的追寻能力。也可以把一只小铃铛先在宝宝身体一侧摇响，然后当着宝宝的面把铃铛藏起来，但要露出一部分，让宝宝去找。

识别多种物体

妈妈更换不同的衣服，在抱起宝宝时，让他用手摸到有特点的地方，如漂亮的绣花、好看的扣子、拉锁和项链的玉坠等。第一次妈妈换上新衣服时，宝宝会通过皮肤的感觉无意中发现这些特点，第二次再穿上这件衣服时，宝宝就会熟练地伸手去摸这个特别的地方来回玩耍。爸爸抱着宝宝也会让宝宝找到特点，例如领带、兜、插着的钢笔或者小本子等。爸爸更换衣服后，宝宝也会感觉到，同时提醒父母们千万不可佩带尖锐的胸针和领带夹，以免刺伤宝宝。这个游戏可培养宝宝的认知能力。

开心模仿

让宝宝面对着你，然后张大眼睛，伸出舌头，动动鼻子，鼓起脸颊。玩玩看，宝宝可能会试着模仿你。一旦宝宝模仿了，你就再模仿回去，这样的游戏会让宝宝开心。宝宝也可以和其他亲属玩这个游戏，每个人都会喜欢这种互动。

·本月智能发育测试·

大动作

扶腋下能站立。双手扶宝宝腋下，站在床上或大人腿上。如果宝宝能站立2秒以上，则表明宝宝通过5个月智能发育标准。

精细动作

抓住悬吊玩具。让宝宝仰卧，逗引他够取悬吊在胸前的玩具，宝宝如果能主动够取、抓住玩具，则表明宝宝通过5个月智能发育标准。

认知能力

玩具失落后两眼跟着找。抱坐，用红线球（直径10厘米）在宝宝眼睛水平方向引起其注视时，将球滚落在地上，大人手仍保持原姿势，观察宝宝反应。当球落地后，如果宝宝能立即低头寻找，表明宝宝通过5个月智能发育标准。

言　语

叫名字会注视和笑。家长在宝宝面前呼唤其名字，如果宝宝有注意大人并笑的表现，说明宝宝通过5个月智能发育标准。

看到熟悉的人或玩具会咿呀发声。观察宝宝对熟悉的人或玩具的发音，若宝宝能咿咿呀呀像在对人“说话”，则表明宝宝通过5个月智能发育标准。

能模仿大人发出的重复音节。宝宝醒着高兴时，大人与其面对面，对宝宝发出重复音节，如“baba”、“dada”、“mama”等语。如果宝宝会模仿大人发出重复音节，表明宝宝通过5个月智能发育标准。

情感与社交

望镜中人笑。抱宝宝到穿衣镜前，逗引他观察镜中的人像，如果宝宝会对镜中人笑，则表明宝宝符合5个月智能发育标准。

第七篇

我害怕陌生人（6个月）

6月龄婴儿对外界事物越发感兴趣了，看到爸爸妈妈会高兴地笑，手舞足蹈。看到陌生的人，尤其是陌生的男人，会害怕地把头藏到妈妈的怀里，甚至哭闹。生疏的人不再容易把宝宝从妈妈怀中抱走了。在这个月里，妈妈们要让宝宝养成良好的生活习惯，包括进食、睡眠、大小便等。

第一章 宝宝成长脚印

半岁的宝宝实在太可爱了，皮肤变得非常光滑，小手和小脚总是不停地晃动，嘴里喜欢喃喃自语，宝宝眼睛明亮而有神，听觉非常敏感。另外，宝宝变得越来越好动，对这个世界充满了好奇心。这个阶段是宝宝自尊心形成的非常时期，所以父母要对宝宝适时给予鼓励，从而使宝宝建立起良好的自信心。

发育特征

宝宝在第6个月的发育特点是身体发育减慢，但感觉发育却非常迅速，现在正是爸爸妈妈开发宝宝能力的大好时机。

身体发育减速

进入6个月的宝宝，身体发育速度开始减慢，尤其明显的是，以前快速增加的体重，现在表现出缓慢增长的倾向。

运动能力增强

在这个月，宝宝的运动能力又有长进。如果妈妈把吃饱喝足的宝宝放在床上，宝宝已经不愿意像以前那样顺从地躺着了，而是身体一耸一耸地，会很快地从仰卧位翻到侧卧位，又从侧卧位翻到俯卧位。

感觉发育加快

到6个月时，宝宝的感觉器官发育迅速，已经会模仿父母的表情了，对他做鬼脸，宝宝也会学相同的动作，父母常常被宝宝逗得乐不可支。宝宝已经能区分不同玩具的功能和声音，他会追逐喜欢的玩具发出的声响，当不喜欢的玩具放在身边时宝宝则表现得无动于衷。当一个玩具从宝宝面前消失时，他会寻找它数秒。他逐渐记住做过的事，而且在不经提醒的情况下可以重复相同的步骤。

体格标准

宝宝这个时期虽然身体发育呈现减缓趋势，但总体还是稳步增长。宝宝的身高受多种因素影响，包括遗传、种族、环境、营养、疾病等因素。爸爸妈妈不要忽视这些因素可能带来的影响，要充分认识到宝宝身高增长的规律。

身 高

这个月男宝宝的平均身高约68.6厘米，女宝宝的平均身高约67厘米，身高平均增长2厘米左右。运动对宝宝身高的增长有很大促进作用。户外活动，不但促进宝宝的智能发育，还能让宝宝沐浴阳光，促进钙质吸收，使骨骼强壮。

体 重

这个月男宝宝的平均体重约8.5千克，女宝宝的平均体重约7.8千克，可增长450～750克。这个月的宝宝，开始喜欢吃乳类以外的辅食。厌食牛乳的宝宝，在这个月里也可能开始爱喝牛奶了。所以食量大、食欲好的宝宝，体重增长可能比上个月还大。如果每日体重增长超过30克，或10天体重增长超过了300克，就应该适当减少牛乳量。

头 围

这个月男宝宝的平均头围约44.1厘米，女宝宝的平均头围约43厘米，可增长1厘米左右。头围的增长从外观难以看出，增长的数值也不大，测量时如果不能把握正确的测量方法，最好请医生测量。头围的大小也不是所有的宝宝都一样的，存在着个体差异。

囟 门

这个月的宝宝，前囟尚未闭合，还有0.5～1.5厘米。关于前囟，爸爸妈妈最担心的是前囟闭合过早会不会影响大脑发育。如果前囟确实是过早闭合，妈妈的担心也是有一定道理的，但大多数情况是宝宝前囟小所造成的一种假象。前囟小，并不等于闭合；前囟小，也不能证明就会提前闭合。有的宝宝生下来前囟就不大，在整个发育过程中，前囟的变化也不大，大多数是在一岁以后才开始逐渐闭合的。如果是小头畸形、狭颅症或石骨症等疾病，除了囟门小、闭合早外，还会有头围小、骨缝闭合、重叠、智能发育落后等表现。要动态观察前囟情况，一次测量的绝对值不能说明问题，而测量方法是否正确也是应该考虑的。

感官发育状况

在这个月，宝宝的语言能力、感觉能力、协调能力都在快速进步，同时还具备了观察力和理解力。手里拿着玩具时，他会使劲地用手摇晃玩具，或重重地扔在地上听玩具发出的响声，当他的双手各抓着一件东西的时候，还会考虑如何去拿第三件。他对所有的东西都有强烈的好奇心，希望自己都去试一试，宝宝的贪心常惹得旁人开怀大笑。

开始咿呀学语

这个月的宝宝，仍然不会说话，但已进入咿呀学语阶段，对语音的感知更加清晰，发音变得主动，会不自觉地发出一些不很清晰的语音，会无意识地叫“mama”、“baba”、“dada”。宝宝只要不睡觉，嘴里就一刻不停地“说着”，尽管爸爸妈妈听不懂宝宝在说什么，但还是能够感觉出宝宝所表达的意思。如宝宝会一边摆弄着手里的玩具，一边嘴里发出“喀…哒…妈”等声音，好像自己跟自己在说着什么。如妈妈拍着手叫宝宝的名字，宝宝也会张着自己的小手，嘴里“啊”、“喔”地叫着，似乎在应和着妈妈。当爸爸问宝宝“妈妈在哪里”时，宝宝就会朝妈妈看，脸上露出欣喜的样子。这一切都说明，宝宝的语言能力有了很大的提高。

听力敏锐多了

6个月的宝宝已经有比较敏锐的听力，并对听到的声音有记忆能力。能听出爸爸妈妈和看护人的声音，并会在听到这些声音时，转头找他们。比如晚上闭了灯，宝宝哭闹时，妈妈和宝宝说话或哼摇篮曲，即使宝宝看不到妈妈，也没有用身体接触妈妈，哭声都会停止的。如果是陌生人说话，就不会让宝宝停止哭，可能会哭得更厉害。

视野扩大了

这时的宝宝已经能够自由转头，视野扩大了，视觉灵敏度已接近成人水平。手眼协调能力增强，成了积极的学习者和新事物的探索者。一句话，对于这个月的婴儿来说，单纯的看已经不是目的了，他要在看的过程中，获得认识事物的能力。因此这时对宝宝展开潜能的早期开发，会收到事半功倍的效果。

动作灵活多变

1．会伸手够东西。6个月的宝宝，眼神更加敏锐，如果把玩具弄掉了，他会转着头到处寻找，会伸手够东西或从别人手里接过东西。这时的宝宝仍然不知道什么能放到嘴里，什么不能放到嘴里，所以总是把手里的东西放到嘴里吸吮或啃咬。

2．脚尖蹬地。肢体活动能力增强，脚和腿的力量更大了，让宝宝站在你的腿上，会感到小脚丫蹬得你有些痛。宝宝会用脚尖蹬地了，身体不停地蹦来蹦去。比较安静和内向的宝宝，可能会较少蹦跳。

随着身体协调能力的提高，孩子将发现自己身体的其他部分。仰面躺时，他会抓住他的脚和脚趾，并送入口中；更换尿布时，他会向下触摸生殖器；坐起时，他会拍自己的臀部和大腿。

离开妈妈会害怕

这个阶段宝宝对生活充满了无穷的活力。给他喂奶或洗尿布时总是扭来扭去，抱他时他又弓背又弯身，实际上是说“快把我放下，我有别的事情要做”。此时的孩子已有比较复杂的情绪了，高兴时会笑，不称心时会发脾气，父母离开时会害怕、恐惧。所以要注意不要在生人刚来时突然离开孩子，也不能用恐怖的表情和语言吓唬孩子，更不能把自己的情绪发泄在孩子身上，对孩子冷落、不耐烦，甚至打骂。要想让你的孩子在快乐中成长，你首先要保持一个良好的心态，因为父母的一言一行对孩子很重要。这时候宝宝出现认生的行为，对许多东西表现出害怕。这个阶段是宝宝最爱交际的时候，他也许已经学会以伸手、拉人或发音等方式主动与人交流，一定要好好利用。比如可以带他去郊游，见各种各样的人，教他说“您好”，挥手说再见。当你出门或在旁边叫他时，他能意识到自己的名字并把头转过去。

第二章 宝宝餐桌安排

第6个月是增加辅食品种，满足宝宝更多食欲的好时机。因为宝宝在本月以前已经有了一段时间的辅食经验了，面对辅食，宝宝可不再是一无所知了，他能清晰地感觉出小勺里的食物和奶嘴里的食物可是完全不同的。

循序渐进添加辅食

6个月的宝宝，一天的主食仍是母乳或其他乳品、乳制品。一昼夜仍需给宝宝喂奶3～4次，如果是喂牛奶的，全天总量不应少于600毫升。晚餐可逐渐以辅食为主，并循序渐进地增加辅食品种。

每天饮食五大类

这个月的宝宝可添加固体食物，如粥、软面、小馄饨、烤馒头片、饼干、瓜果片等，以促进牙齿的生长并锻炼咀嚼、吞咽能力。也可让宝宝自己拿着吃，以锻炼手的技能。还可添加杂粮，可让宝宝吃一些玉米面、小米等杂粮做的粥。杂粮的某些营养素高，有利于宝宝的健康生长。增加动物性食物的量和品种，如可以给宝宝吃整只鸡蛋了，还可增添肉松、肉末等。为使宝宝的营养均衡，每天的饮食要有五大类，即母乳、牛乳或配方奶等乳类，粮食类，肉、蛋、豆制品类，蔬菜、水果类及油脂类。

营养合理均衡

由于半岁左右的宝宝体内协调酸碱平衡的功能较成人低，因此，更应该重视宝宝的饮食营养合理及平衡。爱吃肉、不爱吃蔬菜的宝宝容易生病，在一定程度上与此有关。为使食物经常有助于维持酸碱平衡，就要引导宝宝不偏食，尤其要保证每天都要吃定量的蔬菜。

不要喧宾夺主

在这个月的宝宝喂养中，父母要注意，给宝宝在添加辅食的同时，不能影响母乳喂养，而且，还要及时更换辅食的品种。

母乳喂养为主

母乳仍然是这个月宝宝最佳的食品，不要急于用辅食把母乳替换下来。上个月不爱吃辅食的宝宝，这个月有可能仍然不太爱吃辅食，但大多数母乳喂养的宝宝到了这个月，就开始爱吃辅食了。不管宝宝是否爱吃辅食，都不要因为辅食添加而影响母乳喂养。

更换辅食种类

如果宝宝把喂到嘴里的辅食吐出来或用舌尖把饭顶出来，用小手把饭勺打翻，把头扭到一旁等，都表明他拒绝吃“这种”辅食。妈妈要尊重宝宝的感受，不要强迫。等到下次喂辅食时，更换另一品种。如果宝宝喜欢吃了，就说明宝宝暂时不喜欢吃前面那种辅食，一定先停一个星期，然后再试着喂宝宝曾拒绝的辅食。这样做，对顺利过渡到正常饭食有很大帮助。

辅食以肉蛋、果汁为主

母乳喂养的宝宝不易发生肥胖，但开始添加辅食后，如果数量上不加限制，宝宝很快就会变得肥胖起来。添加辅食后，宝宝每天体重增长超过了20克，或10天体重增长200克以上，要考虑辅食品种和量是否有问题。如果婴儿特别喜欢吃辅食，要以肉、蛋、果汁、汤类为主，不要以米、面为主。主食上尽量让宝宝吃母乳，辅食则多吃水果和蔬菜。

与成人饮食有别

如果能够充分利用成人饮食，有选择地作为婴儿的辅食品，可以省力。成人饭菜是否适合婴儿，妈妈往往没有把握。成人饭菜在咸淡、油量、生熟、品种和形式上，是不适宜婴儿的。婴儿应该吃更少的盐，吃更熟烂的饭食，婴儿不适合吃较大的油量，尤其是动物油；有的食品不适宜婴儿食用，如辛辣、带刺、带筋的食品。婴儿更适宜汤类、羹类、粥类食品，不适宜干饭，煎、炒、炸等食物。

添加水果注意事项

在前几个月，宝宝已经逐渐尝过了果汁、蔬菜汁、蛋黄、肝泥等流质和半流质的食品。在这个月，宝宝就可以进食一些切成细丁的水果，从而保证宝宝对维生素和各种矿物质的需求。

吃的时间问题

水果中有不少单糖物质，极易被小肠吸收，但若是堵在胃中，就很容易形成胀气，以致引起便秘。所以，在饱餐之后不要马上给宝宝食用水果。而且，也不主张在餐前给宝宝吃，因宝宝的胃容量还比较小，如果在餐前食用，就会占据一定的空间。最佳的做法是，把食用水果的时间安排在两餐之间或是午睡醒来后，这样，可让宝宝把水果当作点心吃。每次给宝宝的适宜水果量为50～100克。

体质与水果品种

给宝宝选用水果时，要注意与体质、身体状况相宜。舌苔厚、便秘、体质偏热的宝宝，最好给吃可败火、寒凉性水果，如梨、西瓜、香蕉、猕猴桃、芒果等；而荔枝、柑橘吃多了却可引起上火，因此不宜给体热的宝宝多吃。消化不良的宝宝应给吃熟苹果泥，而食用配方奶便秘的宝宝则适宜吃生苹果泥。

水果量的问题

荔枝汁多肉嫩，口味十分吸引宝宝，但是，由于荔枝肉含有的一种物质，可引起血糖过低而导致低血糖休克，所以宝宝不宜多吃。西瓜清凉解渴，是最佳的消暑水果，但也不能过多食用，特别是脾胃较弱、腹泻的宝宝。柿子也是宝宝钟爱的水果，但当宝宝过量食用，尤其是与红薯、螃蟹一同吃时，便会使柿子里的柿胶酚、单宁和胶质在胃内形成不能溶解的硬块儿。香蕉肉质糯甜，又能润肠通便，然而，不可在短时间内让宝宝吃得太多，尤其是脾胃虚弱的宝宝，否则，会引起恶心、呕吐、腹泻。

过渡性断奶方法

宝宝现在已经可以安稳地睡一整夜觉了，并对餐桌上的食物表现出明显的兴趣，他喜欢自己用手抓着饭菜吃，索性给他弄点菜，放在他的碗里让他去抓。辅食要注意按时添加，这是过渡到普通饮食的步骤，但仍然不能忽视奶的摄入。此时，父母可以采取过渡的方法给宝宝断奶。

做好准备

年轻的父母大都知道母乳哺育宝宝的好处，但宝宝习惯吃母乳以后，到了该断奶时又有了新问题，不少母亲不忍心让宝宝受罪，奶断了一次又一次，到宝宝满周岁时仍断不了。事实上，母乳在宝宝半岁以内是最好的天然食品，从6个月开始就该考虑给宝宝断奶了。到1岁以后如果宝宝仍不断奶，母乳就会不够吃，严重时会出现营养不良。所以，应果断、适时断奶。但对一个幼小的宝宝来说，断奶是十分困难的，父母应该在正式断奶之前做好充分的过渡工作，了解断奶的时间和方式，这样可以帮助宝宝顺利断奶。

选择时机

妈妈应选择宝宝身体状况良好时断奶，否则会影响宝宝的健康。因为断母乳，改喝牛奶和辅食后，宝宝的消化功能需要有一个适应过程，此时宝宝的抵抗力有可能略有下降，因此断奶要考虑宝宝的身体状况，生病期间更不宜断奶。断奶最好选择气候适宜的季节，避免在夏季炎热时断奶，因为夏季天气炎热，宝宝本来就容易发生胃肠功能紊乱，此时断奶更可能加重这种情况，搞得不好还会生病。选择春、秋、冬三季较为理想。如果母乳充足，宝宝的体质又不够好，那么迟一些断奶也是可以的，但不宜延长到1岁半以后。

方式要正确

有的母亲认为婴儿断奶很简单，只要几天不给婴儿吃母乳就可以了。于是使用各种手段，例如挑选一个假日，母亲回娘家，婴儿由爸爸带，又哭又闹熬过两三天，把奶断掉。有的母亲在乳房上涂黑药膏，甚至抹一些辣椒粉，使宝宝害怕得不敢再吃。这些方法其实都是极不科学的断奶方法。

第三章 爱心呵护指南

当宝宝长到6个月时，生活就比较有规律了，基本上能够做到定时饮食、定时睡眠，但在日常护理中，爸爸妈妈还是不要掉以轻心。

户外活动更细心

现在，大部分妈妈都已经开始上班了，宝宝一般都交给老人或保姆看护，因此要多注意老人和保姆带宝宝外出时的问题。

老人带宝宝须知

老人带宝宝到户外活动，大多是把宝宝放在婴儿车里，找一处阴凉，坐在婴儿车旁看着宝宝，说说话，推一推车，像摇婴儿的摇篮。这样的户外活动，安全系数很高，但利用外界景观开发宝宝潜能的努力是不够的。爸爸妈妈一方面要尽量通过游戏、画报、电视、玩具、实物等方式开发宝宝潜能，一方面也要告诉老人，多抱抱宝宝。抱的方法是，宝宝背靠老人前胸，坐在老人腿上，老人用一只胳膊揽住婴儿胸部，另一只胳膊揽住婴儿的下腹部。这样抱着宝宝，宝宝的视野会扩大，对外界景物的观察也比较容易了。

保姆带宝宝须知

年轻的保姆，一般都是没做过母亲的女性，她们对宝宝的感情，更多的是像对待小弟弟小妹妹，有喜欢、有疼爱，也有讨厌。喜欢时会和宝宝疯玩，讨厌时会怒视宝宝，随意性很强。如果居住区有几个年轻保姆，她们带宝宝户外活动时，常会凑在一起说笑，交流主人家的种种情况，而把宝宝晾在一边，有意外事故发生的隐患。例如，在户外喂宝宝奶时，可能忙着和别人说话，把奶瓶就放在婴儿车的枕头旁边，让婴儿自己吸吮，极有可能发生呛奶，造成危险。年轻的父母们一定要提醒小保姆注意，防止意外事故发生。

逐渐形成大小便规律

初生的宝宝排尿是无条件反射，次数多且不规律。所以，当宝宝已经6个月的时候，爸爸妈妈就可以有意识地训练宝宝有规律地大小便了。

小便的训练

宝宝在睡前、醒后、喂完奶和水后15分钟可能有尿，这时给宝宝把尿，并把排尿的无条件反射同一些条件刺激联系，如发“唏－唏－”声。经过一段时间的训练，当宝宝一解开尿布并听见“唏－唏－”声后，即使膀胱内有尿但未胀满，也会排尿。

大便的训练

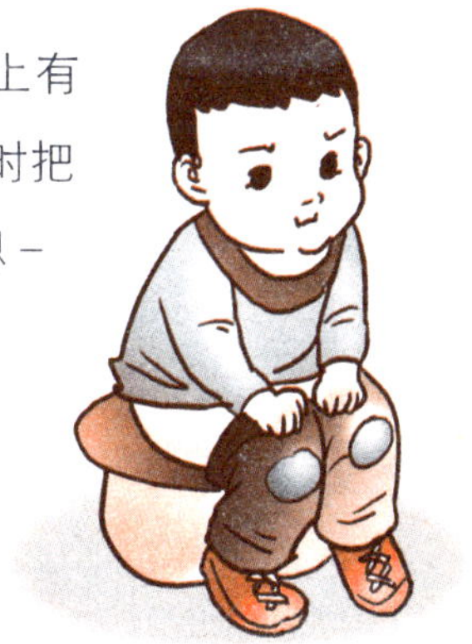

宝宝大便时一般表现为：停止其他动作，安静下来，脸上有“一本正经”的样子，并且涨得发红。一遇到这种情况就要及时把宝宝大便。把的时候一定要让宝宝感觉很舒适，同时发出“嗯－嗯－”的声音。

在宝宝6个月的时候，可以开始训练坐便盆大便，便盆最好放在固定的、光线充足的地方，以免因黑暗引起宝宝不安，干扰便意，从而影响条件反射的形成。宝宝大便时如果天气比较冷，最好用柔软的旧布缝制一个套子围在便盆上，以免宝宝受凉或因冰冷刺激影响排便。宝宝大便时，父母应守候在旁边，这样能使宝宝安心排便，同时也可以及时清理宝宝的粪便。

心理训练

妈妈可以有意识地让宝宝了解去便便、去厕所是什么意思与动作，并且能听懂你的指示。当宝宝认知能力到了解某些单字或语汇之后，才能听得懂对他所提出的口语指令，如“便便”、“嘘嘘”等日常生活中的行为。当宝宝尿湿或弄脏裤子时，要清楚地告诉他宝宝尿尿了、宝宝大便了。

培养独自睡觉习惯

宝宝已经6个月了，从这个时候起，就应该慢慢让宝宝习惯于一个人睡觉。宝宝独睡有三大好处：有利于宝宝身体健康，有利于培养宝宝的独立精神，有利于促进夫妇关系。那么，怎样让宝宝习惯于独自睡觉呢？

睡前准备

每天晚上在相同的时间开始睡前准备。首先，给宝宝洗个澡，为他讲个小故事，调暗灯光，放一段柔和的音乐。这样会给宝宝一个信号，已经到了睡觉的时间。接下来，在宝宝昏昏欲睡的时候把他放到婴儿床上，然后轻轻离开，让他独自入睡。如果宝宝哭了，妈妈可以安慰宝宝，给他讲故事、唱催眠曲，直至他睡着再离开。千万不要他一哭闹就陪他睡，更不要表现出急躁情绪或叱责他。

动物玩具陪伴

给宝宝买一个棉布小动物，或者把他自己喜爱的一个小枕头给他，让宝宝可以借着拥抱自己的这些安慰物安然进入梦乡。不久之后，你就会发现，即使你不在宝宝的身边，他也能安静地睡觉了。

按时上床

每天同一时间把宝宝放到婴儿床上，让他得到睡觉的信号。此时无论他是昏昏欲睡还是清醒状态，妈妈都要都离开房间。如果宝宝出现哭闹时，就先让宝宝哭5分钟，然后再用平静的声音安慰她（他），但绝不抱宝宝，然后在房间里最多停留2～3分钟就离开。当宝宝再一次哭时，就等上10分钟再进去。第三次，等待15分钟。这样，大概三四天左右，宝宝就适应独睡了。

逐步养成习惯

按照专家的建议，要给宝宝一个缓冲期，让他一步步地习惯独自睡觉。比如，先让宝宝白天小睡时开始自己独睡，再让他慢慢习惯夜里也能独睡。然后，建立一套宝宝晚间上床前的习惯性活动，比如讲一个故事，给宝宝一个拥抱。

正确对待恋物心理

在婴幼儿时期时，宝宝即会透过各种感官来满足探索的需求或安抚情绪，为满足触觉舒适的感觉，就出现了抚摸棉被角，或是覆盖熟悉柔软的毛巾、毛毯、棉质纱布、玩偶、枕头等方式。父母要对宝宝的恋物情结有正确的认识。

恋物并非异常

从发育的观点来看，宝宝对物品依赖的现象是自然的过程。当宝宝因为想睡觉、肚子饿、尿片湿了、兴奋、不顺意的愤怒情绪等情形出现时，父母可能会随手拿些替代物来安抚孩子的情绪，这些经常被随手拿来使用的物品有奶嘴、纱布、柔软的毛巾、被子、枕头、娃娃等，只要不使用过度或不当使用，随着宝宝年龄的增长，人际关系的拓展与生活作息正常化，多数的宝宝是不会对这些替代慰藉物产生依恋情形的，长大后自然对婴幼儿期所依附的人及物品会慢慢的转移，而不再强烈需求。

顺其自然不强迫

面对宝宝对物品的依恋，只要情绪、行为等方面发育正常，对物品的依恋就不是异常的。一般说来，多数宝宝只是在特定的时候才需要依恋物，如必须抱着枕头或玩偶、手捻被面才可入睡等等。对于这种情形，妈妈一般无需干涉，更不应生硬地制止甚至强行夺走宝宝的依恋物。父母唯一需要做的就是保证宝宝依恋物的卫生，其他顺其自然就可以了。

正确引导莫忽视

宝宝的恋物习惯可能与父母的育儿方法有关。人类的成长是一连串由依赖到独立的发展过程，如依赖母亲的子宫孕育，成熟了就独立脱离母体。父母在育儿的过程中，或许不会把一些依恋的物品看作是有害的东西，但是孩子对它癖好一旦形成，可能会发展成宝宝对某些特定物品产生强烈的依赖，因而影响独立健康人格的发展，父母亲千万不可忽视这个问题。

第四章 预防保健须知

为宝宝及时接种疫苗、注意护理患病的宝宝，这些看似老生常谈的内容，对爸爸妈妈来说还是有必要时时提醒的。

及时接种疫苗

在这个月，宝宝需要接种的疫苗有三种，同时，爸爸妈妈还要记住不要给宝宝滥用广谱抗菌素。

接种乙肝疫苗

乙型肝炎疫苗的第3针应在宝宝满6个月时接种。因为与第2针相隔时间较长，有的父母往往会忘记。如第3针不接种的话，其对乙型肝炎病毒的免疫效果不好，对乙型肝炎病的抵抗力也会降低。接种后一般没什么不良反应。

接种乙脑疫苗

乙脑疫苗的全称叫流行性乙型脑炎疫苗，本月初次接种，共2针。一般在接种第1针后70天接种第2针。此后，在1岁、4岁、7岁时还需各接种1次加强针。

接种脑脊髓膜炎疫苗

本月进行初次免疫，共2针。第1针在6个月时接种，在流行地区间隔3个月后注射第2针。此后，到3岁时还需接种1次加强针。提醒一点，最好在每年的11～12月份接种流行性脑脊髓膜炎疫苗，以使宝宝体内在流行高峰期保持较高浓度的抗体。

疾病的预防与治疗

很多妈妈都感觉到，当宝宝半岁的时候，很容易患上传染病。这是因为刚出生的宝宝免疫系统还不完善，早期体内的免疫球蛋白主要是在胎儿期经胎盘从妈妈那儿获得的。到了6个月，这些免疫物质就会用完，而这时候宝宝自身的免疫系统还不成熟，环境中的致病菌就乘虚而入，使得宝宝特别容易生病。所以，父母要了解一些疾病的症状与防治方法。

肺　炎

肺炎是呼吸道病变较重的疾病。宝宝特别容易患上小叶性肺炎，病变主要散布在支气管附近的肺泡，有时病变范围很广泛。6个月内的宝宝如果发生肺炎，往往出现高热、气急、咳嗽、鼻翼扇动等现象。肺炎分为病毒性、细菌性和支原体肺炎，其中，支原体肺炎近年来有增多的趋势，它的表现为阵发性咳嗽、高热、呼吸时的啰音不明显，需要拍片才能诊断。

流行性感冒

天气转凉，尤其是进入冬季，流行性病毒感冒病例就会明显增加。6个月的宝宝很容易感染。一般来说，初期症状明显，包括高烧、头痛、喉咙痛、肌肉酸痛、全身无力等，之后咳嗽和流鼻涕症状会陆续出现，部分宝宝可能出现腹痛、呕吐等肠胃症状。流感的发烧可能持续3～5天。严重时，还可能并发肺炎，需要住院治疗。

手足口病

手足口病是一种主要发生在婴幼儿身上，并由肠道病毒传播的传染病，潜伏期为3～5天。发病初期会出现类似感冒的症状，发热不高，38℃左右，2天后口部出现疼痛性小水疱，四周绕以红晕，手足部位会出现米粒大小的水疱，数目不等。

呕 吐

呕吐通常是一种症状，而非疾病，可能是有某种原因造成宝宝不舒服的一种现象。呕吐通常是胃或肠不舒服所造成的，也可能是以下一些问题的症状，如盲肠炎、肺炎、喉炎或脑膜炎。呕吐也可能在注射药物或化学物质后发生。呕吐和溢奶是不同的，后者通常发生在喂奶后，宝宝只溢出少量喝下去的东西。宝宝呕吐时，会将宝宝胃内的东西排出来。其他可能伴随呕吐出现的症状还包括发烧、无精打采、食欲不振、咳嗽、便秘、腹泻或脱水等。宝宝呕吐时，试着找出原因，是否着凉或感冒了。别强迫宝宝进食，可让宝宝摄取流质食物，避免脱水。如果宝宝一再呕吐或呕吐持续数小时以上的话，立刻联络医生。如果宝宝未满6个月，当发现症状时，一定要立刻就医。

胆管闭锁

在宝宝发生的黄疸中，胆管闭锁是最严重的一种黄疸，它是由于先天性发育异常造成的胆管不通，并由此引发的梗阻性黄疸。其特点是，黄疸随着宝宝的月龄增加而越来越重。如果是完全性梗阻，在出生五六个月时达到高峰，严重损害肝脏。对这种先天性疾病尚没有明确的预防手段。随着病情进展，最终会发生胆汁性肝硬变和门静脉高压症，出现鼻衄、皮肤黏膜淤斑、食管静脉曲张出血、肝昏迷、肝功衰竭等症状，如不治疗，病儿常在1个月左右死亡。所以，宝宝出生后如果黄疸进行性加重，大便变成灰白色或白色，就要高度警惕，及早去看医生。一旦确定诊断，在治疗上唯一可以选择的就是进行外科手术。妈妈应适时把握手术时机，不要延误。

鼻充血

宝宝鼻充血，无法用鼻子自由地呼吸，造成这种情形的原因可能是上呼吸道感染或过敏。症状包括一边或两边鼻孔有排出物、呼吸困难、发烧、激动或焦躁不安、喷气或有哼鼻声、睡眠或喂食困难等，宝宝可能还会揉鼻子或抓鼻子。另外，还可能出现其他的感冒症状，例如咳嗽或喉咙痛。爸爸妈妈可以使用凉雾加湿器来帮助分泌物的流动与排出，用柔软的面纸或布轻轻地清洁鼻子，使用吸鼻器清除鼻道，让呼吸更顺畅。也可以使用温和的肥皂水和温水来清洗他鼻孔部位的黏液。未经医生指示，别让他服用任何药物，包括成药在内。当宝宝的呼吸达每分钟60次或更多次、呼吸困难、呼吸急促、皮肤变蓝或嘴巴及鼻子周围颜色变深时，应立即联络医生。如果鼻内的排出物呈血色、黄色、绿色或宝宝持续发烧时，也要立即联络儿科医生。除了使用加湿器以外，医生可能也会建议你使用鼻滴剂、抗生素和减充血剂。不过，只有在医生指示下才能使用这些药物。如果宝宝在白天不舒服，要立刻和医生联络。别期望宝宝可能会好转而等到晚一点时才联络，明智之举是在白天时就处理问题，这时无论是和医生约时间或到药房拿药都比较容易。

预防传染病

由于宝宝在妈妈肚子里的时候，妈妈通过胎盘向宝宝输送了足量的抗感染免疫球蛋白，加之母乳含有的大量免疫因子，使出生后的宝宝安全地度过了生命中脆弱的最初阶段，所以6个月以内的宝宝很少生病。但是，到了6个月以后，宝宝从妈妈那里带来的抗感染物质，因分解代谢逐渐下降以致全部消失，再加上此时宝宝自身的免疫系统还没发育成熟，免疫力较低，因此就开始变得比以前爱生病了。到了6个月之后，宝宝最容易患各种传染病以及呼吸道和消化道的其他感染性疾病，尤其常见的是感冒、发烧和腹泻等。所以，预防传染病和各种感染性疾病，就成了妈妈爸爸在宝宝日常护理中的主要内容之一。

第五章 情商智商开发

这个月宝宝的能力开发重点是，爸爸妈妈应帮助宝宝独坐，使孩子的视野扩大，接受很多的刺激，使大脑发育，并给孩子一些玩具，使宝宝学会抓、玩，和宝宝多交谈，鼓励孩子说话，说简单的单词。

本月宝宝智能发育状况

此时的宝宝听力比以前更加灵敏了，能分辨不同的声音，并学着发声。会发两三个辅音，在大人背儿歌时会做出一种熟知的动作。

运动能力

此时的婴儿俯卧时，能用肘支撑着将胸抬起，但腹部还是靠着床面。仰卧时喜欢把两腿伸直举高。随着头部颈肌发育的成熟，此时孩子的头能稳稳当当地竖起来了。一旦孩子挺起胸部，你就可以帮助他坐起来。很快宝宝就学会身体向前倾时伸手支撑，保持上身平衡，逐渐地腰部肌肉发育了，靠坐时，腰能伸直。随着身体协调能力的提高，宝宝将发现自己身体的其他部分。仰面躺时，他会抓住他的脚和脚趾，并送入口中；更换尿布时，他会向下触摸生殖器；坐起时，他会拍自己的臀部和大腿。

认知发育

此时期宝宝已能在镜子中发现自己，并与这个新伙伴聊天。照镜子时会笑，用手摸镜中人。能够知道自己的名字，听到有人叫他的名字会有反应。 这个阶段，宝宝处在发现阶段。随着认知能力的发育，他很快会发现一些物品，例如铃铛和钥匙串，在摇动时会发出有趣的声音。当他将一些物品扔在桌上或丢到地板上时，可能启动一连串的听觉反应，包括喜悦的表情、呻吟，导致物件重现或者重新消失的其他反应。他开始故意丢弃物品，让你帮他拣起。这时你可千万不要不耐烦，因为这是他学习因果关系并通过自己的能力影响环境的重要时期。

适应能力

让宝宝仰卧，当宝宝看到拨浪鼓或悬挂的玩具，两手会立即去抓握拨浪鼓或者玩具。让宝宝坐在桌边，看到桌上的玩具，宝宝会用双手抓握玩具。当玩具掉落或者将宝宝手中的玩具拿下来放在床上宝宝看得到的地方，他会追着玩具，并滚过去将玩具拿在手里。当玩具从桌子一边移向另一边，然后从桌边滚下去，宝宝会转头追找，并低头寻找桌子底下的玩具。在宝宝面前摆上积木堆，宝宝看见后自己会先拿一块，然后明确地去抓第二块。在桌子上有整个积木堆的情况下，宝宝能抓过三块不同的积木。当宝宝抓着一块积木时，如果再将杯子放到他面前的桌子上，他会继续拿着积木，同时双眼注视杯子。

社交行为

和妈妈一起玩游戏，当妈妈的脸藏在纸后，叫宝宝名字的时候，吸引宝宝注意，再将纸拿开，宝宝会高兴地发出笑声。反复做两次，以后再叫宝宝名字时，他就会转向声音传来的方向发出笑声。将饼干等固体食物塞进宝宝嘴里，他不会再用舌头把饼干推出来；给宝宝手里放一块饼干，他会自己送进嘴里吃。宝宝会以伸手、拉人或发音等方式主动与人交流。当妈妈给宝宝洗脸或擦鼻涕而宝宝不愿意时，不仅仅是将头转向一边，还会将妈妈的手推开。俯卧的时候，宝宝会用手抓住自己举起来的脚。不需要过多的支撑，宝宝能成功地坐在围椅、沙发或围床上30分钟。

育儿新经

注意锻炼运动能力

仰卧时，妈妈用玩具逗引宝宝，宝宝能动作熟练地从仰卧位自行翻滚到俯卧位。拉坐时，宝宝能腰背比较直挺并主动地抬头，还能自由活动身子不摇晃。坐在椅子上能直起身子，不倾倒，当因为别的原因身子倾倒后能再坐直。让宝宝坐在硬板床或桌子、椅子上，宝宝的双臂能伸展，并用两只手支撑在平面上，躯干伸直与平面角度保持在45°以上。妈妈双手扶宝宝腋下，让宝宝站立起来，它能反复屈曲膝关节自动跳跃。

能力的培养与训练

6个月的宝宝变得越来越好动，对这个世界充满了好奇心，爸爸妈妈应该抓住时机，及时对宝宝进行运动能力的培养与训练。

做跳跳操

进行跳跃训练时，由妈妈或爸爸用双手扶着宝宝腋下，让宝宝练习脚部力量。这个月虽然还是妈妈或爸爸扶着宝宝的两侧腋下，但不同的是让宝宝站立在床上或桌上，等宝宝的双脚一接触到床或桌面时，就把宝宝提起来，并要给宝宝喊着口令，让宝宝随着口令跳跃。跳跃训练不仅可以使宝宝腿部的支撑力得到锻炼，同时还可培养宝宝动作和口令之间的协调能力。

训练独坐

独坐训练可分为独坐前倾和独坐自如。

1．独坐前倾。是指婴儿勉强能坐，但坐不直，上身前倾，与床面约成45°的姿势。此时爸爸妈妈要加以帮助，双手仍扶持着婴儿腰背部，并使婴儿手中拿一玩具以协助坐直；或者在其腰四周围上一条大毛巾，拉紧使婴儿坐直，但平时不可围上东西让婴儿坐成前倾的姿势，否则时间一长容易造成脊柱的弯曲。这一动作的训练约在6个月时进行。

2．独坐自如。是指婴儿自己坐得很稳，能独立坐着自由玩耍，不需爸爸妈妈帮助。但在这个月，婴儿只能独坐片刻，此时爸爸妈妈应在婴儿面前放置玩具，让婴儿坐着玩弄些玩具，以逐渐延长其独坐的时间，以后可在其左右方都放置玩具或与他一起做游戏，以引导坐着的婴儿旋转上身，左看右看。总之，坐姿的训练不是一朝就能成功，需长期积累，日日训练。训练时爸爸妈妈要陪伴在婴儿身边，并要注意安全，不宜放在童车里，应在大床上或在地板上铺上软垫进行训练，这样即使摔倒也没有什么危险。

用勺喂半流食

当宝宝6个月大时，妈妈和爸爸就要开始给宝宝有意识地添加少量半流质食物了。会吸吮是宝宝的本能，但出牙后要学会咬一小块食物，并嚼碎后吞咽下去，就需要后天的训练和培养了。由于这时的宝宝还不会咀嚼和吞咽食物，所以当妈妈或爸爸用小勺给宝宝喂半固体食物时，几乎所有的宝宝都会用舌头将食物顶出或吐出来，甚至在吞咽时有哽噎现象。只要经过一个阶段训练，宝宝就会逐步克服上面所说的现象，形成与吞咽的协同动作有关的条件反射。在进行咀嚼、吞咽训练时，由于不同的宝宝有着不同的适应性心理素质差异，有的宝宝只要经过数次试喂即可适应，而有的宝宝则需要1～2个月才能学会。所以，在让宝宝学习咀嚼和吞咽时，妈妈和爸爸一定要有足够的耐心。

做倒立操

手指的运动对宝宝来说的确是一个简单的体操，但是，手指和大脑的发育有着密切关系，仅靠妈妈的手指刺激是不够的，让宝宝自己抓东西也是一个重要的运动。这里要再讲解一下倒立运动，以前做过的运动还请继续进行。倒立运动的做法是让宝宝俯卧位，从后面抓起脚踝，抬起腰、腹以及胸部，妈妈用另一只手托住宝宝的腹部，使宝宝能够用自己的双手支撑自身的重量。

训练手脚动作

让宝宝往前爬，训练宝宝手脚的动作能力。父母用一只手顶住宝宝的脚掌，让宝宝用力蹬，这样宝宝的身体可以往前移动一点。再把手换到宝宝另一只脚下，帮助他用力前进，使宝宝慢慢体会向前抓的动作。发育较好的宝宝很快就能够学会爬。

智能的开发与训练

在这个月，对宝宝进行智能开发与训练的重点是继续加强宝宝的感官刺激，同时，爸爸妈妈还要多关注宝宝的心理健康，让宝宝更快乐。

多说话多交谈

宝宝喜欢自己熟悉的亲人，见到亲人就笑，并伸出双手要你抱一抱。宝宝还能听懂严厉或亲切的声音，当听到妈妈和爸爸亲切的声音时，就会表现出兴奋和愉快的情绪。所以妈妈和爸爸平时要多和宝宝说话，呼唤宝宝的名字，教宝宝认识事物，尽量把日常行为都用语言向宝宝表述出来。第6个月的宝宝虽然不会说话，但已能初步听懂妈妈和爸爸的话。经常和宝宝说话，不仅不会使宝宝感到寂寞，而且可以为宝宝正式开口说话打下很好的基础，促进宝宝的早期智力开发。

辨听不同声响

第6个月宝宝的感官正处于逐步发育成熟的阶段，所以妈妈或爸爸在训练宝宝的智力时，还要进一步增强宝宝的感官刺激。在增强宝宝的感官刺激中，听觉的感官刺激是最基本的，并且可以在日常生活中随时、随地进行。比如，当你打开电视机，开动吸尘器，往浴缸中放水，热水壶响或门铃、电话响，当飞机从窗外的天空飞过，消防车在窗外的街上疾驶经过时，都可以用亲切而清晰的声音告诉宝宝这是什么东西发出的声音，并同时将相应的物体指给宝宝看。这样做不仅会让宝宝对声音的反应更加敏锐，而且还因你重复告诉宝宝那些东西的名称有助于宝宝认识和记忆更多的词汇。同时，你在重复告诉宝宝哪些东西的名称时，口形的变化还会刺激宝宝的模仿力，进而激发宝宝的发音和语言能力。

看照片、看镜子

培养训练宝宝的认知能力，不仅要让宝宝认识身边的事物，还要让他（她）认识自己。教宝宝认识自己的方法有好多种，下面两种比较简便易行。用照片教宝宝认识自己。虽说宝宝刚刚6个月，但肯定照了不少相。这时，这些照片就成了教宝宝认识自己的好教材。你可以对着照片教宝宝认识自己的整体形象，也可以教宝宝分别认识自己的手、脚或其他部位。用穿衣镜教宝宝认识自己。一般家庭都有穿衣镜，你可以把宝宝抱在穿衣镜前，用手指着宝宝的脸，并反复地叫宝宝的名字，或者指着宝宝的五官以及头发、手、脚等部位让宝宝认识自己。宝宝通过镜子看到你所指的部位，听到你的声音，慢慢就会懂得头发、手、脚、眼睛、耳朵、鼻子和嘴等词汇的含义。再过几个月，就可以进一步和宝宝玩你说什么，宝宝自己指什么的游戏了，如你说“嘴”字时，宝宝就会很快把手指指向自己的嘴巴。

热情回应体态语言

虽然6个月内的宝宝还不会说话，但宝宝是有思想的。如张嘴笑是兴奋愉快，吃了苦的就咧嘴，吃了酸的就皱眉，不舒服了就浑身乱动，饿了就会像小鸟一样张开口把头转来转去找奶吃，红脸横眉是要大便等。父母对宝宝的体态语言要认真理解、及时反馈。如果宝宝得不到反馈，时间一久，宝宝就不说了，不哭也不闹，这很不利于宝宝健康性格的形成，会埋下孤僻、内向等性格缺陷的根源。宝宝一般6个月大时可认识词与物的关系。你说欢迎宝宝会拍手，你说再见宝宝会摇手。这时候，就不能用体态语言包办代替太多了，要逼宝宝说话。宝宝要吃奶，你就反复给宝宝说奶，直到宝宝情急之下说出“奶”字。妈妈应该从宝宝一生下来就与宝宝说话，护理时要把宝宝当成懂事的宝宝，用儿语与宝宝交流，语速要慢，音调要高，句子要短、清晰，而且要有音乐性、重复性。

宝宝益智游戏

爸爸妈妈要在游戏中开发宝宝的智力，在玩耍中教宝宝说话，认识大千世界，在玩耍中让宝宝快乐、健康地成长。

培养爱心

社会是由人组成的，人与人之间有爱心，社会才能和谐进步，所以妈妈和爸爸从小就要培养宝宝的爱心，这对宝宝长大以后形成社会亲和性具有重要意义。用游戏和玩具培养宝宝的爱心可参考以下方法。妈妈和爸爸可以给宝宝买一些柔软的绒毛玩具，比如小熊、小狗、娃娃等，这特别适宜女宝宝。把玩具交给宝宝以后，妈妈或爸爸应鼓励宝宝温柔地对待自己的玩具，和自己的玩具一块做游戏。你可以教宝宝怎样抱绒毛玩具，并做示范给宝宝看。这时的宝宝已经有了很强的模仿力，你的教导一定会让宝宝学会彬彬有礼和善意待人的好品德。经过这样的游戏，宝宝很快就会照顾自己的玩具。这里需要注意的是，给宝宝抱着的玩具一定要符合卫生标准，并要经常洗涤，以免玩具里的细菌或病毒感染宝宝。

培养观察力

妈妈开始教宝宝找东西，并让它成为一项游戏。先让宝宝坐在地上，利用宝宝喜爱的玩具，将它部分藏在宝宝附近的毯子下，但要留足够看得见的部分，这样宝宝才知道那是什么东西，然后要宝宝去找玩具。如果宝宝需要帮助的话，就帮宝宝将毯子掀起来找到玩具。当宝宝找到玩具时，就会露出惊讶高兴的样子。接着将玩具藏起来，然后慢慢拉开毯子露出玩具来继续玩这个游戏。一旦宝宝了解这个游戏后，就可将玩具完全藏到毯子下让宝宝找。

培养思考力

宝宝喜欢从不同的角度来看他的世界，例如上下颠倒。要让他练习从不同角度看东西，可在他面前将一个玩具转成上下颠倒，看他是否会再把它转正。如果他没有转正的话，做给他看。重复玩几遍。

宝宝来撕纸

玩纸是一种重要的学习，手部特别是手指需要做出各种动作，反复地练习，这对培养宝宝的动手能力是一种基本训练。手的动作发育对宝宝脑部智力和神经系统的发育具有重要的意义。让宝宝坐稳在床上，把各种各样的纸，如广告纸、包装纸、玻璃纸、卫生纸，放在宝宝的面前。在宝宝注视下，妈妈抓着宝宝的手，一边辅助宝宝撕纸，一边说："宝宝也来撕一撕。"让宝宝任意玩纸，撕纸，揉成团。宝宝在拿、揉、撕的过程中体验各种纸摸起来的感觉和撕起来的声音是不一样的。

肚子吹喇叭

父母和孩子间的一个有趣互动就是在宝宝的肚子上吹喇叭。帮宝宝洗完澡或帮宝宝穿衣时，将你的嘴唇顶在宝宝裸露的肚子上吹气，那声音听起来就像个技术不佳的喇叭手试着在吹喇叭一样。宝宝就会咯咯笑，宝宝会觉得痒，而且声音听起来很好玩，你也会觉得有趣的。

传递积木

情感训练游戏：宝宝坐在床上，妈妈给他一块积木，等他拿稳后，再向另只手递另一块积木，看他是否将原来的一块积木传递到另一只手后，再拿这一块积木。如果他将手中的积木扔掉再拿新积木，就要教他先换手再拿新的。积木要保持清洁，坚持经常擦洗。

训练视觉

让宝宝找玩具，提高宝宝的视觉空间感。试着将玩具先放在宝宝的面前，然后用小毛巾或小纸盒盖起来。让宝宝自己将玩具找出来，认识物体存在的概念，了解玩具在毛巾的下面或是小纸盒的里面。也可以将玩具放在宝宝拿得到的桌上或桌下，让宝宝建立里外上下等抽象概念。

·本月智能发育测试·

大动作

1．独坐片刻。让宝宝坐在床上，不扶，给其玩玩耍，如果宝宝能独自坐半分钟以上，表明宝宝通过6个月智能发育标准。

2．扶着站立。扶宝宝双臂使他站立，如果宝宝能站5秒以上，表明宝宝通过6个月智能发育标准。

精细动作

积木从一手传至另一手。将宝宝抱坐，递一方积木给宝宝拿住后，再向拿积木的手前递另一块积木，如果宝宝能将第一块积木直接传至另一手后，再去拿递来的第二块积木，表明宝宝通过6个月智能发育标准。

认知能力

抓去蒙在脸上的手帕。让宝宝仰卧，将一块干净手帕蒙在其脸上，如果宝宝能用手抓去脸上的手帕，表明宝宝通过6个月智能发育标准。

言　语

听到“妈妈”朝妈妈看。父亲或其他人抱起宝宝，母亲则站在一旁，父亲问宝宝：“妈妈呢？”当宝宝听到问话能朝妈妈看，则表明宝宝通过6个月智能发育标准。

情感与社交

1．开始认生。观察宝宝对陌生人的反应，如果宝宝有明显的害怕、焦虑、哭闹等反应，表明宝宝达到6个月智能发育标准。

2．捕捉并拍打镜中人。将宝宝置于大镜子前，如果宝宝对镜中的人影有捕捉、拍打、亲吻等反应，表明宝宝达到6个月智能发育标准。

3．夺走玩具发脾气。直接夺走宝宝手中正在玩的玩具，如果宝宝有喊叫、不高兴或哭闹等行为，表明宝宝达到6个月智能发育标准。

第八篇

哈，我会坐了（7个月）

父母会欣喜地发现，宝宝已经不再是当初那个整天睡觉的懒宝宝，而成了非常活跃的小淘气。宝宝的体能动作和活动能力大大增强，范围也在不断扩大。大部分宝宝在这个月会坐或爬，并能弯腰捡起自己丢下的玩具，这对手眼协调能力有很大帮助。在这一时期里，不可以让宝宝寂寞地度过每一天。你对他有多少付出，就会得到多少回报，更细心的呵护将使你的宝宝获得良好素质。

第一章 宝宝成长脚印

7个月的宝宝，宝宝的身体与感觉的发育都在继续，如果妈妈们细心观察，随时都会发现令人欣喜的变化，在这个月里，甚至很多宝宝都已经开始学习站立了。不论是体型、牙齿、动作还是语言等方面都在进一步完善。另外，宝宝的心理发育也在进步，很多的宝宝已经开始能够理解别人的感情了。

发育特征

宝宝在第7个月的发育特点是表情越来越丰富，喜欢爸爸妈妈带自己到户外观察外面的世界，同时也开始认生了。

表情更加丰富

现在，宝宝的表情越来越丰富，感染着周围的亲人。宝宝欢乐的笑，让爸爸妈妈感到极大的欣慰。不高兴时，会在表情上有所反映，五官皱在一起，吭吭唧唧的，妈妈能很快判断这是孩子不耐烦了。有经验的妈妈还能通过宝宝的表情，判断是要吃还是要拉。妈妈还会通过眼神，判断宝宝是否要睡觉了。

能区分生人、熟人

这时候的宝宝已经开始认人了。宝宝看见爸爸妈妈和熟悉的人都会笑，喜欢和自己亲近的人在一起。但是，如果家里来了一个陌生人或不熟悉的人，宝宝就会害怕得躲进妈妈的怀抱里，会紧紧搂着妈妈，既不敢看又不让抱。这就是宝宝能区别妈妈和别人的表现，说明宝宝已经长智慧了。

喜欢到户外去

这个月的宝宝在屋里待不住了，会用小手指着门，会在妈妈怀里向门的方向使劲，会用眼睛盯着到室外的门，表现出要出去的神情。

体格标准

宝宝这个时期虽然身高、体重、头围等发育呈现减缓趋势，但总体还是稳步增长。

身　高

这个月男宝宝的平均身高为70.1厘米，女宝宝的平均身高为68.4厘米。宝宝身高平均增长2厘米。这只是平均值，实际可能会有较大的差异。宝宝身高增长有时也像芝麻开花一样，这个月没怎么长，下个月却长得很快。爸爸妈妈要动态观察宝宝的生长。

体　重

这个月男宝宝的平均体重约8.6千克，女宝宝的平均体重约8.21千克。宝宝体重平均增长450～750克。体重与身高相比，有更大的波动性，受喂养因素影响比较大。如果这个月宝宝不太爱吃东西或有病了，体重增长就会受到较大的影响。如果这个月宝宝很爱吃东西，对添加的辅食很喜欢吃，奶量也不减少，宝宝可能会有较大的体重增长。

头　围

这个月男宝宝平均头围约45厘米，女宝宝平均头围约44.2厘米。宝宝头围平均增长1厘米。1厘米的增长，对于头围来说，测量起来可能比较不出太大的差别，必须是比较精确的测量。父母不要简单测量一下，就对其结果进行判断，这会带来无谓的烦恼。

囟　门

7个月的宝宝前囟不会闭合的，而且前囟也不会很大了。一般是在0.5～1.5厘米之间。个别的已经出现膜性闭合，就是外观检查似乎闭合了，但经X线检查并没有真正闭合。遇到前囟闭合父母会很着急，怕囟门过早闭合影响孩子大脑发育。如果婴儿头围发育是正常的，也没有其他异常体征和症状，没有贫血，没有过多摄入维生素D和钙剂，可动态观察，监测头围增长情况。如果头围正常增长，就不必着急，可能仅仅是膜性闭合，不是真正的囟门闭合。

感官发育状况

进入这个月，宝宝自己能够独坐着的时间延长了，并开始学习爬行，更喜欢站立。因为站立，宝宝的视野更加宽广，对身边的事物也就更加感兴趣了，对什么都感到新奇。

听力更敏锐

进入7个月的宝宝，对放出的音乐、爸爸妈妈欢快的说笑声都有积极的反应。宝宝随着音乐，嘴里也“呜呜”“阿阿”地“唱着”，听到爸爸妈妈说笑得那样高兴，宝宝也欢快地张扬着小手，嘴里也“吧”“哒”“喀”地说着，好像告诉爸爸妈妈，“宝宝也要参加进来了”。宝宝听觉的灵敏度得到发展，他认识妈妈的声音，也能听出妈妈的脚步声。宝宝会辨别自己的哭声，能区分出别的宝宝哭声与自己哭声的不同。人工喂养的宝宝听到奶瓶的摆动声也会停止哭闹。宝宝对经常听的钟声、水声、敲门声也能一一辨认。

远视力有发展

这个时期，宝宝的远距离视觉开始发展，能注意远处活动的东西，如天上的飞机、飞鸟等。看到这些，宝宝会长时间注视着，嘴里也不发出响声了，好像在仔细地倾听。宝宝这时的视觉和听觉都有了一定的细察能力和倾听的性质，这是宝宝观察力的最初形态。这时期的宝宝，对于周围环境中新鲜和鲜艳明亮的活动物体都能引起注意，有时也会积极地响应。宝宝对拿到的东西会翻来覆去地看看、摸摸、摇摇，这是观察力的萌芽。这种观察对宝宝发展语言有很大作用。

身子转反自如

如果你把宝宝摆成坐直的姿势，宝宝将不需要用手支撑而仍然可以保持坐姿。宝宝从卧位发展到坐位是动作发育的一大进步。当他从这个新的起点观察世界时，他会发现用手可以做很多令人惊奇的事情。他可能已经学会如何将物品从一只手转移到另一只手，将身体从一侧到另一侧的转动并反转。翻身动作已相当灵活了。这时候孩子尽管还不能够站立，但两腿能支撑大部分的体重。扶着宝宝腋下时能够上下跳跃，坐在桌子边的时候用手抓挠桌面，可以够到桌上的玩具，会撕纸，会摇动和敲打玩具，两只手可以同时抓住两个玩具。

育儿新经

开始理解他人感情

如果对7个月的孩子十分友善地谈话，他会很高兴；如果你训斥他，他会哭。从这点来说，7个月的孩子已经开始能理解别人的感情了。现在宝宝看到亲人会非常高兴，爸爸妈妈如果与宝宝分别后，再见到宝宝时，要对宝宝高兴的表现作出积极回应，形成互动。这有助于宝宝情感的健康发展，对以后建立良好的社会人际关系很重要。

“爸”、“妈”叫得欢

7个月的宝宝会自动发出妈妈、爸爸等声音，这说明宝宝已步入学习语言的敏感期。大人要敏锐地捕捉住这一教育的契机，在宝宝愉快时或临睡前，经常给他念儿歌、说绕口令、讲故事。此时家长参与孩子的语言发育过程更加重要，这时他开始主动模仿说话声，在开始学习下一个音节之前，他会整天或几天一直重复这个音节。能熟练地寻找声源，听懂不同语气、语调表达的不同意义。现在他对你发出的声音的反应更加敏锐，并尝试跟着你说话，因此要像教他叫“爸爸”和“妈妈”一样，耐心地教他一些简单的音节以及诸如“猫”、“狗”、“热”、“冷”、“走”、“去”等词汇。尽管至少还需要1年以上的时间，你才能听懂他咿呀的语言，但周岁以前孩子却能很好地理解你说的一些词汇。

第二章 宝宝餐桌安排

进入这个月的宝宝应该是断乳时期了，但还不能完全取消乳制品，给宝宝喝的奶量保留在每天500毫升左右就可以了。

完善断奶前的过渡准备

进入7个月的宝宝应该增加半固体性的断乳食品，用谷类中的米或面来代替2次乳类品。给宝宝断乳食品的选择，应包括蔬菜类、水果类、肉类、蛋类、鱼类等。

增加非乳类食物

这个月宝宝营养的主要来源还是母乳或牛乳，辅食只是补充部分营养素的不足，培养宝宝吃乳类以外的食品，为过渡到以饭菜为主要食品做好准备。

高营养辅食为先

这个时期是断乳期的开始。需要添加的辅食不是以碳水化合物为主的米粉面糊，而是以蛋白质、维生素、矿物质为主要营养素的食品，包括蛋、肉、蔬菜、水果，其次才是碳水化合物。这个时期宝宝辅食主要通过吃蛋黄、绿叶蔬菜补充铁剂和蛋白质，通过吃新鲜水果、蔬菜补充维生素。

培养良好饮食习惯

随着宝宝越来越大，养成良好的饮食习惯对宝宝的健康成长是很重要的。首先，爸爸妈妈在给宝宝喂食时，应做到定时、定量、定场所，这有利于宝宝生理节律的稳定、规律。其次，应注意培养宝宝健康的卫生习惯，进餐前应先给宝宝洗净小手，带上围嘴或挡上小手帕。另外，不要让宝宝边吃边玩，或吃几口又去玩儿，这样喂食，既不利于食物的消化吸收，又有可能使饭变凉，引起宝宝腹泻。只有让宝宝集中注意力吃饭，宝宝才能尝到食物的美味，增进食欲，身体才能更好地生长。

本月喂养原则

这时的宝宝，早晨喂奶，中午喂一顿菜加肉食物，下午喂一次无奶的粮食水果粥，晚上喂一次全乳粥。奶在食物中的量减至400～500毫升。这样便可完全满足宝宝一天的需要。

既喝汤又吃肉

有些爸爸妈妈总认为7个月的宝宝，牙没长出几颗，又没有什么消化能力，所以，给宝宝只喝汤不给吃肉。其实，宝宝到了七八个月时，已经能进食鱼肉、肉末、肝末等食物了，是大人们低估了宝宝的消化能力。还有，无论鱼汤、肉汤、鸡汤多么鲜美，其营养成分远不如鱼肉、猪肉、鸡肉。因此，爸爸妈妈在给宝宝喂汤的时候，要同时喂肉，这样既能确保营养物质的摄入，又可充分锻炼宝宝的咀嚼和消化能力，并促进宝宝乳牙的萌出。

灵活添加辅食

这个月辅食添加的方法要根据辅食添加的时间、数量、宝宝对辅食的喜欢程度、母乳的多少等情况灵活掌握。对于从很早就添加辅食的宝宝，对辅食已经很熟悉了，妈妈和看护人也基本掌握了宝宝吃辅食的习惯。此时，妈妈可继续按照自己的习惯喂养孩子，只要生长发育很正常，并不追求形式上的统一。有的宝宝已经会吞咽半固体食物了，可有的却一点也不会。对于吞咽半固体食物有困难的宝宝，如果喂到嘴里的半固体食物，到了嗓子眼就干呕，还有可能被噎着，就只能喂流质辅食了。有的宝宝1天吃2次辅食，也用不上一小时。可有的喂1次辅食就要花一个多小时的时间，对于这样的宝宝，就不能为了多加1次辅食而花费过多时间。对于因吃辅食而减少吃奶的宝宝，例如1天吃2次辅食，只吃3次以下奶的宝宝，那就要减1次辅食，增加奶的摄入量，因为奶仍是这个月婴儿的主要营养来源。什么时间添加辅食，要结合孩子的睡眠习惯，不要因为要添加辅食而把熟睡的孩子叫醒。对于半夜要吃奶的宝宝，如果是母乳喂养，可以在傍晚或前半夜，孩子醒了或换尿布时喂1～2次；如果是后半夜，即使醒了也不哭闹，换完尿布2～3分钟就睡了，就没有必要吃母乳了。

变换食物形状

随着宝宝逐渐长大，宝宝吃得食物花样也逐渐增多起来，于是许多过去不挑食的宝宝现在也开始挑食了。宝宝对不喜欢吃的东西，即使已经喂到嘴里也会用舌头顶出来，甚至会把妈妈端到面前的食物推开。之所以这样，主要是因为宝宝的味觉发育越来越成熟，对各类食物的好恶就表现得越来越明显，而且有时会用抗拒的形式表现出来。但是，宝宝的这种挑食并不同于大孩子的挑食。宝宝在这个月龄不爱吃的东西，到了下个月龄时就可能爱吃了，这也是常有的事。所以，爸爸妈妈不必担心宝宝的这种“挑食”，而是要花点儿心思捉摸一下，怎样能够使宝宝喜欢吃这些食物。为了改变宝宝挑食的状况，妈妈可以改变一下食物的形式，或选取营养价值差不多的同类食物替代。比如，宝宝不爱吃碎菜或肉末，就可以把它们混在粥内或包成馄饨来喂；宝宝不爱吃鸡蛋羹，就可以煮鸡蛋或者荷包鸡蛋给宝宝吃等。

给早产儿更多爱

一般来讲，出生时体重不到2.5千克的早产儿，从母体获得的资源绝对量比较少，特别是造血材料铁的储备量很少。在出生后4个月内，由于早产儿吸收铁的能力差，即使补充铁剂，身体中铁的供给仍不足以满足身体生长所需的造血用的铁量。母乳及牛奶，1000毫升中仅有0.3～0.5毫克铁，含铁量较低。这就需要爸爸妈妈及时给宝宝添加辅食了。一般100克中含30毫克以上铁的食物有虾米、小干白鱼、干紫菜等，而宝宝常吃的蛋黄中仅含6毫克，牛肝中也只含10毫克而已。妈妈可以将虾米或小干白鱼放在米粥里煮熟后喂给宝宝，也可以给宝宝喂用调料煮的紫菜或鱼松等。这些食物可让宝宝一直吃到1周岁左右。

第三章 爱心呵护指南

随着宝宝越来越大，活动能力和活动范围也比以前扩大了，在日常护理中，爸爸妈妈更应该注重宝宝各方面的安全。

给宝宝以更多活动

对于宝宝的安全问题，爸爸妈妈一刻也不能放松。在这个月，爸爸妈妈要注意宝宝在床上和婴儿车内的安全事项。

足够舒适的空间

这个月宝宝开始会在床上翻滚了，也开始学习爬，坐得也比较稳了。当宝宝醒着时，最好放在成人的大床上或放在铺着地毯或木地板的地上，使宝宝有足够的空间锻炼翻滚，爬、坐着也舒服。如果是坐在带栏杆的床里，会挡住宝宝的视线，宝宝感到很不舒服。

不要总坐在婴儿车里

在带宝宝进行户外活动时，不要总让宝宝坐在婴儿车里，应选择一个比较安全的地方，再铺块毯子，把宝宝放到毯子上，让宝宝坐着或爬着玩；也可以让宝宝坐在允许去的草坪上，看看周围的风景。喜欢小伙伴是宝宝们的天性，如果住地附近有儿童活动场所，也可以把宝宝带到一个比较安全的地方观看。

确保婴儿车的安全性

经常检查婴儿车的安全性，确定没有松脱或破损的部分；确定安全设计功能正常，例如刹车；确定没有任何宝宝可能拔下来塞入嘴里的松动物品；检查轮子、固定带及其他配件，确定每样东西都处于良好状况；检查有无任何可能刺到或刮到宝宝的锐角。

快乐安全地洗澡

7个月的宝宝已能很好地独坐了，两手抓握物品也较为灵活。这时有的父母因一时疏忽，让宝宝单独坐在浴盆中，而发生意外伤害，轻者碰伤皮肤，重者发生呛水甚至溺死于浴盆中。爸爸妈妈不仅要注意宝宝洗澡时的安全问题，还要想办法把洗澡变成让宝宝高兴的事情。

洗澡注意事项

宝宝到了第7个月时，就可以像大孩子那样洗澡了。妈妈或爸爸在为宝宝洗澡时，应该注意以下几点：

1. 不要在宝宝困倦、饥饿或是刚刚吃饱的时候洗澡。
2. 给宝宝洗澡时要在一个温暖的房间里。
3. 洗澡时妈妈或爸爸要面带笑容，用平缓的语调和宝宝说话。
4. 要用轻松有趣的方式提高宝宝和水接触的兴趣。
5. 不要让洗发水流进宝宝的眼睛里。
6. 准备一块大毛巾，等洗完后马上把宝宝包起来。
7. 要尽快把宝宝擦干并穿上事先准备好的衣服，以免着凉。

让宝宝爱上洗澡

洗澡的主要目的是为了清洁卫生，但如果方法得当，也可以把洗澡变成一件让宝宝高兴的事。在洗澡时可以给宝宝一些玩具，比如可以浮在水面上的皮球或塑料小鸭子，也可以选择一些可以贴在浴缸的侧面或瓷砖墙上的防水图片或带吸盘的卡通玩具，还可以让宝宝拿塑料小杯或勺舀水玩。妈妈或爸爸和宝宝一起洗澡，在洗澡的同时给宝宝讲故事或做游戏。这些不仅可以引起宝宝对洗澡的兴趣，把洗澡变成一件高兴的事，而且也可以让妈妈或爸爸享受天伦之乐。

第四章 预防保健须知

宝宝出生后7个月开始，由于体内来自于母体的抗体水平逐渐下降，而宝宝自身合成抗体的能力又很差，因此，宝宝抵抗感染性疾病的能力逐渐下降，所以容易患各种感染性疾病。

日常保健与免疫

在这个月，爸爸妈妈除了要想办法提高宝宝自身的抵抗力之外，还要记得对宝宝的乳牙进行早期检查。

增强抗病能力

为了使7个月的宝宝能提高抵抗疾病的能力，爸爸妈妈要积极采取措施增强宝宝的体质，主要做好以下几点。

1．按期进行预防接种，这是预防小儿传染病的有效措施。

2．保证宝宝的营养。各种营养素如蛋白质、铁、维生素D等都是宝宝生长发育所必需的。

3．保证充足的睡眠也是增强宝宝体质的重要方面。

4．进行体格锻炼是增强宝宝体质的重要方法，可进行主被动操以及其他全身运动。

5．多到户外活动，多晒太阳和多呼吸新鲜空气。

定期检查牙齿

婴幼儿最常见的口腔疾病是龋齿，常见的咬合异常主要是反咬合，这些主要与不良的口腔喂养和清洁习惯有关。如果定期检查牙齿状况，就能够尽早发现疾病。第一，检查宝宝是否开始养成口腔清洁习惯，方法是否科学和正确。第二，检查宝宝是否存在不良的口腔喂养习惯。第三，检查宝宝是否有口腔发育的异常。第四，检查宝宝是否有一些口腔疾病。如果能尽早发现宝宝的口腔疾病，尽早治疗，既可以避免治疗的复杂性和长期性，也可以避免宝宝遭受更多的病痛。

疾病的防治

父母应该定期为婴儿做健康检查和体格测量，进行生长发育监测，以便及早发现问题。在这个月，爸爸妈妈要掌握宝宝感冒的预防与处理方法以及宝宝高热惊厥的处理措施。

感冒的预防处理

1岁以内的宝宝由于免疫系统尚未发育成熟，所以很容易患感冒。宝宝一旦出现以下情况之一，爸爸妈妈要立即带他去医院：第一，感冒持续5天以上。第二，体温超过39℃。第三，宝宝出现耳朵疼痛。第四，宝宝呼吸困难。第五，宝宝持续的咳嗽。第六，宝宝老流黄绿色、黏稠的鼻涕。带宝宝去医院后，医生常会要求宝宝进行一些检查，这样才能知道感冒的原因。如果是病毒性感冒，并没有特效药，主要就是要照顾好宝宝，减轻症状，一般过上7～10天就好了。如果是细菌引起的，医生往往会给宝宝开一些抗生素，一定要按时按剂量吃药。有的妈妈为了让孩子病早点好，常会自行增加药物剂量，这可万万不行，否则会事与愿违。如果宝宝发烧，应当按照医生的嘱托服用退烧药，体温低于38.5℃，不用服用退烧药，不要乱吃感冒药。1岁以内的婴儿，乱吃感冒药往往弊大于利。

高热惊厥应急措施

高热惊厥是小儿较常见的危急重症，是中枢神经系统以外的感染导致体温38℃以上时出现的惊厥。全身或局部肌群抽搐，双眼球凝视、发直或上翻，伴随着意识丧失，重者出现口唇青紫，可能伴有大小便失禁。对此，大人首先要冷静，然后按以下方法处理：

①应使患儿平卧，头偏向一侧，以免呕吐物将口鼻堵住或误吸入肺；②保持安静，减少不必要的刺激；③对已经出牙的宝宝应在上下牙齿间放入牙垫，以防抽搐时将舌咬破；④解开宝宝的领口、裤带，用温水、酒精擦浴头颈部、两侧腋下和大腿根部或用凉水毛巾较大面积的敷在额头部降温，但切忌胸腹部冷湿敷。待患儿停止抽搐，呼吸通畅后再送往医院。

警惕宝宝痤疮

痤疮，又称“青春痘”、“粉刺”。小宝宝面部皮肤极娇嫩，如果护理不周，皮疹感染化脓，破溃，愈后会形成一个个疤痕疙瘩或成为凹陷的小坑，影响宝宝的容貌，甚至造成终身遗憾。因此，宝宝脸上长有青春痘时，妈妈不可掉以轻心。

长痤疮的原因

宝宝出生后六七个月，就容易长痤疮了，医学上称为婴儿痤疮。如果小宝宝在未出生前从母体内获得雄性激素过多，出生后就会促使皮脂腺分泌旺盛，而宝宝的面部又是皮脂腺发达的部位，分泌过多的皮脂会淤积在毛囊内，致使皮肤隆起一个个小丘疹，一般在面颊及额部长有十几或几十颗。因皮脂排出受阻，它与毛囊壁脱落的细胞及微生物混合在一起，堆积在毛囊口而成为黄白小点，遇空气氧化后可变黑，成为黑头粉刺。毛囊内的痤疮丙酸杆菌乘机大量繁殖，会引起炎症。如忽视治疗或用手去挤压宝宝面部皮疹，极易继发细菌感染，引起化脓，使病情加重，形成结节、囊肿，甚至疤痕。

不能挤捏

爸妈发现宝宝面部长有青春痘时千万不可用手去挤捏。可外用硫黄制剂，以促使皮脂分泌畅通。出现炎性脓疮时，搽点氯洁霉素痤疮水液，可减少脂酸形成，消除炎症。如果感染严重，应在皮肤科医生指导下，合理应用抗生素类药物治疗。

保持皮肤清洁

每天给宝宝用温水洗脸，擦点婴儿香皂，轻轻搓洗后冲净，用洁净柔软的干毛巾吸干脸上的水。然后挤点乳汁涂在脸上以滋润皮肤。多让宝宝喝白开水，不喂糖水或其他饮料，注意宝宝大便通畅，防止便秘。

第五章 情商智商开发

宝宝7个月的时候，大脑功能分化及神经系统逐渐发展起来。在这一时期里，你对宝宝有多少付出，就会得到多少回报，用心的投入将使你的宝宝获得惊人的良好素质。

本月宝宝智能发育状况

这个月的宝宝能听懂妈妈的简单语言，能够把语言与物品联系起来，妈妈可以教宝宝认识更多的事物。

动作能力

现在的宝宝，对任何事物都感到新奇，只要拿到手的东西，总想放到嘴里去尝一尝；只要看到的东西总想伸手去摸一摸。宝宝还特别喜欢用手指到处乱捅，宝宝时常用手指捅自己的耳朵、鼻子、嘴和肚脐眼，好像要考察身体每一个部位。宝宝用手指捅妈妈的嘴，然后再捅自己的嘴，当妈妈吸吮宝宝的手指时，宝宝显得既高兴又惊讶，咯咯地笑着，然后又会把手指放进自己的嘴里吸吮。

语言能力

尽管宝宝现在还不会说话，但却能理解爸爸妈妈平常说的简单的一些话的意思。也就是说，宝宝现在已经基本能够把感知的物体、动作、语言、表情都联系起来，储存在大脑中形成印象，在下次遇到这种情况时，宝宝就能理解并作出相应的反应。

社交能力

此时的宝宝已经能够区别亲人和陌生人，看见看护自己的亲人会高兴，从镜子里看见自己会微笑，如果和他玩藏猫儿的游戏，他会很感兴趣。这个时期的宝宝能有意识地较长时间注意感兴趣的事物，宝宝仍有分离焦虑的情绪。

运动能力培养与训练

这个月运动能力的训练重点是让宝宝学会爬行，并锻炼宝宝的颈背肌和腹肌。

拉坐坐

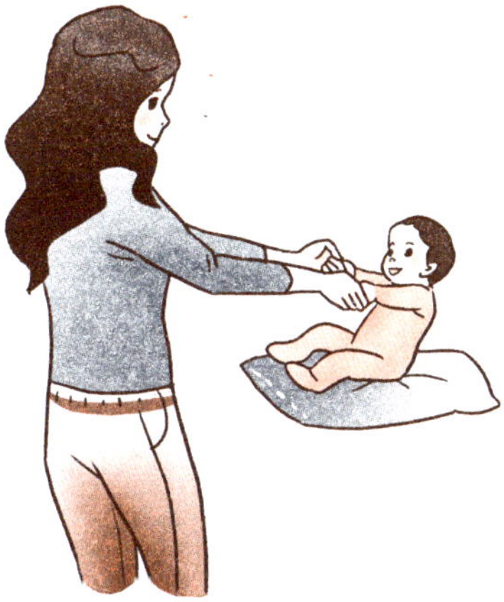

在锻炼宝宝的颈背肌和腹肌力量时，可以参考以下方法：先让宝宝仰卧，妈妈或爸爸握住宝宝的两只手腕，慢慢把宝宝从仰卧位拉起成坐位，然后再轻轻把宝宝放下恢复成仰卧位。如此来回反复坐起和躺下，就可使宝宝的颈背肌和腹肌得到锻炼。如果宝宝的手已经有很好的握力，妈妈或爸爸也可把大拇指放在宝宝的手心里，让宝宝紧握进行上述坐起和躺下的运动。

宽场地爬行

首先，要有一个适合爬行的场地，比如在一个较大的床或木质地板上，铺上毯子或泡沫地板垫。场地要平整而软硬适当，如果场地太软，宝宝爬起来就比较费力；如果场地太硬，不仅爬起来不舒服，而且还可能使宝宝娇嫩的手和膝盖受到损伤。同时，爬行场地要保证干净卫生，以免宝宝受到细菌感染。其次，训练时妈妈或爸爸要给予适当的协助。如果宝宝的腹部还离不开床面，妈妈或爸爸可用一条毛巾兜在宝宝的腹部，然后提起腹部让宝宝练习利用双手和膝盖爬行。经过这样的协助之后，宝宝的上下肢就会渐渐地协调起来，等到妈妈或爸爸把毛巾撤去之后，宝宝就可以自己用双手及双膝协调灵活地向前爬行了。

合理按摩

合理的按摩能够促进宝宝成长激素的分泌。7个月的宝宝已经有了主动运动的能力，父母要根据其发育情况，有意识地引导宝宝自己运动。按摩腿就是加强腿部运动的一种方式，能促进腿骨增长，令宝宝长得更高。另外，按摩七节骨也能促进宝宝长高。七节骨位于背脊骨上，从第四腰椎至尾脊骨端。妈妈们可经常为宝宝做此按摩。

智能开发与训练

在这个月，对宝宝进行智能开发与训练的重点是锻炼宝宝的视觉、促进语言发展以及逐步建立宝宝与人的交往。

讲故事发展语言

给宝宝讲故事，是促进宝宝语言发展与智力开发的好办法，虽然这个月龄的宝宝可能还不能够听懂故事的含义，但只要妈妈或爸爸一有时间就声情并茂地讲给宝宝听，就能培养宝宝爱听故事的好习惯。如果妈妈或爸爸再多给宝宝买一些构图简单，色彩鲜艳的婴儿画报，一边用清晰、缓慢、准确、悠扬的语调给他讲故事，一边指点画册上的图像，还能培养起宝宝对图书的兴趣。当然，也有一些宝宝，无论妈妈或爸爸怎么讲，宝宝都提不起兴趣，甚至也不爱看那些画册。这时，妈妈或爸爸也不要生气着急，过一段时间后再试试，有可能宝宝就会喜欢听故事了。父母应注意故事的选择，要情节简单、有趣。

到户外扩大视野

宝宝到了第7个月之后，到室外的机会相应的多了起来，在进行室外锻炼的时候，完全可以与发展宝宝的视觉相结合。尽管家里有色彩鲜艳的图片、五颜六色的塑料玩具、明亮的镜子、幽默滑稽的脸谱、各种造型的小动物等，但是这些静止的东西看得久了就会使宝宝厌烦。而到了室外情况就完全不一样了。比如小区院内的花卉、树木、假山、流水，以及休闲的人们等等，这些目不暇接的新奇事物，一定会激发出宝宝极大的兴趣，并可在发展视觉的同时感知广阔的外部世界。

猜想促交往欲望

教孩子认识人，可以使孩子认识更多的人，可以让孩子理解人与称谓的关系。每当有人进来，都要让宝宝猜一猜这是谁，宝宝肯定不会猜，也不会用语言表达，这不要紧。比如，当外公外婆来到时，妈妈对着宝宝说："宝宝，你看谁来了？" "是宝宝的外公外婆。"以后随着年龄的增长，宝宝就会知道他的外公外婆就是他妈妈的父母。这样逐渐建立宝宝与人的交往信心。

宝宝益智游戏

宝宝又长大了一个月，现在，爸爸妈妈可以和宝宝一起玩点复杂些的游戏了。

坐墙头

训练语言记忆能力。这个游戏是很好的情感联系形式，通过反复演练有助于宝宝体力的发育并增强其语言记忆力，有利于宝宝语言能力的提高。

爸爸妈妈可以坐在地板上，将宝宝放在曲起的膝盖上。告诉宝宝："我们开始唱歌啦！"

小宝宝坐在墙头，笑呀笑呀笑笑。

小宝宝掉下墙头，哭呀哭呀哭哭。

随着儿歌的节奏抬起脚尖，以让宝宝有一种被弹起的感觉。当唱到"小宝宝掉下墙头"时，伸直腿让他"掉下来"，让宝宝感觉到"掉"的感觉和"掉"这个词的含义，加深其记忆。

在进行这个游戏时，爸爸妈妈的动作幅度要适当，如踮脚或让宝宝"掉下来"都要轻柔缓慢，不要伤着宝宝。

拉锯扯锯

锻炼颈背肌和腹肌。游戏时，妈妈和宝宝相对而坐，妈妈双手握住宝宝手腕，让其前俯后仰玩拉大锯的游戏，边拉妈妈边念："拉大锯，扯大锯，姥姥家里唱大戏，接你来，你就去，你陪姥姥看大戏。"这个儿歌游戏每天可玩1～2次，每次3～5分钟即可。

拣豆豆

训练手部力量和灵活性。游戏前，妈妈或爸爸找一个广口瓶，再找一些爆米花之类比较好拿并可以吃的物品。游戏开始时，妈妈或爸爸可以先做个示范，一个一个地把物品拣起来，放进瓶里，然后再倒出来。如此反复，来回玩耍。在妈妈或爸爸示范动作的启发下，宝宝就会效仿着做，开始学习捏取这些爆米花之类的小物品。这个游戏有个循序渐进的过程，开始时找些爆米花之类比较粗糙的东西，等宝宝比较熟练之后，再换一些如小糖豆等比较光滑难拿的东西，经过这样逐步升级的训练，宝宝的小手指就会越来越有力，越来越灵活。

·本月智能发育测试·

大动作

扶双手站立。扶宝宝双手腕使其站立，宝宝如果能扶站10秒以上，表明宝宝通过7个月智能发育标准。

精细动作

拇指和其他手指配合抓起玩具。让宝宝坐在床上，将一小块积木放在其手能抓到的地方，如果宝宝能用拇指和其他四肢配合抓起小积木，则表明宝宝通过7个月智能发育标准。让宝宝坐位，将小丸如鱼肝油胶丸、大米花等放在桌面上，鼓励其取小丸。如果宝宝会将所有手指弯曲拨弄小丸，则表明宝宝通过7个月智能发育标准。

认知能力

找当面藏起来的玩具。当面将一玩具藏在枕头下面，如果宝宝能找到玩具，表明宝宝通过7个月智能发育标准。会认新物品。大人说出宝宝物品名称，观察其是用眼注视还是用手指，如果宝宝会注视或手指听到的物品，则表明宝宝通过7个月智能发育标准。

言　语

发出“爸爸”、“妈妈”的声音。宝宝愉快时观察他是否发出过这些音并无所指，如果宝宝能发这些音，但无所指，则表明宝宝通过7个月智能发育标准。懂“爸爸”的语意。父亲站在宝宝面前，母亲问宝宝：“爸爸呢？”观察反应听到“爸爸”能把头转向爸爸，则表明宝宝通过7个月智能发育标准。

情感与社交

见父母熟人要求抱。观察宝宝见到父母或其他经常照顾他的人时的反应，如果宝宝能主动要求抱，则表明宝宝通过7个月智能发育标准。

第九篇

看我爬来爬去（8个月）

8个月的时候，只要宝宝醒着，他的手脚总是安静不下来，他喜欢四处“探险”，而爬也成为宝宝活动的一种主要方式。刚开始时，有的孩子向后倒着爬，有的孩子原地打转，还有的是匍匐向前，这都是爬的一个过程。等宝宝的四肢协调得非常好以后，他就可以立起来用手、膝爬了，头颈抬起，胸腹部离开床面。在这个时候，做父母的最不容忽视的一件事就是，消除宝宝“探险”中的一切安全隐患，给宝宝一个宁静、安全、温馨的活动环境。

第一章 宝宝成长脚印

8个月的宝宝能自如翻滚而且开始学习爬行了，行动的自由使他的活动天地一下子变大了，从被动地坐着，发展到主动地扩展活动领地，这无疑是宝宝身心发展的一个很大的飞跃。这个时期的宝宝好奇心和模仿欲都很强。

发育特征

8个月的宝宝已经初步有了规律性的概念，记忆力进一步增强，宝宝的大脑功能分化及神经系统也在感觉学习中逐渐发展开来。健康快乐的宝宝看上去是那么的美好。

身 高

这个月男宝宝平均身高约71.5厘米，女宝宝平均身高约70厘米。身高有望增长1～1.5厘米。妈妈同样可根据婴儿身高增长百分位曲线图，连续、动态地监测婴儿身高增长情况。

体 重

这个月男宝宝平均体重约9.1千克，女宝宝平均体重约8.5千克。宝宝体重有望增加0.22～0.37千克。月体重增长速度逐渐缓慢，但宝宝体重绝对值还在上升。根据婴儿体重百分位曲线图，连续检测要比偶尔一次测量更有意义。

头 围

这个月男宝宝平均头围约45.1厘米，女宝宝平均头围约44.3厘米。宝宝头围增长进一步放缓，平均数值在0.6～0.7厘米之间。头围增长和身高、体重增长一样，月龄越小，增长越快；月龄越大，增长越慢。按出生头围平均数34厘米来算，到了满7月，宝宝头围可达43.1厘米，满8个月可达43.8厘米。

囟 门

这个月宝宝的囟门发育没有大的变化，和上个月差不多。

感官发育状况

在这个月，宝宝的手眼协调能力、听说能力都有所发展，同时还具有直观思维能力。

开始辨生熟人

这个月龄的宝宝对看到的东西有了直观思维能力，如看到奶瓶就会与吃奶联系起来，看到妈妈端着饭碗过来，就知道妈妈要喂他吃饭了。这是教宝宝认识物品名称并与物品的功能联系起来的好机会，帮助宝宝不仅知道这个叫什么，还知道这个是干什么的，这对婴儿智力开发有很大促进作用。宝宝开始有兴趣有选择地看东西，会记住某种他感兴趣的东西，如果看不到了，可能会用眼睛到处寻找。开始认识谁是生人，谁是熟人，生人不容易把宝宝抱走。

发连续音节了

这一阶段的宝宝，明显地变得活跃了，发音明显地增多。当他吃饱睡足情绪好时，常常会主动发音，发出的声音不再是简单的韵母“a”、“e”了，而出现了声母“pa”、“ba”等。还有一个特点是能够将声母和韵母音连续发出，出现了连续音节，如“a-ba-ba”、“da-da-da”等，所以也称这年龄阶段宝宝的语言发育处在重复连续音节阶段。除了发音之外，宝宝在理解成人的语言上也有了明显的进步。

他已能把母亲说话的声音和其他人的声音区别开来，可以区别成人不同的语气，如大人在夸奖他时，他能表示出愉快的情绪，听到大人在责怪他时，他们表示出懊丧的情绪。

能辨说话语气

8个月的宝宝对某些特定的音节会产生反应。如对自己的名字有反应，对“爸爸妈妈”有比较强烈的反应。宝宝已经拥有这样的能力，听到爸爸妈妈说话声，即使看不到他们，也知道这是妈妈或爸爸在说话。宝宝能够辨别人说话的语气，喜欢亲切和蔼的语气，听到训斥的语气会表现出害怕、哭啼。父母可以利用孩子的这种辨别能力，教孩子认识什么是应该做的，什么是不应该做的。

第二章 宝宝餐桌安排

在这个月，渐渐长大的宝宝可能已经习惯吃辅食了，爸爸妈妈在喂养宝宝的时候，要记得适当添加固体类辅食。

本月营养要求

这个月宝宝营养需求的重点是增加含铁食物的摄入量，适当减少脂肪的摄入量，减少的部分由碳水化合物来代替。

各类营养指标

这个月宝宝每日所需热量与以前差不多，也是每千克体重399~420千焦。蛋白质摄入量仍是每日每千克体重1.5~3克。脂肪摄入量比以前有所减少，半岁前脂肪占总热量的50%左右，本月开始降到了40%左右。铁的需要量明显增加，半岁前每日需铁0.3毫克，但从本月起，每日需要1毫克的铁，增加了3倍以上。鱼肝油的需要量没有什么变化，维生素D仍是每日400国际单位，维生素A仍是每日1300国际单位，其他维生素和矿物质的需要量也没有多大变化。

添加新的辅食

本月宝宝除了继续添加上个月添加的辅食，还可以添加肉末、豆腐、一个鸡蛋、一个苹果、猪肝泥、鱼肉丸子、各种菜泥或碎菜。未曾添加过的新辅食，不能一次添加两种或两种以上；一天之内，也不能添加两种或两种以上的肉类食品、蛋类食品、豆制品或水果。从这个月开始，可以把粮食和肉蛋、蔬菜分开吃了，这样能使宝宝品尝出不同食品的味道，增添吃饭的乐趣，增加食欲，也为以后转入饭菜为主的饮食打下基础。

本月喂养方案

在这个月的宝宝喂养中，要注意改变宝宝的饮食规律，适当添加固体食物，并且在吃饭时给宝宝安排固定的餐位和餐具。

饮食渐成规律

在宝宝8个月的时候，可试着采用每天吃3顿奶、2餐饭的饮食规律了。一向吃母乳的宝宝，应逐渐让他习惯吃各种辅食，以达到增加营养、强健身体的目的。一旦让宝宝减少吃母乳的次数，就应该加些辅食了。主食应以粥和烂面条为宜，也可以吃些撕碎的软馒头块。辅食除鸡蛋外，可选择鱼肉、肝泥、各种蔬菜和豆腐。喝牛奶的宝宝，每餐的量不应少于250毫升。应注意，宝宝的饭菜最好现做现吃，不要吃隔夜的饭菜，以免变质影响宝宝的健康。

添加固体食物

在这个月，应该适当给宝宝吃些固体食物了。面包片、馒头片、饼干、磨牙棒等都可以给宝宝吃。许多宝宝到了这个月就不爱吃烂熟的粥或面条了，妈妈做的时候适当控制好火候。如果宝宝爱吃米饭，就把米饭蒸得熟烂些喂他好了。爸爸妈妈总是担心宝宝牙还没有长好，不能咀嚼这些固体食物，其实宝宝会用牙床咀嚼的，并能很好地咽下去。

固定餐具、餐位

8个月的宝宝自己可以坐着了，因此，在给宝宝吃饭的时候，妈妈可以给宝宝准备一个婴儿专用餐椅，让宝宝坐在上面吃饭。如果没有条件，就在宝宝的后背和左右两边，用被子之类的物品围住，目的是不让宝宝随便挪动地方，而且最好把这个位置固定下来，不要总是更换，给宝宝使用的餐具也要固定下来。这样，会使宝宝一坐到这个地方就知道要开始吃饭了，有利于形成良好的进食习惯。

第三章 爱心呵护指南

虽然这个月宝宝比以前长大了许多，爸爸妈妈在护理时可以省心一些了，但是，一些生活上的小细节还需要特别注意。

创造安全良好环境

这个月的日常护理要点是要给宝宝创造一个清洁卫生的居住环境和良好的活动空间，同时还要注意减少宝宝触电等隐患。

居室清洁卫生

对这个月的宝宝来说，生活环境的要求主要是清洁与卫生。爸爸妈妈要注意宝宝居室内空气的新鲜。防止煤气炉、液化石油气灶等对室内空气的污染，做饭时产生的油烟，也会构成对宝宝的眼睛和呼吸道的损害，为了减少室内污染，宝宝的居室最好离厨房远一点。此外，还要随时保持室内的下水道的通畅，要及时清理堆积的污水、污物。夏天还要防止蚊子、苍蝇等造成室内环境的污染。

建立活动专用场地

宝宝已经会坐、会爬，除了在卧室里活动之外，最好还要有一个活动室，创造一个较大的空间让宝宝自如地活动，使宝宝爬行不受阻碍。如果居住条件有限，也可考虑充分利用客厅作为宝宝的活动室，但要对客厅进行适当改造。活动室内可以悬挂或张贴几幅颜色鲜艳的图片，让宝宝对活动更有兴趣，并可刺激宝宝视神经的发育。同时活动室还要保持阳光充足和空气新鲜。

继续爬行训练

爬行是一种极好的全身运动，它能促进宝宝身体的生长发育。宝宝在爬行的过程中，头颈抬起，胸腹离地，用四肢支撑身体的重量，这就锻炼了胸腹背与四肢的肌肉，并可促进骨骼的生长，为日后的站立与行走创造了良好的基础。

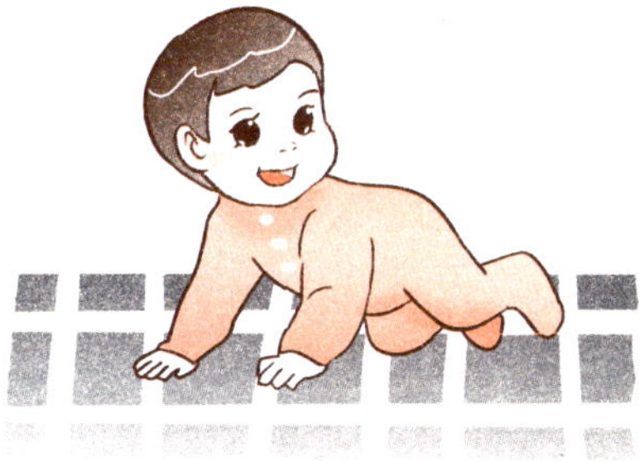

父母积极配合

教宝宝学习爬行的时候，父母配合效果比较好。母亲拉着宝宝的双手，父亲推宝宝的双脚，拉左手的时候推右脚，拉右手的时候推左脚，让宝宝的四肢被动协调起来。经过这样几次练习后，宝宝就能够向前爬了。另外，父母要培养宝宝爬行的兴趣。教宝宝爬行时要选择宝宝情绪好的时候，可以用宝宝非常喜欢的玩具逗引他向前爬，这样不易使宝宝感到厌倦。

做好安全防范

宝宝会爬了，他的“探索欲”会变得很强。由于宝宝不可能随时都在大人的注意范围里，所以爸妈们必须做好安全防范工作。房间里易碎、易绊倒宝宝的物品要收起来，如杯子、花盆、玻璃器皿等；剪刀、水果刀、针线等物品要收拾妥当；塑料薄膜、塑料袋、气球等物品要收好，以免造成宝宝窒息；药品，尤其是糖衣锭及其他不适合宝宝吃的食品也都要收起来；将所有尖锐的桌角、柜角套上保护垫，以免宝宝不慎撞到；注意电源线，并在未使用的插座上加套防护盖或使用安全插座。

持续训练不间断

宝宝的爬行训练要每天坚持，但不一定要花很长的时间，即使每天花10分钟，也能让宝宝得到持续的学习和锻炼。如果宝宝在爬的过程中停下来，实在不愿意再动，也不要勉强，可以让他做点自己喜欢的事，然后再接着进行训练。

第四章 预防保健须知

由于宝宝从母体里带来的免疫力到了第8个月基本上都消耗掉了，很难抵御外界细菌或病毒的侵扰，所以，爸爸妈妈要对宝宝疾病的预防与治疗加强关注。

日常保健与免疫

在这个月，爸爸妈妈要对宝宝进行麻疹的免疫接种，同时在走亲访友时，要尽量避免其他人随意亲吻宝宝，尤其是患疾病的人，以免对宝宝健康造成危害。

不要随意亲吻宝宝

节日里走亲访友，好客、热情的客人可能会随意亲吻宝宝、抱宝宝，增加感染病菌、损伤脊椎的机会。由于宝宝年幼，免疫力和抗病力低下，很可能会传染上亲吻者正在患的感冒等疾病。在亲吻宝宝时，成人很可能把自己口腔里带有的病菌、病毒，尤其是经呼吸道传播的病毒、病菌传给宝宝，使宝宝染上结核、脑膜炎、感冒等传染病。此外，经常亲吻宝宝的嘴，还会使宝宝口水增多，影响消化功能。像感冒、流行性腮腺炎、扁桃体炎、肝炎、结膜炎、口腔疾病等，都可能通过亲吻传染给宝宝。因此，在走亲访友时，尽量避免他人随意亲吻宝宝。

接种麻疹疫苗

目前国家规定，8个月的宝宝都应接种麻疹疫苗。这是因为在宝宝8个月时，由母亲传递给宝宝的麻疹抗体逐渐消失，而使宝宝对麻疹的抵抗力下降。这时必须采取人工的方法，即注射麻疹疫苗，在宝宝体内经过一次轻微的麻疹病毒感染，从而在体内产生相应抗体，对麻疹有了抵抗力，这种抵抗力一般可持续3～4年。接种麻疹疫苗后，反应很轻，仅少数的宝宝在接种后6～10天可能有发热，但体温不会超过38.5℃，持续2天即消退。宝宝的精神、食欲均不受影响。

防治玫瑰疹

在这个月，爸爸妈妈要掌握判定玫瑰疹的症状、病因、治疗及预防的方法和处理措施，以便做到早发现、早治疗。

玫瑰疹症状

2岁以内幼儿突然高热无皮疹，然而热退时皮疹出现，可以诊断为本病。本病多发生于2岁以下的幼儿，冬季多见。潜伏期为10～15天。无前期症状而突然高热，体温高达39～40℃。经3～5天后体温骤降，同时皮肤出现淡红色粟粒大小斑丘疹、散落分布，少数皮疹融合成斑片。经过24小时皮疹出齐，再经过1～2天皮疹消退，不留痕迹。通常多见于颈项、躯干上部、面部及四肢。一般不发生在鼻颊、膝下及掌心，全身症状轻，患儿一般状态尚好。除高热、食欲欠佳外，少数患儿发热期可能有倦怠、恶心、颈淋巴结肿大及惊厥等症状。

玫瑰疹病因

研究发现，幼儿玫瑰疹绝大多数为人类疱疹病毒感染所致，少部分为HHV27感染所致，也有人认为由柯萨奇病毒B_5引起，但缺少确切证据。发病初1～2天白细胞增多，但后期白细胞减少，尤其中性多核粒细胞很低，而淋巴细胞增加，可高达70%～90%，热退后，在几天内白细胞数恢复正常。

防治方法

玫瑰疹为婴儿时期常见的一种急性发热病。其发病特点是突然高热3～5天，全身症状轻微，体温下降，同时，全身出现皮疹，并在短时期内迅速消退。这些皮疹可能是由病毒引起，可通过唾液飞沫而传播，以冬、春季节发病较多。玫瑰疹不需要特殊治疗，只要帮宝宝补充水分及退烧即可，一般红疹出现后发烧现象即会慢慢消退，除非是抽筋或前囟门膨出，才需要做追踪检查。而宝宝大量流汗时，请父母给宝宝勤换内衣及尿片，并补充水分。许多感染性疾病都会引发宝宝发烧和出疹子，因此必须由医师小心诊断治疗，才能尽早找出病症的真正原因。

第五章 情商智商开发

随着宝宝的逐渐长大，对宝宝进行能力培养与训练的难度也逐步增加了，但是现在正是开发宝宝能力的好时机，爸爸妈妈要努力了。

运动能力的培养与训练

这个月运动能力的训练重点是锻炼宝宝的腿部肌肉，并帮助宝宝迈出艰难的第一步。

锻炼腿部力量

由于这个月的宝宝能够扶着栏杆站起来了，可以训练宝宝先扶着栏杆或者家具站立，每天可以训练数次，但每次训练的时间不要过长，控制在5～10分钟为宜。同时，为了锻炼宝宝腿和膝盖的力量，妈妈可以把双手放在宝宝腋下，帮助宝宝站直且有节奏地蹦跳，常做这种运动可以尽快使宝宝站起来。只有当宝宝腿部的肌肉和骨骼系统逐渐强壮，才能让宝宝经常站立，直到逐渐站稳。

训练提脚移步

提脚移步训练，就是训练宝宝从双脚无意识地乱蹦，发展成将脚有目的地提起，并向前、向后或向左、向右移步，为学习走做准备。

第一步，让宝宝学会被动移步。训练时，妈妈或爸爸站在床前，两手扶在宝宝的腋下，先让宝宝站稳，然后再教宝宝把一只脚提起并向前移步，另一脚随后跟上。学会向前移步后再学向左边或右边移步。

第二步，让宝宝学会主动迈步。当宝宝的被动移步训练顺利过关，已经学会一步一步地向前移动脚步后，还要进行一段时间的巩固训练。等到宝宝的双腿基本可以支撑身体的重量之后，妈妈或爸爸就可面对宝宝站立，两手握住宝宝的前臂或手腕，帮助宝宝左右脚轮流向前迈步了。

智能的开发与训练

在这个月，对宝宝进行智能开发与训练的重点是帮助宝宝开阔眼界，建立起语言与动作的联系以及锻炼宝宝的心理承受能力。

大自然中开眼界

由于这个时期的宝宝睡眠时间相对较少，活动能力显著增强，对外界环境和事物也表现得越来越感兴趣。所以，爸爸妈妈要利用一切条件扩大宝宝的视野，开阔宝宝的眼界，使宝宝的视觉和听觉更加发达，进一步增进宝宝认知事物的能力。户外活动时间可控制在每日2～3小时，在上午10点左右，下午4点左右出去比较好。也可以在阳台上让宝宝观察周围事物，只要天气晴朗就应带宝宝出去玩，街上的行人、车辆，公园里的花草、树木，都会使宝宝感到好奇。还应尽量多让宝宝到大自然中去，让自然界的各种动植物、自然景观给宝宝以良好的感官刺激。

语言动作相联系

孩子虽然还不会说话，但已经开始理解语言，要帮助婴儿逐渐建立起语言与动作的联系。教孩子每种能力时，都要使用正确的语言。如客人走了，要教宝宝说再见，并教宝宝做出再见的动作；如果外公外婆给宝宝送东西来了，要教宝宝说谢谢，并教宝宝做出谢谢的动作。这不但教宝宝语言能力，还使孩子学习与人的交往能力。

训练心理承受力

宝宝现在已经能够感受爸爸妈妈的语气，也会看父母的表情，开始有独立活动的意愿。在这个时候，父母要巧妙地让宝宝知道什么是不应该做的，什么是不能吃的，也有不能满足他要求的时候。这是开始训练孩子心理承受能力，分辨是非的开端。当父母告诉宝宝这样不行，这个不能放到嘴里时，要同时用动作表现出来，如摇头、摆手、作出很严肃的表情。让宝宝逐渐理解，父母在告诉他这个事情是不能做的，是错误的，尽管这时的宝宝还是很难理解不能做的含义。爸爸妈妈不要使用带有惩罚性质的办法，应逐步让宝宝有承受能力，但是不要伤害宝宝。

宝宝益智游戏

这个月宝宝的神经系统发育逐渐完善，手脚动作逐渐协调，妈妈和爸爸每天都应抽出一定时间和宝宝一起做游戏。

学习收拾东西

这个月的宝宝已经基本能够反映自己的意愿，例如，想吃饭就指奶瓶或饭碗，想戴帽子就指帽子。这时妈妈或爸爸就应以身作则，把宝宝的日用品或玩具放在固定的地方，并可以因势利导，逐渐使宝宝养成不乱放东西的习惯。在做游戏时，妈妈可以为宝宝准备一个装玩具的箱子，玩游戏时让宝宝一件件把玩具从箱子里拿出来，玩完之后再把玩具递给宝宝，让宝宝试着一件件放回箱子里，培养其自理能力。

训练模仿技能

模仿是一种天性，也是一种学习的方法。妈妈和爸爸要善于运用游戏来训练宝宝的模仿技能。做游戏时的模仿无时不在，比如，妈妈或爸爸先拿着有声响的玩具摇晃给宝宝看，宝宝听到声音之后，如果妈妈或爸爸把玩具交到宝宝手里，宝宝就会模仿着摇出响声。再比如，妈妈或爸爸教宝宝玩积木时，妈妈或爸爸先拿一块放在桌子上，再拿一块摞上去，然后递给宝宝一块，让宝宝模仿，用不了几次，宝宝就会模仿着往上摞了。就这样，妈妈或爸爸摞一块，宝宝摞一块，慢慢地宝宝就会自己玩积木了，而且还可以用积木叠成多种不同的形状。还可以让宝宝模仿敲鼓，妈妈或爸爸先拿小木棒敲打小鼓给宝宝看，宝宝在小鼓响声的吸引下，就会模仿着学，等宝宝亲自把小鼓敲响之后，妈妈或爸爸可以在鼓声中摇晃着身体唱儿歌助兴。

拉绳取物

培养宝宝的判断能力。用五条彩色的绳子分别系在每一个彩环上，大人把环放在远端，把绳子放在靠近宝宝的近端，先看宝宝用什么办法取到彩环。如果宝宝曾经见过大人拉绳子能取到彩环，他就会模仿着拉绳子取到另外的彩环；如果宝宝从未见过绳子有什么用，他就会用身体爬过去直接取环。另一些宝宝在看到用小绳牵着的球和小动物时，会先牵一下小绳，看到被拉的东西动一下，就知道可以拉绳取到玩具不必自己爬过去拿。

分享玩具

学会与人分享。在桌上放三个宝宝认识的玩具，爸爸妈妈各坐在桌子的一边。爸爸妈妈轮流发出命令让宝宝把桌子上的玩具交给大人。大人手边也放上两三个玩具，因为有时宝宝舍不得把手里的东西给别人，大人拿出一个同他交换，他就会愿意把玩具给别人。教宝宝拿到正确的玩具正确地交给要交的人，让宝宝觉得自己学会做事了，“很能干”，同时愿意把玩具交给别人，不必自己“独霸”。

认照片记亲人

培养认知能力。先让宝宝认识爸爸妈妈和自己的三人照，会指认后再认有爷爷和奶奶的照片。在相册中，学认爸爸妈妈单人的生活照片，也要学会认识自己。等到单人或双人的照片看熟了，再让宝宝在全家福的照片中找出认识的人。大人让宝宝在照片上先依次找自己、爸爸、妈妈，爷爷、奶奶，姥姥和姥爷，再找曾经来过家里并同宝宝玩过的亲属。

钻“隧道”分里外

培养宝宝的空间感。要帮助宝宝满足爬行的渴望，可帮他造一条有趣的隧道。除了能鼓励他爬以外，还可以给他机会了解“里面”与“外面”的不同。找个比宝宝还大的坚固箱子，除去折片或将两端的折片都往里折。将宝宝放在靠近“隧道”一端的地板上，然后你坐在另一端，鼓励宝宝穿过隧道到你那边去。如果他不懂得怎么做的话，就亲自爬进箱子引导他爬到另一端。等他熟练穿隧道的技巧后，趁他也在里面时从另一端进入，告诉他你在里面。等你爬出来后，告诉他你在“隧道”外面了。

·本月智能发育测试·

大动作

会自己坐起、躺下。让宝宝仰卧，鼓励其坐起再躺下，如果宝宝能自己从仰卧位变俯卧位，再变成坐位，并会自己躺下，则表明宝宝通过8个月智能发育标准。

用一条腿支撑体重想走。让宝宝靠栏边站立，前面用玩具逗引，如果宝宝抬起一只脚，用一条腿支持体重想走，则表明宝宝通过8个月智能发育标准。

精细动作

用两块积木在手中对击。让宝宝一手拿一块积木，大人示范将积木对击，能把两手合到中间，用一只手中的方积木，明确击打另一只手中的方积木两次以上，则表明宝宝通过8个月智能发育标准。

用拇指食指对捏米花。让宝宝坐在桌旁，将大米花或维生素药片放在桌上，鼓励其捏取，如果宝宝能用拇指和食指对捏起米花，表明宝宝通过8个月智能发育标准。

认知能力

会认新物品。说出宝宝周围熟悉的物品或五官，鼓励其用手指出物品或身体部位，当宝宝能听名称指出相应的物品或身体部位，表明宝宝通过8个月智能发育标准。

言　语

懂得语意、模仿动作或声音。和宝宝做游戏时，鼓励他模仿大人的动作或声音，如碰碰头、点头谢谢或咳嗽，弄舌等声音。如果宝宝会模仿动作或声音，则表明宝宝通过8个月智能发育标准。

情感与社交

会推掉自己不要的东西。在宝宝面前出示两种物品，并故意将宝宝不要的东西给他，观察反应。如果宝宝会用手推掉自己不要的东西，则表明宝宝通过8个月智能发育标准。

第十篇

叫我"小捣蛋"（9个月）

对于9个月的宝宝来说，现在的本领已经大大超过前几个月。运动能力更强了，显得更加活跃，醒着时一刻也不停息地活动着，已经不需要妈妈的被动体操训练了。妈妈或看护人眼睛不能离开宝宝，因为宝宝随时可能把事情搞得一团糟。由于宝宝越来越喜欢模仿大人的行为和动作，爸爸妈妈平时要多注意自己的行为，在各个方面都要为宝宝做一个好榜样。

第一章 宝宝成长脚印

9个月的宝宝不管是在身体发育还是在能力发展方面，都有了不小的变化，学到了不少的本领，常常给爸爸妈妈带来惊喜。

发育特征

从这个月开始，宝宝将从圆滚的体型慢慢转换到幼儿的体型。由于运动神经的发育在逐步提高，宝宝比以前显得更加活跃了。

身　高

这个月男宝宝的平均身高为72.7厘米，女宝宝的平均身高为71.3厘米。

体　重

这个月男宝宝的平均体重为9.3千克，女宝宝的平均体重为8.8千克。

头　围

这个月男宝宝的平均头围为45.5厘米，女宝宝的平均头围为44.5厘米。

牙　齿

宝宝乳牙开始萌出，大部分在6～8个月时，最早的可在4个月，晚的可在10个月。宝宝乳牙萌出的数目可用公式计算：月龄减去4～6。例如9个月小儿，9-（4～6）=5～3，应该出牙3～5颗。

运动神经

进入9个月的宝宝，活动的能力和空间大了，能按照自己的意愿做一些动作了。有的宝宝睡醒后，如果妈妈不在身边，自己就能翻身坐起来，而且还可以稳坐10分钟以上。有时还手脚并用地往前爬行几步。如果宝宝高兴，还能较灵巧地自己拉着东西站起来，甚至还能扶着栏杆，在小床上或围栏里走3步以上。

感官发育状况

9个月的宝宝，无论是语言能力，视、听觉能力，还是运动能力和智力都有长足的进步。

过目能记忆

宝宝能记忆看到的东西了，并能充分反映出来。不但能认识父母的长相，还能认识父母的身体和父母穿的衣服。有选择地看他喜欢看的东西，如在路上奔跑的汽车，玩耍中的儿童，小动物，比较小的物体。婴儿非常喜欢看会动的物体或运动着的物体，比如时钟的秒针、钟摆，滚动的扶梯，旋转的小摆设，飞翔的蝴蝶，移动的昆虫等，也喜欢看迅速变幻的电视广告画面。开始能认识颜色了，妈妈要不断教宝宝："这是红气球，这是黄气球，这是绿气球。"尽管婴儿对颜色的变化还不理解，也不能分辨，但能够记住颜色了。

能连续模仿发声

现在宝宝能够理解更多的语言，你的交流具有新的意义。在他不能说出很多词汇或者任何单词以前，他可以理解的单词可能比你想象的多。尽可能与孩子说话，可增加孩子的理解能力，告诉他周围所发生的事情，要让你的语言简单而特别。无论你给他翻阅还是与他交谈，都要给孩子充足的参与时间。此时他也许会做3～4种表示语言的动作，对不同的声音有不同的反应，当听到"不"或"不动"的声音时能暂时停止手中的活动；知道自己的名字，听到妈妈说自己名字时就停止活动，并能连续模仿发声。

手眼更灵活协调

宝宝进入9个月后，手眼更加灵活协调了。有时会专门把刚刚拣到的小积木故意扔了，然后再拣起来，甚至能把小积木扔得远一些，然后俯卧下身体，往前爬几步后又拣回来，三番五次，好像乐此不疲，那种自得其乐的样子，实在讨人喜欢。宝宝正是在不断地摆弄物体的过程中进一步认识事物间的各种关系和联系的，并且在不断地加深这种印记，从而使手、眼、大脑更加有机、协调地配合起来。

第二章 宝宝餐桌安排

第9个月是宝宝生命历程中一个比较重要的阶段，因为一件重要的事情将在这个月发生，那就是，乳汁将从宝宝的主食变为辅食，而原来的各种辅食，成了宝宝的主食。

本月营养需求

这个月营养需求的重点，是防止钙补充过量导致中毒的现象。

饮食要点

宝宝长到9个月以后，乳牙已经萌出四颗，消化能力也比以前增强，此时的喂养应该注意以下几点。

1．母乳充足时，除了早、晚睡觉前喂点母乳外，白天应该逐渐停止喂母乳。

2．用牛奶喂养宝宝的，此时牛奶仍应保证每天500毫克左右。

3．适当增加辅食，可以是软饭、肉，也可在稀饭或面条中加肉末、鱼、蛋、碎菜、土豆、胡萝卜等，量应比上个月增加。

4．增加点心，比如在早、午饭中间增加饼干、烤馒头片等固体食物。

5．补充水果。此月龄的宝宝，自己已经能将整个水果拿在手里吃了，但妈妈要注意在宝宝吃水果前，一定要将宝宝的手洗干净，将水果洗干净，削完皮后让宝宝拿在手里吃。

补养勿过量

有的父母认为鱼肝油和钙是营养品，认为越多越好，这是错误的。补充过量的鱼肝油和钙可导致中毒现象。维生素A过量，可出现类似缺钙的表现，如烦躁不安、多汗、周身疼痛，尤其是肢体疼痛、食欲减低。维生素D过量，可导致软组织钙化，如肝、肾、脑组织钙化。

本月喂养须知

在这个月的宝宝喂养中，父母主要应注意添加辅食以及与大人一起吃饭的事项。

添辅食注意

在辅食的添加过程中，爸爸妈妈应注意以下几点。

1．有的妈妈为了省事，就把辅食和粥放在一起喂，这样不好，应该分开喂，让宝宝能够品尝到不同饮食味道，享受进食的乐趣。

2．在辅食添加中，父母不能机械照搬书本上的东西，要根据宝宝的饮食爱好、进食习惯、睡眠习惯等灵活掌握。

3．没有千篇一律的喂养方式，添加辅食也是这样。有的宝宝一天只能吃一次辅食，第二次辅食说什么也喂不进去，但能喝较多的牛奶，还吃母乳。妈妈不能强迫宝宝一定要吃两次辅食。

4．有的宝宝吃一次辅食需要1个多小时，妈妈为了腾出时间带孩子到户外活动，一天喂一次辅食，不足部分用鲜奶补足，这也未尝不可。

5．充足的户外活动，要比多给宝宝吃一次辅食更加重要。

和父母同吃注意

有的宝宝喜欢和大人一起吃饭，也喜欢吃大人的饭菜。妈妈完全可以利用宝宝的这一特点，在大人午餐和晚餐时添加两次辅食。只要孩子能吃，不呛，咽得很好，能和大人一起进餐是很好的，同时，妈妈要注意以下几点。

1．在烹饪时，要合宝宝的胃口，饭菜要烂，少放食盐，不放味精、胡椒面等刺激性调料。

2．吃鱼时注意鱼刺。

3．抱宝宝到饭桌上，一定要注意安全，热的饭菜不能放在宝宝身边，宝宝已经会把饭菜弄翻，比如热汤会烫伤孩子。婴儿皮肤娇嫩，即使大人感觉不很烫的，也可能会把宝宝烫伤。

4．不要让宝宝拿着筷子或饭勺玩耍，否则可能会戳着孩子的眼睛或喉咙。

5．有的宝宝就喜欢吃辅食，无论如何也不爱吃奶，就要多给孩子吃些鱼、蛋、肉，补充蛋白质。

第三章 爱心呵护指南

随着宝宝的长大，这个月的宝宝护理中的麻烦事少了很多，但也出现了一些新情况需要爸爸妈妈注意。

打鼾不可忽视

许多家长以为，宝宝睡觉打呼噜，是睡得香的表现。其实，宝宝打呼噜很可能是某种疾病发出的信号，最常见的原因有增殖腺肥大、慢性扁桃体肥大、支气管炎等。对于宝宝的打鼾千万不可忽视，若不及时治疗，对宝宝的生长与智力发育均会造成极大的影响。

打鼾原因

宝宝仰睡时易打鼾，因面部朝上而使舌头根部因重力关系而向后倒，半阻塞了咽喉处的呼吸通道。宝宝本身的呼吸通道，如鼻孔、鼻腔、口咽部比较狭窄，故稍有分泌物或黏膜肿胀就易阻塞。当感冒造成喉咙部位肿胀、扁桃腺发炎、分泌物增多时，更易造成气流不顺而鼾声加重。

因病施治

如果宝宝出现睡觉打鼾，首先应该确定打鼾的病因，然后针对病因采取相应的治疗措施。对于腺样体肥大，不是很严重的情况下，腺样体随着宝宝年龄的增长会自己萎缩，2岁以内的宝宝一般会自己康复。若是很严重的情况，必须经耳鼻喉科医生检查后，做出是否需要手术切除的结论。

偶尔打鼾无妨

有的宝宝，偶尔出现睡时打呼噜，可能是由于睡眠时与呼吸有关的肌肉松弛，尤其是舌的肌肉放松后造成舌根向后面轻度下垂，使呼吸时排气受到影响。父母不要紧张，帮宝宝改变睡眠的体位后，呼噜声就会消失。

培养对大自然的兴趣

大自然是婴幼儿的精神营养之源，是融智育、美育、体育于一体的大课堂，宝宝在这里可以学到太多的东西了，这对于宝宝的早期教育来说，是很有好处的。

太阳公公微笑

在有阳光的天气下，利用光线射进窗户的时间，将幼儿抱至窗户边，感受间接光线的明暗及温度的变化。但需注意保暖，避免让幼儿眼睛直视光线，或过度曝晒在阳光下。

做树叶画

妈妈带宝宝外出散步的时候，如果有飘落的树叶，妈妈可以捡起来带回家，给宝宝做一幅树叶画，然后告诉宝宝，树叶是绿色的，这幅画很美丽。

小鸟多快乐

爸爸妈妈带着宝宝去公园的时候，如果听到有鸟叫的声音，可以将鸟叫声录下来，然后在家里经常放给宝宝听，告诉宝宝，这是我们上次在公园看到的小鸟在唱歌，或者给宝宝编一首童谣，经常唱给宝宝听，刺激宝宝的听觉。

花儿真美丽

妈妈可以带着宝宝去公园里欣赏盛开的鲜花。这时最好是将宝宝放在婴儿车里，然后妈妈推着宝宝一起看花。要注意告诉宝宝各种花的颜色，妈妈可以时不时呼唤宝宝：“宝宝，来，看，这是月季，你看，红红的，多漂亮。”或者“宝宝，这是黄色的迎春花，像宝宝一样漂亮，对不对？”等，从而引起宝宝的兴趣。

第四章 预防保健须知

在这个月，爸爸妈妈除了要及时为宝宝接种疫苗，提高免疫力之外，还应掌握一些判断宝宝疾病的方法。

日常保健与免疫

在这个月，爸爸妈妈要对宝宝进行流行性腮腺炎疫苗的接种，同时还可以通过按摩来提高宝宝的免疫力。

接种流行性腮腺炎疫苗

流行性腮腺炎俗称“痄腮”，是腮腺炎病毒侵犯了口腔中的腮腺而引起的一种急性呼吸道传染病，主要发病于冬、春季节。这种病传染性很强，病毒可通过唾液飞沫和直接接触传染。宝宝患病一次后，通常可获得终身免疫，很少再患第二次。接种流行性腮腺炎活疫苗后可对宝宝起到良好的保护作用。流行性腮腺炎活疫苗在宝宝满8个月时就可接种。在宝宝的上臂外侧三角肌附着处进行皮下注射，接种后反应轻微，少数宝宝可能在接种后6~10天有发热现象，不超过2天而自愈，不需要任何处理，接种的局部一般无不良反应。

按摩提高免疫力

宝宝的免疫系统功能发育尚不健全，免疫力较成人低，易患感染性和传染性疾病。要想提高宝宝的免疫力，除了调整饮食结构以外，常为宝宝按摩，也可使宝宝平安度过多事之秋。为宝宝按摩的步骤如下：

1．按摩前妈妈先向手上涂一些按摩油，且将手搓热。

2．用食指或中指指腹在宝宝鼻梁两侧来回按摩，轻揉片刻后，稍微加些力，直至小鼻梁泛红、发热为止。

3．改按鼻翼两侧，同样用中指或食指指腹反复按压。

疾病的防治

在这个月，爸爸妈妈要掌握并及时发现宝宝隐睾和肾结石的症状和护理方法。

及早发现隐睾

隐睾是男宝宝较常见的生殖器发育异常，如果不及时发现，延误治疗会影响生育，对宝宝的一生将造成不良的影响，因此，父母不可忽视男宝宝隐睾。睾丸在胚胎发育时位于腹腔内，随着胎儿的发育逐渐往下移动。胎儿到4～6个月时，睾丸就已经下降到腹股沟内环口处，7～9个月时下降到阴囊里。因此，男婴出生后，可在阴囊内摸到两个睾丸。然而，在下降过程中，有的宝宝可能一侧或双侧的睾丸并没有完全降落到阴囊里，而是停留在半路上，最常见于在大腿根部的腹股沟管内、腹股沟外环或腹腔内。出现隐睾的宝宝，大多数在1岁之内，还有可能使睾丸自然下降到阴囊的可能，而在1岁以后如果还没有归回，则就不大可能了，必须尽早做手术治疗。隐睾的诊断并不难，只要父母留意便能及早发现。

警惕肾结石

当宝宝出现血尿、暂时性无尿、尿尿时哭闹或费劲三大症状中的某一个信号时，父母不必太惊慌，应理智地想到可能是泌尿系统结石，要及时带宝宝到医院检查。出现肾结石的宝宝大都会出现小便少、小便困难等异常症状。因为有的宝宝出现了肾结石后，容易导致尿路感染，就会造成尿少而且排尿困难的症状；如果宝宝的肾结石发展严重，他就会出现浮肿、解不出小便等症状，有的宝宝还会出现血尿的症状。这些都是急性肾功能衰竭的症状，这样的症状还包括乏力、精神淡漠、嗜睡、烦躁、厌食、恶心、呕吐、腹泻，严重者出现贫血、呃逆、口腔溃疡、消化道溃疡或出血、抽搐、昏迷、呼吸困难等。对于婴幼儿的肾结石，单独从X光片很难分辨出来，如果怀疑宝宝得了肾结石，应尽快做双肾B超、尿常规检查等，查看宝宝尿液里的结晶多不多。

第五章 情商智商开发

爸爸妈妈除了每天要照顾宝宝的饮食起居，还要对宝宝进行潜能的开发，一定会感觉很辛苦，可为了宝宝的将来，爸爸妈妈一定要坚持下去。

智能的开发与训练

9个月的宝宝智力发展与前8个月相比，已经有了很大的进步，宝宝的记忆力也在增强，父母千万不要忘了，做宝宝的第一任老师，要通过各种方式来开发宝宝的智能。

尽量用语言交流

父母要尽量用清晰标准的发音和宝宝进行语言交流。说话时，让宝宝看到你的口型，把语速放慢些。有父母认为电视或收音机的语音标准，时常给孩子播放，可达到宝宝学习标准语言的目的，这是错误的想法。宝宝学习语言要有语言环境，要与动作、实物等联系起来。如果妈妈总是喜欢开着电视或广播，宝宝就很难听清妈妈的话，电视广播缺乏交流和互动，更没有对宝宝最初始“语言”和身体语言的理解，即使宝宝会模仿个别词语，但对宝宝语言能力和心理成长没有太多益处。

指导模仿声音

对于这个阶段的宝宝，爸爸妈妈需指导他发音和模仿各种声音。通常宝宝对模仿动物的声音，汽车、火车的声音很感兴趣，因而要先教宝宝模仿这些声音，如小猫的“喵喵”声。有时还可以配上相应的动作和手势，如打鼓、吹喇叭等，用以激起宝宝模仿的兴趣。如果宝宝发错了音，应及时纠正，不要批评，就某一发音进行反复多次校正、强化，直到发音正确为止。

体验成功和快乐

9个月的宝宝已能听懂妈妈和爸爸常说的赞扬话，并且喜欢得到表扬。在宝宝为家人表演某个动作或游戏做得好时，如果听到妈妈和爸爸的喝彩称赞，宝宝就会表现出兴奋的样子，并会重复原来的语言和动作，这就是宝宝初次体验成功和欢乐的一种外在表现。所以，当宝宝取得每一个小小的成就时，妈妈和爸爸都要随时给予鼓励，以求不断地激活宝宝的探索兴趣和动机，维持最优的大脑活动状态和智力发展。对于宝宝成长来说，随时给予鼓励还有利于宝宝形成从事智慧活动的最佳心理背景。

爬行开发智能

有一位人类智力潜能开发研究专家说，若只用三个字来说明怎样才能开发孩子的智力潜能，那就是“让他爬”。不少父母很重视训练宝宝站立、走路而忽视爬行，其实，爬行是锻炼宝宝体力和训练走步等运动能力的基础。学会了爬行，宝宝就可以自由自在地在屋子里四处活动，主动探索，好奇心和自信心得到满足。宝宝能爬着去把自己放置的玩具找回来，说明他的记忆力发展良好，也象征着他开始了解自己和物品之间的关联性。

“看不见的存在”

玩具被布盖住了，但只要让宝宝看到玩具的一小角，宝宝便会知道玩具就在布的下面。如果整个玩具正如他所料出现在眼前，会给宝宝带来很大的快乐。这是宝宝喜欢玩此类游戏的原因。大人和他重复玩这种游戏，可使9个月大的宝宝了解即使玩具完全被盖住了，但仍然在布的下面的客观的事实。类似的训练也包括和宝宝玩“捉迷藏”游戏，还可以激发宝宝的好奇心和探索精神。

自娱自乐

这个时期，对宝宝来说，最大的忌讳是妈妈过多的干预和强迫。干预和强迫，反而会降低宝宝游戏的意愿。当宝宝以自己的方式玩游戏的时候，可能会显得“手脚笨笨”，“脑子转不过来”，妈妈很想插上一手。千万不要，这样反而会使宝宝兴致大减，甚至恼怒。最好让宝宝自己在玩耍中发现游戏的方式。万一宝宝对新玩具和新游戏不感兴趣时，妈妈可示范着玩给他看，激发他的兴趣。一定要避免强迫孩子去玩他不喜欢或不会玩的玩具。

运动能力的培养

站是走的前驱性动作，宝宝学会站立以及走的动作之后，活动量就会比学习站立以前增加好几倍。为了使宝宝各个部位的肌肉能够承受相当大的活动量，在这个月仍然需要继续进行体能基础训练。

训练腹、背肌力

仰卧起坐适合妈妈或爸爸与宝宝一起进行。训练时，让宝宝仰卧，妈妈或爸爸拉着宝宝的双手，先让宝宝坐起，然后再拉着宝宝的手顺势让宝宝躺下，如此重复进行，可增强宝宝腹部和背部的肌力。

促进手、眼协调力

进行站立训练之后，可以进一步进行弯腰拾物训练。训练时，可让宝宝扶着小床的栏杆，然后把一个玩具放在宝宝脚旁，引导宝宝弯下腰，并拾起脚旁的玩具。宝宝拾到玩具后妈妈或爸爸应加以称赞，亲吻一下宝宝，激发宝宝的兴趣再次进入训练。弯腰训练主要是锻炼宝宝弯曲及直立的身体，促进宝宝的手、眼协调能力。

腿部耐力训练

弹跳站立训练。妈妈或爸爸坐下来之后，先从宝宝腋下将其抱起，让宝宝在妈妈或爸爸腿上弹跳，以促进宝宝腿部的伸展。之后，可让宝宝站在桌子或茶几前，再把宝宝喜爱的玩具放在上面，让宝宝站着玩玩具，借此训练宝宝腿部的耐力及稳定性。但要注意的是，桌子或茶几的高度最好要和宝宝的高度相适宜。

训练脊椎运动力

宝宝能独立坐稳了，并能自由转动身体，父母可以训练宝宝最大限度扭转身体。妈妈可以在婴儿身后呼唤宝宝的名字，宝宝会寻声扭过头和上身，从不同的方向呼唤，让婴儿左右扭动，锻炼婴儿的反应能力和脊椎的运动能力。

宝宝益智游戏

这个月宝宝的潜能开发，仍然应该建立在玩耍的基础上，让宝宝在快乐的玩耍中学习，在有趣的游戏中发挥最大的潜能。

培养逻辑思维力

找一个50厘米高的大纸箱，约50厘米×40厘米×30厘米。在箱子的四周贴上四幅图画：汽车、猫、妹妹、花。妈妈让宝宝爬到大箱子旁，宝宝会扶着大箱子站起来。妈妈领着宝宝在箱子四周观看，告诉他每种东西的名称。然后妈妈放手说：“花呢？”让宝宝在箱子四周爬行或者扶站迈步寻找，找到了妈妈可以鼓掌表示祝贺，又再问：“猫呢？”让宝宝又再在纸箱的四周寻找。多找几次后，宝宝记得图的顺序：知道“汽车”旁边有“猫”，下面是“妹妹”，再下面是“花”，在听到命令后就能方向明确地爬行并很快找到目的物。

训练观察力

妈妈竖起左手食指，右手把塑料的小环套在自己的食指上。然后让宝宝把左手食指竖起，妈妈把小环套在宝宝的食指上，一面套，一面给宝宝一个小环让他套在食指上，亲亲他并称赞他“真棒”。宝宝慢慢学会把小环套在自己的食指上，也学会把小环套在妈妈的食指上。

激发探索力

在同宝宝玩一块积木时，突然用塑料的小碗扣住那块积木，看看宝宝是否能揭开小碗找到积木。如果宝宝经过努力自己找到，就要把他抱起来亲亲并说“宝宝真棒”，让他高兴。如果宝宝找不着，大人就摇摇小碗，让积木发出声音并说“在里面”，引导宝宝揭开小碗寻找。让他玩一会儿后，妈妈又用小碗扣住积木，先看看宝宝是否能自己找，如果不会就拿着小碗摇出声音说“在里面”，看看宝宝是否能揭开小碗找到积木。

·本月智能发育测试·

大动作

1．扶双手走步。将宝宝立于地面，扶住双手鼓励其迈步，如果宝宝此时能迈3步以上，表明已通过9个月智能发育标准。

2．双手扶栏站起。宝宝坐在床上，将一玩具放在床栏上，鼓励他扶栏站起来，如果宝宝能自己扶栏站起直立半分钟，表明宝宝通过9个月智能发育标准。

精细动作

开抽屉取玩具。当着宝宝的面将玩具放在抽屉里（抽屉仅放一玩具便于开关），先示范取出再鼓励其取出。如果宝宝能打开抽屉取到玩具，表明宝宝通过9个月智能发育标准。

认知能力

用手指分认新物品。让宝宝听名称指出相应物品或自己身体的部位，如果宝宝能听名称指出，表明宝宝通过9个月智能发育标准。

言　语

1．招手“再见”。大人说“再见”时招手，让宝宝模仿动作，如果宝宝会招手表示“再见”，表明宝宝通过9个月智能发育标准。

2．拍手“欢迎”。大人说“欢迎”时拍手，让宝宝模仿动作，如果宝宝会拍手表示“欢迎”，表明宝宝通过9个月智能发育标准。

情感与社交

重复动作。宝宝模仿大人动作时，大人用言语、表情喝彩。当宝宝听到表扬时若会重复刚做的动作，则表明宝宝通过9个月智能发育标准。

第十一篇

向直立行走迈进（10个月）

这个阶段是宝宝向直立行走过渡的时期，一旦会独坐后，他就不再老老实实地坐了，就想站起来了。他在生理、心理和智力上都会发生很大的变化。此时的宝宝能够独自站立片刻，大人牵着手会走。在这个阶段，宝宝可能会表现出害怕他以前学步时曾经适应的物品或情况的现象。家长一定要把可能对婴儿有危害的物品放到安全地方。小小的药粒，可能都会被婴儿捏起来放到嘴里，这是很危险的。

第一章 宝宝成长脚印

10个月时，宝宝可以拉着栏杆从卧位或者坐位站起来，双手拉着妈妈或者扶着东西蹒跚挪步，有的宝宝在这段时间已经学会扶着东西蹲下捡东西，还会穿裤子时伸腿，用脚蹬去鞋、袜。

发育特征

进入10个月的宝宝，体型变得越来越漂亮，已经接近幼儿的体型了。

身 高

这个月男宝宝的平均身高为73.9厘米，女宝宝的平均身高为72.5厘米。

体 重

这个月男宝宝的平均体重为9.6千克，女宝宝的平均体重为9千克。

头 围

这个月男宝宝的平均头围为45.8厘米，女宝宝的平均头围为44.7厘米。

牙 齿

这个月宝宝又陆续长出2～4颗门牙。

个体差异越发明显

10个月的宝宝无论是体格、外貌、智力都处于相对旺盛时期，生长发育良好的宝宝，给人的整体感觉是健壮活泼、虎头虎脑、充满稚气，正是最讨人喜欢的时候。但有的宝宝却不是这样，表现的体格瘦弱、头大脖细、精神萎靡，怕生现象严重，给人感觉生长发育得不是太好。这种发育中的个体差异表现得越来越明显。

感官发育状况

这个月的宝宝很喜欢自己吃饭，记忆力也越来越强。基本上还在练习坐、爬和立三件事，可好似动作会更趋于圆滑熟练。处于这个阶段的宝宝比其他任何时候都更加需要父母的关爱和鼓励，尤其需要父母有足够的耐心和细致。

会叫爸爸妈妈

此时的宝宝也许已经会叫妈妈、爸爸，能够主动地用动作表示语言，但是孩子发出可识别词汇的年龄有很大差异。有些孩子周岁时已经学会2～3个词汇，但可能性更大的是，孩子周岁时的语言是一些快而不清楚的声音，这些声音具有可识别语言的音调和变化。只要孩子的声音有音调、强度和性质改变，他就在为说话作准备。在他说话时，你反应越强烈，就越能刺激孩子进行语言交流。开始能模仿别人的声音，并要求成人有应答，进入了说话萌芽阶段。在成人的语言和动作引导下，能模仿成人拍手、挥手再见和摇头等动作。

会察言观色

宝宝学会了察言观色，尤其是对父母和看护人的表情，有比较准确的把握了。如果妈妈笑，婴儿知道妈妈高兴，对他做的事情认可了，是在赞赏他，他可以这么做。如果妈妈面带怒色，婴儿知道妈妈不高兴了，是在责备他，他不能这么做。父母可以利用婴儿的这个能力，教育婴儿什么该做，什么不该做。但这时的婴儿还不具备辨别是非的能力，不能给婴儿讲大道理，否则会使婴儿感到无所适从。

好奇心增强了

此时的宝宝能够认识常见的人和物。他开始观察物体的属性，从观察中他会得到关于形状、构造和大小的概念，甚至他开始理解某些东西可以食用，而其他的东西则不能，尽管这时他仍然将所有的东西放入口中，但只是为了尝试。遇到感兴趣的玩具，试图拆开看里面的结构，体积较大的，知道要用两只手去拿，并能准确找到存放食物或玩具的地方。

第二章 宝宝餐桌安排

进入10个月的宝宝，如果能熟练地摆弄勺子，表现出吃东西的动作，而且不依靠妈妈，自己能往嘴里送东西了，这就意味着宝宝已经到了断奶后期了。

特别注意营养搭配

宝宝一般在10个月时可以完全断母乳了，饮食也大部分固定为早、中、晚三餐，并由稀饭过渡到稠粥、软饭，由肉泥过渡到碎肉，由菜泥过渡到碎菜，这个时候要特别注意宝宝的营养搭配了。

掌握喂母乳时间

现在，即使比较充足的母乳，也不能供给宝宝每日所需营养，必须添加辅食。所以，并不是到了这个月就要断母乳，但是要掌握好喂母乳的时间。一般是早晨起来、临睡前、半夜醒来时喂母乳。

断乳后的喂养

断乳后，宝宝每日需要热量4620～5040千焦，蛋白质35～40克，需要量较大。由于宝宝消化功能较差，不宜直接进食固体食品，应在原辅食的基础上，逐渐增添新品种，逐渐由流质、半流质饮食改为固体食物，首选质地软、易消化的食物。鉴于此，宝宝的饮食可包括乳制品、谷类等。

均衡营养

宝宝断乳后不能全部食用谷类食品，也不可能与成人同饭菜。主食应给予稠粥、烂饭、面条、馄饨、包子等，副食可包括鱼、瘦肉、肝类、蛋类、虾皮、豆制品及各种蔬菜等。豆制品每日25克左右，以豆腐和豆干为主；鸡蛋每日1个，蒸、炖、煮、炒都可以；肉、鱼每日50～75克，逐渐增加到100克；豆浆或牛乳，每日500毫升，水果可根据具体情况适当供应。

增加吃辅食的次数

在这个月的宝宝喂养中主要应注意宝宝吃辅食的次数，以及哪些食物应给宝宝吃哪些食物不宜给宝宝吃。

辅食喂养定时定量

这一时期，宝宝已经进入了离乳期，可以用几颗牙齿和牙床咀嚼食物品尝味道了。当宝宝能有节奏地运动嘴部、一次的进食量达到小碗的2／3时，就可以把喂辅食的次数增至3次。如果宝宝依然不喜欢咀嚼，则可以推迟1～2个月。妈妈应分早、中、晚三次喂宝宝吃辅食，紧接着让宝宝吃足够的乳汁。如果宝宝吃下大量辅食，那么哺乳量自然就会降低。喂辅食的时间应当基本与大人的进食时间同步，如果大人在早、午、晚进食，那么可以在早晨和下午各喂宝宝一次辅食，将乳制品或饼干等作为零食随时食用。

愉快进餐

有的宝宝总是不好好吃饭，你可以试试以下建议，从而让用餐对你和宝宝都更容易些。你自己先吃，用夸张的方式吃饭，表现出你很喜欢食物的样子。如果他认为你喜欢的话，他可能也会想要尝试。有些宝宝会伸手想要自己拿汤匙，有些喜欢将液体倒在高脚椅的托盘上，有些喜欢让食物掉到地上。喂宝宝时，让他自己拿只汤匙。使用能附着在托盘上的碗盘，这样它们就不会移动。

不宜吃的食物

爸爸妈妈在为宝宝准备食物的时候，一般应回避的食品有以下几种。

1．某些贝类和鱼类。如乌贼、章鱼、鲍鱼以及用调料煮的鱼贝类小菜、干鱿鱼等。

2．蔬菜类。牛蒡、藕、腌菜等不易消化的食物。

3．香辣味调料。芥末、胡椒、姜、大蒜和咖喱粉等辛辣调味品。

另外，大多数宝宝都爱吃巧克力糖、奶油软点心、软黏糖类、人工着色的食物、粉末状果汁等食品，这些食品吃多了对宝宝的身体不好，因此，都不宜给宝宝多吃。

第三章 爱心呵护指南

这个月最大的变化就是妈妈可以开始训练宝宝大小便了，同时，爸爸妈妈还要注意对宝宝头发生长的呵护以及了解使用学步车的利弊。

细心护理头发

一头好发，不仅对于宝宝的外表是极为重要的，也是宝宝健康成长的标志。要想宝宝头发长得好，父母应该从哪些方面做起呢？

均衡营养

这对头发生长极为重要。要保证肉类、鱼、蛋、水果和各种蔬菜的摄入和搭配，含碘丰富的紫菜、海带也要经常给宝宝食用。

保持清洁

通常2～3天就应给宝宝清洗一次头发，使头皮得到良性刺激，促进头发的生发和生长。给宝宝洗发时，要选用无刺激、易起泡沫的儿童专用洗发液，洗头发时要轻轻用手指肚按摩宝宝的头皮；每次清洗后，最好用柔软而有弹性的儿童专用发梳为宝宝梳理头发，这样可刺激头皮，促进局部血液循环，促使头发生长。

睡眠充足

充足的睡眠对宝宝的头发生长也很重要，睡眠不足容易导致宝宝食欲不佳、经常哭闹、生病，间接地影响头发生长。

阳光照射

适当地接受阳光照射对宝宝头发生长也非常有益，紫外线可促进头皮的血液循环，改善头发质量。需要提醒的是，在阳光强烈时不可让宝宝的头皮暴晒，最好戴上一顶遮阳帽，以防晒伤头皮。

使用学步车有利有弊

关于学步车，有多方面的意见，从目前的报道看，似乎反对的意见较多。对于学步的宝宝来说，学步车有利有弊。

好 处

学步车是为宝宝学走路提供了方便的工具，使宝宝克服胆怯心理，放心大胆地练习走路，为宝宝日后成功独立行走打下良好的基础。比宝宝扶桌腿或其他物品学走路更容易，更不易摔跤，并且在某种程度上解放了家长。

弊 端

第一，把宝宝束缚在狭小的学步车里，限制了自由活动空间，减少了宝宝锻炼的机会。在正常的学步过程中，宝宝是在摔跤和爬起中学会走路的，有利于提高宝宝身体的协调性，让他在挫折中走向成功，使宝宝会有一种自豪感，对增强其自信心很有好处，而学步车没有这一功能。第二，增加了宝宝学步的危险性。一些爸妈常将宝宝搁置在学步车中，就去忙其他的事情，容易使宝宝发生意外，如撞伤及接触危险物品等。第三，不利于宝宝正常的生长发育。宝宝的骨骼中含胶质多、钙质少，骨骼柔软，而学步车的滑动速度过快，宝宝不得不两腿蹬地用力向前走，时间长了，容易使腿部骨骼变弯，形成罗圈腿。许多宝宝不具备使用学步车的协调、反应能力，容易对身体造成损害。另外，在快速滑动的学步车中，宝宝会感到非常的紧张，这不利于宝宝的智力发育和性格的形成。

注意事项

第一，不能过早使用学步车。在宝宝满10个月之前，最好不要尝试使用学步车。第二，尽量购买正规厂家生产的学步车，并且使用前仔细阅读装配使用方法。第三，宝宝使用学步车时，爸妈一定要在旁边看护，避免发生意外。第四，不同宝宝对学步车的适应能力是不同的，是否选择学步车要因人而异。

第四章 预防保健须知

对于10个月的宝宝来说，提高抵抗力和预防疾病依然是爸爸妈妈重要的工作。

日常保健与免疫

在这个月，爸爸妈妈要减少宝宝磨牙的机会，并防止宝宝出现“八字脚”。

预防“八字脚”

造成“八字脚”的主要原因是宝宝缺钙(即维生素D缺乏性佝偻病)，此时宝宝骨骼因钙质沉积减少、软骨增生过度而变软，加之宝宝已开始站立学走路，变软的下肢骨就像嫩树枝一样无法承受身体的压力，于是逐渐弯曲变形而形成“八字脚”。另外，不适当的养育方式也可能导致“八字脚”的发生，如打“蜡烛包”、过早或过长时间地强迫宝宝站立和行走等。为防止宝宝发生“八字脚”，首先要防止宝宝发生“缺钙现象”。爸爸妈妈要及时增加宝宝饮食中的钙质物质，比如，豆制品等；另外，让宝宝多晒太阳和适当服用维生素D制剂来预防。如宝宝已经患“缺钙症”则要带宝宝到医院进行检查和治疗。

分散注意减少磨牙

10个月的宝宝，虽然牙齿只有4～6颗，但有时还会发生磨牙现象。宝宝磨牙是一种缓解紧张情绪的方式，比如宝宝感到惊恐了、害怕了、不安了等。若想减少宝宝磨牙的机会，爸爸妈妈首先要尽可能地将宝宝生活中的压力降到最低，比如，宝宝一时断不了奶，就不要硬性地断奶，让宝宝有一个逐步适应的过程。对于爱发脾气的宝宝，在休息或睡觉之前，给宝宝充分的关注与温暖，有助于宝宝放松情绪。除了安抚外，还要让宝宝有一个发泄的渠道和东西，比如让宝宝敲打玩具、转移宝宝的注意力等，这样，宝宝磨牙的机会就会相对减低。

疾病的防治

爸爸妈妈要掌握夏季预防手足口病，冬季预防冻疮的症状、治疗、护理及预防的方法，以便早发现、早治疗。

夏防手足口病

夏季气温炎热，是多种疾病易发的时节，如手口足病、暑热症等，都可能在夏季侵袭抵抗力弱的宝宝。这些疾病容易引发高热，而且来势凶猛，爸妈如果能及早预防或在家就做到及时观察及护理，宝宝的这一夏就能过得无忧无虑。手足口病是一种发疹性传染病，引起该病的元凶是肠病毒。病毒感染率可高达80%左右，只是多为隐性传染，大多数可以自愈，但病情严重的时候也可能导致病毒性心肌炎。患病者常表现为发疹，主要症状为口痛拒食，手足皮肤、口咽部出现大量疱疹，局部瘙痒，还会伴随流口水、嘴巴发臭、大便很干燥、烦躁不安并且哭闹不停等症状。手足口病到现在为止没有什么特效的疗法，只能对症处理。比如在急性期，爸妈就要注意让宝宝多休息，保持适当进食和补充水分。一般5～10天后，宝宝多数会自愈。日常生活中，父母要重视宝宝的卫生，增强他的体质以利于防病。

冬天预防冻疮

冬季时，当寒冷与潮湿结伴而来，造成皮肤血管发炎，冻疮便出现了。冬季预防冻疮应注意以下事项。首先，强化营养，注意添加维生素，尤其是维生素A和D及脂肪含量丰富的食物，如牛奶、猪肉、蛋黄、动物内脏、胡萝卜等。其次，保护容易生冻疮的部位，如手、脚和脸部，外出前可给宝宝的脸部抹上一层薄薄的儿童护肤霜，并按摩一下脸部，再戴上手套，穿上柔软舒适的棉鞋。最后，有意识地锻炼宝宝的抗寒能力，如多带他去户外活动等。若开空调，不要将温度调得太高，要逐渐缩小室内外的温差，以免骤冷骤热引起皮肤冻伤。如果皮肤已经冻伤，应及时向医生寻求帮助。

第五章 情商智商开发

在这个月，宝宝开始学站、学走路、学说话等，宝宝需要开发的能力很多，爸爸妈妈要耐心地培养宝宝的这些能力。

快乐运动健身

爸爸妈妈要让宝宝在快乐中锻炼运动能力，激励宝宝的进取精神，这比宝宝学到了什么技能更重要。

协助站立

给宝宝准备能扶着站的东西，站立后，宝宝脊椎的三个生理弯曲就都形成了。宝宝刚刚可以扶着物体站立时，可能是摇摇晃晃的，像个不倒翁，慢慢就能站稳了。当宝宝能扶着东西站稳后，就让宝宝靠在物体上，两手不再扶物，父母在旁边保护着宝宝不要向前趴下，锻炼宝宝独站片刻。

做蹲起运动

从蹲着到站立，这个月的宝宝需要父母用手拉一下或自己扶着物体站起来。父母可以用手指轻轻勾着宝宝的手指，边说宝宝站起来，边用力向上拉。如果宝宝站起来了，就鼓励宝宝说："宝宝站起来了，宝宝长高了，宝宝真棒。"

训练向前迈步

这个月的宝宝可能会扶着床沿、沙发墩、木箱等横着走几步。有的宝宝推着能滑动的物体向前迈步，但不敢离开物体向前走。父母可以进行这方面的训练，让宝宝靠着物体站在那里，妈妈蹲在宝宝前面，把手伸向宝宝，做出要抱的动作，并对孩子说："宝宝走过来，让妈妈抱一抱。"这时，宝宝可能会试着让身体离开倚靠物体，两只小手伸向妈妈，要向前迈步。如果宝宝还不能向前迈出，身体已经向前倾斜，妈妈就及时地向前抱住宝宝，并说："宝宝真勇敢。"

提高会话能力

在这个月中，爸爸妈妈最重要的任务就是加紧训练宝宝的会话能力。

抓住关键时期

这一阶段是宝宝模仿能力最强的时期，宝宝“咿咿呀呀”的语调开始和成人说话的语调比较相似了，妈妈和爸爸要充分利用这段时间，用与宝宝的生活联系最密切的简短的词语训练宝宝的会话能力。训练时应注意以下几点：第一，要用普通话教宝宝正规的词语。如果宝宝说“儿语”时，妈妈或爸爸不要重复宝宝的“儿语”，而要用亲切柔和的语调把正规的词语教给宝宝。比如，当宝宝说小狗狗的时候，就要告诉宝宝正规的名称：小狗。第二，宝宝比较容易接受的是名词和动词。尽管有时听不出宝宝在说什么，但妈妈或爸爸都要善于倾听和回应，你必须与宝宝进行对话，从而鼓励宝宝不断地进行尝试。第三，要充分运用宝宝身边的事物，配合日常生活中的动作教宝宝。比如宝宝熟识的亲人、食物、玩具等。在训练时，要鼓励宝宝一边指着东西一边发出声音，从宝宝用打手势与声音相结合，逐步发展到用词语代替手势。

读懂身体语言

这个阶段的宝宝还不能用完整的语言来表达自己的感受，因此丰富的身体语言势必成为宝宝的一个有力表达自己的工具，父母应倾听身体语言，读懂宝宝的心情，及时满足宝宝的需求。当宝宝找机会赖在妈妈身上、抓妈妈的头发、碰碰妈妈的脖子或在哺乳时用他的手握住妈妈的手指等，这说明宝宝缺乏安全感，他要靠最亲密的接触来感觉妈妈的存在。所以，当宝宝把妈妈刚做好的卷发弄得一团糟的时候，千万不要气呼呼地把他扔进小床，妈妈要做的是温柔而坚定地抱抱宝宝。

宝宝益智游戏

这个月的宝宝对身边的一切事物都表现出浓厚的兴趣，爸爸妈妈要利用宝宝的这个特点，在游戏中开发宝宝的运动能力和智力。

快乐钓鱼

培养宝宝的观察模仿能力。通过这个游戏，可以锻炼宝宝的观察模仿能力，从而提高宝宝的逻辑思维能力。妈妈准备一个宝宝喜欢的玩具，一根彩色纱线。在玩具上系上彩色纱线，向宝宝演示，将这个玩具从桌上扔下，又拉回，多重复几次。然后，让宝宝拉住纱线，握住宝宝的手将玩具扔下，又拉起，重复几次后，让宝宝自己试试。妈妈在扔和拉时注意动作幅度，不要让玩具砸着宝宝，另外注意游戏时间，不要让宝宝感到疲倦。

学习投物

训练宝宝手的精细动作和准确性、手眼的协调性。妈妈拿着一个小桶，宝宝手里拿着小玩具，妈妈对宝宝说："把你手里的玩具放到这个小桶里。"如果宝宝没有听明白，妈妈可以给宝宝做示范或让爸爸把他手里的物体投到桶里，宝宝就会模仿爸爸的动作，把玩具放到桶里。不断拉远宝宝与桶的距离，训练宝宝投物的准确性。

爬越障碍

培养宝宝解决困难的能力。在地板上摆放一排靠垫，两侧摆放沙发或椅子等作为"障碍物"。你和宝宝分别坐在靠垫的两端，你向宝宝伸出双臂并叫他的名字，宝宝在向你爬过来的时候可能会在靠垫周围曲折前行。然后重复上面的游戏，不过这一次应该教给宝宝如何翻越障碍物。需要注意的是，障碍物必须质地柔软、不易倒塌，并且不能太高。宝宝翻越障碍物的时候，父母必须一直在场。

牵手走步

训练宝宝向前迈步，妈妈双手牵着宝宝两人相对，妈妈向后退，让宝宝向前走，一边走一边数数。这种走法会很慢，而且距离也不远，因为妈妈要不停地回头看路避开障碍物，而且宝宝的上身经常向前躬，全靠妈妈的拉力向前迈步，因为宝宝还未能完全站稳。

模仿学样

准备物：宝宝熟悉的日常用品。

1．选择宝宝情绪愉快的时刻，和妈妈相对而坐。

2．妈妈开心地做拍手、摇头、撅嘴、叉腰、做鬼脸等动作，边说边动，让宝宝开心地模仿。

3．妈妈拿梳子假装梳头，同时说“梳头啦”。此外，还可以做刷牙、洗脸，给娃娃把尿、洗澡、穿衣等模仿游戏。

要点：如果宝宝能跟着大人模仿，一定要表扬他。平时，可用同样的方法让宝宝模仿“再见”、“谢谢”等基本礼仪。

目的：模仿成人生活，学习交往，发展良好的情感。

指认人体器官

准备物：宝宝心爱的娃娃。

1．让宝宝看着娃娃，妈妈问“娃娃的眼睛在哪里”、“娃娃的嘴巴在哪里”。

2．拿着宝宝的小手分别指点娃娃的眼睛或者嘴巴。

要点：用同样的提问和动作来问宝宝自己的眼睛和嘴巴，以使宝宝认识人体器官。

目的：认识人体器官，强化自我意识。

找小瓶盖

准备物：小瓶盖或者其他大人能一手握住的玩意儿。

1．宝宝和妈妈对面坐。

2．先当着宝宝的面把小瓶盖藏在妈妈的手里，让宝宝找。

3．逐渐增加难度，把小玩意儿藏在身后、毛巾下等。

要点：一定要边玩边说“给我”，“给宝宝”，“放到里面”，“拿出来”等，用手势和动作来辅助你的语意。

目的：发展语言和记忆力。

·本月智能发育测试·

大动作

能独立站片刻。扶宝宝站立后松开手，如果宝宝能独立站2秒以上，表明宝宝通过10个月智能发育标准。扶椅或推车走几步。让宝宝扶着椅子、床沿或小推车，鼓励其迈步。如果宝宝能迈3步以上，表明宝宝通过10个月智能发育标准。

精细动作

把一件玩具放进另一件中。让宝宝将眼前的玩具放进一个较大的容器里，如果宝宝能将1～2件玩具放进容器内，表明宝宝通过10个月智能发育标准。

认知能力

认识的新物品（用手指）。让宝宝听名称指出相应物品或身体部位，如果宝宝能听声指物，则表明宝宝通过10个月智能发育标准。

言　语

会叫“妈妈”。观察宝宝叫妈妈时是否特指自己的妈妈，如果宝宝能特指妈妈，表明宝宝通过10个月智能发育标准。

会叫“爸爸”。观察宝宝叫爸爸时是否特指自己的爸爸，如果宝宝能特指叫爸爸，表明宝宝通过10个月智能发育标准。

情感与社交

懂得命令。吩咐宝宝做三件事，如“把某某拿来”、“坐下”、“把某某东西给妈妈”等，不要做手势。如果宝宝能懂得并服从大人的指令，做相应的事，表明宝宝通过10个月智能发育标准。

理解“不”。宝宝拿一玩具时，大人说“不要拿，不要动”但不做手势。如果宝宝能立刻停止拿玩具的动作，表明宝宝通过10个月智能发育标准。

第十二篇

我要步行（11个月）

这时的宝宝有的会颤微微地向前迈步了，大人牵一只手就能走了，但大多是因为不协调的交叉步，自己绊倒自己。有的婴儿已经会单手扶着床沿走几步，会推着小车向前走。从这个时候起，宝宝将从一个完全依赖他人的小宝宝，逐渐向幼儿阶段发展。这个阶段的宝宝比其他任何时候都更加需要父母的关爱和鼓励，做父母的千万不要忘记和宝宝之间的双向交往哦。

第一章 宝宝成长脚印

在这个月，宝宝开始学站、学走路、学说话等，宝宝需要开发的能力很多，爸爸妈妈要耐心地培养宝宝的这些能力。

发育特征

11个月的宝宝的骨骼发育较快，各方面的能力都有明显的增长。此阶段的宝宝已经能够站立并扶着行走了，智力也有了很大的发展，更加活泼、淘气，活动范围也较以前扩大多了。

身 高

这个月男宝宝的平均身高约75.3厘米，女宝宝的平均身高约74厘米。

体 重

这个月男宝宝的平均体重约9.8千克，女宝宝的平均体重约9.2千克。

头 围

这个月男宝宝的平均头围约46.3厘米，女宝宝的平均头围约45.1厘米。

牙 齿

这个月宝宝大概能长出5～7颗牙齿，当然也有些宝宝刚刚开始出牙，但乳牙萌出最晚不应该超过周岁。宝宝正常出牙顺序是，先出下面的2对正中切牙，再出上面的正中切牙，然后是上面的紧贴中切齿的侧切牙，而后是下面的侧切牙。宝宝到1岁时一般能出这8颗乳牙。1岁之后，再出下面的1对第一乳磨牙，紧接着是上面的1对第一乳磨牙，而后出下面的侧切牙与第一乳磨牙之间的尖牙，再出上面的尖牙，最后是下面的1对第二乳磨牙和上面的1对第二乳磨牙，共20颗乳牙，全部出齐在2～2.5岁。如果宝宝出牙过晚或出牙顺序颠倒，可能会是佝偻病的一种表现。

感官发育状况

此阶段的宝宝已经能够站立并扶着行走了，智力也有了很大的发展，语言发展正处于学说话的萌芽状态，会叫“妈妈”、“爸爸”，更加活泼、淘气，活动范围也较以前扩大多了。此时，宝宝的婴儿期即将结束。

听声音能模仿

11个月的宝宝，能够在听了一段音乐之后，模仿其中的一些；在听了动物的叫声以后，也可以模仿动物的叫声。

说莫名其妙的话

这个月宝宝可能会有突飞猛进的变化，能够有意识地发出单字的音，并且可以含含糊糊地讲话了，还能够有意识地叫“爸爸”、“妈妈”，会模仿某些声音和动作。对语言的理解能力进一步提高，已能按语言命令行事，并会说“不、不”。对11个月的宝宝进行语言训练，父母要给他创造说话的条件。如果宝宝仍用表情或手势、动作提出要求，父母就不要理睬他，要拒绝他，使他不得不使用语言；如果宝宝发音不准，一定要及时纠正，帮他讲清楚，不要笑话他，否则他会不愿或不敢再说话了。

会扶家具行走

此时的宝宝坐着时能自由地向左右转动身体，能独自站立，扶着一只手能走，推着小车能向前走。能用手捏起扣子、花生米等小的东西，并会试探地往瓶子里装，能从杯子里拿出东西然后再放回去。双手摆弄玩具很灵活。会模仿成人擦鼻涕，会打开瓶盖，剥开糖纸，不熟练地用杯子喝水。

能听声指物

宝宝的记忆力大大增强，能记得一分钟前被藏到箱子里的玩具。宝宝这时的认知能力发展较快，11个月时，宝宝乐于模仿大人面部表情和熟悉的说话声，自言自语地说些别人听不懂的话。宝宝现在已经会听名称指物，当被问到宝宝熟悉的东西或画面时，会用小手去指；如果给予鼓励，更能激发宝宝的学习兴趣。

第二章 宝宝餐桌安排

11个月的宝宝接受食物、消化食物的能力增强了，一般的食物几乎都能吃了，这时候的宝宝有的时候还可以与爸爸妈妈吃同样的饭菜了。

正确摄入脂肪及含铁食物

这个月营养需要的重点是，要学会让宝宝正确地摄入脂肪和含铁食物。

合理摄入脂肪

脂肪虽然是很重要的营养素，但摄入不合理，同样也会给宝宝的身体带来一定的影响和危害。爸爸妈妈在为宝宝制定食谱时，应考虑宝宝的需要量，不宜过多，也不宜过少。如果供给脂肪过多，会增加宝宝肠道的负担，容易引起消化不良、腹泻、厌食；如果供给脂肪过少，宝宝的体重不增，易患脂溶性维生素缺乏症。应给宝宝多摄入含不饱和脂肪酸的食物。脂肪的来源可分为动物脂肪与植物性脂肪两种。动物性脂肪包括动物肉、蛋、奶等，含饱和脂肪酸。植物性脂肪主要为不饱和脂肪酸，是必需脂肪酸的最好来源，应该多选用植物脂肪。

含铁较多的食物

每100克猪肝中含铁31.1毫克，蛋白质20.8毫克。猪肝中还含有丰富的维生素A和叶酸，营养较全面，但猪肝中含有较多的胆固醇，一次不宜吃得太多。每100克蛋黄中含铁10.2毫克，蛋白质15.2毫克。蛋黄含有丰富的铁、锌和维生素D，如果不过敏的话，鸡蛋对宝宝来说是最重要的食物之一。

本月喂养原则

这个月的宝宝每天可吃3次奶、2顿饭或2次奶、3顿饭。仍吃母乳的宝宝最好在早、晚各吃1次母乳，然后吃3顿饭。

把握断奶时机

是否离乳不能由宝宝决定，要由妈妈把握。大部分妈妈在开始离乳后，看到宝宝哭或吵闹，就会忍不住喂奶。也有些妈妈认为，宝宝不能吃足够量的辅食，如果连母乳都不喂，会造成营养不足，因此会选择继续哺乳。事实上，虽然离乳绝非易事，但是，只要此前一直不间断地喂辅食，并合理地调节哺乳量，就不必担心。只要妈妈和宝宝忍耐1周左右，就可以完全离乳了。

重视食物搭配

在喂养宝宝时，父母要注意几种蛋白质食品应互相搭配食用，这要比单纯只吃一种食品营养价值要高。这是因为各种蛋白质食品中，所含的氨基酸种类不同，多种食物彼此搭配，可以相互补充，从而提高营养价值。主食除各种粥以外，还可吃软米饭、面条、小馒头、面包、薯类等，各种带馅的包子、饺子、馄饨也是宝宝很喜欢吃的，只是馅应剁得更细一些。为了促进宝宝良好的食欲，饭菜的种类要经常变换，并且要做得软、烂一些，以利消化。每餐的食量要适量，宁少勿多。

鼓励自己吃水果

爸爸妈妈可以将水果切成小片，让宝宝自己拿着吃，既可锻炼咀嚼能力又能增加乐趣。如果吃西瓜或番茄，再健康的宝宝粪便中也会排出原物，因此，吃这种水果或蔬菜后，大便略带红色，并非消化不良，不必担忧。对于那些不爱吃水果或只吃很少水果、蔬菜的宝宝，每天可喂些果汁，以补充维生素之不足。

第三章 爱心呵护指南

在这个月，爸爸妈妈除了要关注宝宝的睡眠与穿着之外，还应对保护宝宝嗓子的方法及宝宝的穿着问题多加注意。

预防声音嘶哑

每个父母都希望自己的宝宝有一副好嗓子，发出美妙动听的声音。然而，除了先天因素外，还需要知道如何做好声音的保健。

避免高声喊叫

出现声音嘶哑现象的主要原因是宝宝没有学会科学发声，长时间用嗓过度或高声喊叫。宝宝的声带比较柔嫩，组织比较疏松，高声喊叫会导致声带充血、水肿。

穿着宜宽松

宝宝衣服以宽松为主，这应在宝宝出生后就开始做起。有些父母让宝宝穿紧身的衣服，认为穿着好看，却不知道穿着太束缚，使得宝宝的颈部、胸部和腰部受挤压，影响顺畅的呼吸而致发音不佳。

坐有坐相

要求宝宝坐时一定要有坐相，即背部挺直、头居中，这样呼吸和发声才流畅。

站姿正确

宝宝站着学说话时，头颈部必须挺直，不要把头往下压，否则会使颈部紧张度提高，致使声带拉紧，影响发声。

轻柔地说话

当宝宝咿咿呀呀学语的时候，父母可以把耳朵凑在宝宝的嘴边，这样宝宝可以压低音量学说话，以免声音嘶哑。另外，父母说话轻柔，会对宝宝产生重要的影响，这也是保护宝宝嗓子的一个重要方面。

学走不宜过早

长期以来，人们普遍以为宝宝走路越早就表示宝宝越健康。不少家长为了使自己的宝宝尽早会走路，很早就让宝宝学走路。其实这样的认识和做法恰恰是育儿的一个误区，对宝宝生长、发育极为不利。

过早腿易畸形

宝宝运动功能的发育是个缓慢渐进的过程。宝宝的骨骼组织中含胶质多，含钙质少，骨质比较软，容易受外力的牵引而变形。其肌肉组织中，尤其是下肢及足部肌群比较娇嫩，肌纤维细软含水分多，故肌力欠缺。如果练习走路的时间过早，全身的重量必为双下肢所承受，由于垂直重力的持续作用，往往使双腿产生弯曲畸形，甚至形成“X”或“O”形。日常生活中，可见到一些家长为尽早锻炼宝宝下肢的运动功能，常用两手支撑宝宝两侧腋窝，助力向上，反复使之做“跳跃运动”，这对宝宝下肢畸形的形成和发展起着一种推波助澜的作用。另外，过早学走路也使宝宝双足弓遭受重力压迫，加之维护足弓部位的肌力又较软弱，可使足弓渐渐变得扁而平，易形成“平板足”。

过早易近视

宝宝学走早容易导致宝宝近视。这是因为宝宝出生后视力发育尚不健全，他们都是些“目光短浅”的近视眼，而爬行可使宝宝看清自己能看清的东西，这便有利于宝宝视力健康正常地发育，相反，过早地学走路，宝宝因看不清眼前较远的物景，便会努力调整眼睛的屈光和焦距来注视景物，这样会对宝宝娇嫩的眼睛产生一种疲劳损害，反复则可损伤视力，这就好比近视眼不戴眼镜会使视力越发下降一样。

与宝宝一起做游戏

游戏是宝宝智力发展的动力，它能激发宝宝的求知欲与创造力。实际上，游戏是一种培养和锻炼宝宝的手段。

依自身特点选游戏

不同宝宝的发展状况不同，为他们选择的游戏应照顾到宝宝自身的特点。如果让动手能力差的宝宝多玩玩积木，让表达能力差的宝宝多讲讲故事，让身体协调性不好的宝宝学学兔子、小鸡走路，你会惊喜地看见宝宝的进步。

尽力接触多种类型

有些父母总是给宝宝买同一类型的玩具，殊不知，每一类游戏活动只能锻炼宝宝某些方面的能力，长此以往，宝宝其他方面的能力就不能在游戏中得到提高。应该在保证宝宝感兴趣，适合宝宝特点的前提下，让他尽可能地接触多种形式的游戏。既要给他电动玩具，也要给他积木、拼图；既要安排室内游戏，也要安排户外游戏。这样才能使宝宝在各个方面都得以发展。

游戏难易适当

很多父母都有这样的体会，花了上百元钱给宝宝买了玩具，没有多长时间，宝宝就扔在一边。表面上，这是宝宝的原因，实际上，往往是游戏的难易度不合适宝宝造成的。有的游戏难度过大，宝宝怎么都玩不好，因此，宝宝也容易失去兴趣。给宝宝的游戏，要具有适度挑战性。

生活处处有游戏

做父母的，不仅要学会在商店的橱窗中给宝宝买玩具，更要学会抓住生活中的每个细节，为宝宝随时随地提供游戏。挖掘身边的游戏，将游戏融入宝宝的生活当中，可以使宝宝随时随地得到游戏的乐趣和收获。

第四章 预防保健须知

提高宝宝的身体素质、预防感染，是养育宝宝过程中的重点也是难点。为了宝宝健康、茁壮地成长，爸爸妈妈要学会观察、判断宝宝的一些异常情况，以便问题得到及时处理。

日常保健与免疫

在这个月，爸爸妈妈要学会预防疾病传播的方法和宝宝拒绝吃药时的处理措施。

预防疾病传播的方法

细菌病毒是非常微小的微粒子，它们可以任意漂浮在空气中，伴随着空气被吸入人体内产生各类疾病。因此，应注意以下几点：第一，避免宝宝接触刺激性气味及烟雾。一些刺激性的物质很容易刺激宝宝的眼睛、呼吸道及胃肠，增加生病的机会。第二，宝宝房间内可使用空气滤净器，以减少空气中的杂质、灰尘。第三，照顾宝宝者或者家中的其他人感冒时，应该尽量避免与宝宝进行“亲密接触”。第四，帮宝宝冲泡牛奶或调理食物时，应先洗手，避免对着食物说话、咳嗽、打喷嚏。第五，疾病感染流行期间，应尽量避免带宝宝出入人多拥挤的地方，如游乐场、电影院、购物中心等。

拒绝服药的对策

宝宝有时候会拒绝服药，爸爸妈妈要掌握一些技巧才行。在喂宝宝液体药物时，先在滴器或注射器中装入正确的药量，将它放在你身旁的桌子上，将宝宝抱在腿上，面对着你，双腿置于你身体的两侧。让他的背靠在你的膝上，如此他的头就会比身体稍低。将装药的容器塞入他的脸颊和牙床之间。喂他一点药，同时轻吹他的脸。吹拂会导致一种让他吞咽的反射动作。继续一边轻吹，一边将剩余的药喂完。对于非常小的宝宝，可使用一种具有类似奶嘴的瓶嘴装置，将药装在剂量瓶中，然后装上瓶嘴，宝宝就会像从奶瓶吸奶一样吸吮药液。

疾病的防治

在这个月，爸爸妈妈要警惕宝宝感染梨形虫病、蛲虫、麦粒肿等疾病，并要掌握患病宝宝的症状、治疗及护理方法。

警惕梨形虫病

梨形虫病是一种会造成肠发炎的感染性疾病。由受到污染的食物或水中的寄生虫所引起，最常见于较大宝宝身上。症状包括腹泻、发烧、恶心、虚弱、胃气胀、打嗝、呕吐、腹部抽筋、粪便油滑。针对这种病，预防是最佳治疗方法。爸爸妈妈注意别让宝宝喝可能受到污染的水，只喝干净的纯净水。如果你不确定水是否安全的话，就将水煮沸5分钟后再喝。

预防蛲虫感染

蛲虫是在肠与直肠内造成感染的寄生虫。蛲虫可发生于任何年龄，其症状包括肛门皮肤刺激不适、肛门附近痛痒、烦躁不安、食欲不振等。为了预防宝宝感染蛲虫，家长每次帮他换完尿布及上完厕所后就要仔细洗净双手。准备进食前也要彻底洗手，避免宝宝玩弄他的生殖器。没有包尿布时，别让他去抓肛门附近的部位。如果宝宝已感染蛲虫，尽快带他去看医生。

当心麦粒肿

麦粒肿俗称“针眼”，是眼皮的皮脂腺肿胀的一种炎症。它是由于受到细菌感染而造成的，可发生于任何年龄。麦粒肿可能由于接触患者而被传染，如果该患者碰触受感染部位，然后又碰到他人的话他人即被感染。其症状包括肿胀、上眼皮或下眼皮边缘红肿疼痛、对强光敏感、流泪频繁。如果宝宝患了麦粒肿的话，要尽快带宝宝看医生，并请医生处理。每个人都要经常洗手，别共享毛巾，避免刺激物，如香烟和强光。

第五章 情商智商开发

提高宝宝的身体素质，预防感染，是养育宝宝过程中的重点，也是难点。为了宝宝健康、茁壮地成长，爸爸妈妈要学会观察、判断宝宝的一些异常情况，以便问题得到及时处理。

做弯腰提腿训练

这个月除了继续巩固宝宝体能的基础训练之外，爸爸妈妈还可以与宝宝一起进行弯腰和提腿训练，增强宝宝的运动能力。

巩固基础训练

这个月还要继续巩固提高上两个月进行的体能基础训练，即爬行训练、站立训练和行走训练。

1．爬行训练。训练时，妈妈或爸爸在宝宝前方呼唤宝宝的名字或用宝宝喜爱的玩具引逗宝宝爬过去取玩具，促进宝宝向前爬行，并要有一定的速度。

2．站立训练。训练时，妈妈或爸爸可先让宝宝双手扶着床栏杆或桌子站立，以后逐渐撤去作为依靠的栏杆等物体，当宝宝双手扶着栏杆或桌子站得较稳后，可以继续训练宝宝一只手扶着栏杆或桌子站立，再增加难度，让宝宝一手扶站，另一只手弯腰去取脚边的玩具。

3．行走训练。训练时，妈妈或爸爸可以拉着宝宝的双手训练向前迈步，也可让宝宝扶着床栏杆，沿着栏杆走。当宝宝自己能走几步之后，妈妈或爸爸再给宝宝增加难度，在宝宝的前方放一个他喜欢的玩具，并用语言鼓励和引导宝宝向前迈步去取。

做弯腰运动

做弯腰运动时，让宝宝直立，妈妈在后面一只手扶住宝宝腹部，另一只手扶住两膝，在宝宝前方放一玩具，让宝宝弯腰捡起玩具。反复几次。

看图识物发展语言

在这个月中，爸爸妈妈可以通过让宝宝看图画书来增加认识事物的能力，同时还要继续发展宝宝的语言能力。

看图书认事物

随着宝宝眼界的开阔，仅仅凭借眼前的实物和看到的东西来启蒙宝宝，是很不够的，有些东西是看不到的。在这个月，宝宝看的能力的增强，为他看画书奠定了基础。可以通过认识画书上的图，教宝宝认识更多的事物，增强认识事物的能力。在让宝宝看图画书时，要注意以下问题：第一，画书上的形象要真实。第二，图形要准确。第三，画书的色彩要鲜艳。第四，每张图画内容力求单一、清晰。第五，不买有较多背景、看起来很乱的画书，避免婴儿眼睛疲劳，辨认困难。第六，最好先不要买卡通、漫画等图画书，待孩子认识了大多数实物，再买卡通、漫画类的，可引起孩子看书的兴趣。第七，把生活中能够见到的实物同书中图画比较着让婴儿认，更能增加婴儿对事物的认识。

提问题促回答

在帮助宝宝发展语言能力时，妈妈或爸爸要善于用各种方式促使宝宝作出反应，无论是说话，还是以身体动作表示都可以。这个月的宝宝，在会用语言回答好或不好之前，大都是以点头或摇头表示好与不好，只要宝宝这样做了，就是一个良好的开端，让宝宝回应时要给宝宝留下充分回答或指出的时间和机会，这时也需要妈妈或爸爸重复所说的话或让宝宝指认东西的名称。比如，妈妈或爸爸假装要宝宝帮忙找东西时，可以说“球，在哪里？”“球”，“在哪里”，让宝宝有充分的时间去琢磨妈妈或爸爸说的话。如果宝宝用手指出球的所在地方，妈妈或爸爸就应给予奖励或夸奖，即使宝宝只是把头转向正确的方向也应给予肯定地说：“对了，球，就在那里。”

宝宝益智游戏

这个阶段与宝宝玩的都是很简单的家庭游戏，爸爸妈妈不要忽视这些游戏的作用，它对宝宝的益处是很大的。

搭积木

这个游戏主要是训练宝宝的观察力和手部小肌肉动作的灵活性，锻炼宝宝对手部动作的控制能力，并理解物体与物体之间的关系。游戏时，妈妈或爸爸先给宝宝两块积木，让宝宝把一块积木摞在另一块积木上。再给宝宝一个乒乓球，让宝宝把乒乓球再摞在第二块积木上，无论怎么放，结果都是乒乓球从积木上掉下来。这时，妈妈或爸爸再给宝宝一块小积木，宝宝一摞就摞上去了。成功给宝宝带来喜悦，同时也使宝宝对不同物体的不同性质有了初步的认识。

摇摆舞

训练宝宝的平衡能力。这个游戏主要是训练宝宝大动作与平衡的能力，培养宝宝对音乐的节奏感。游戏时，妈妈或爸爸先让宝宝坐在床上，放一段宝宝最爱听的、节奏明快的儿童音乐。然后妈妈或爸爸用手扶着宝宝的两只胳膊，协助宝宝左右摇身摆动，多次重复后，逐渐让宝宝自己随着音乐左右摆动。只要宝宝能独自站立20秒以上，就可做这个游戏，但在游戏时要时刻监护着宝宝，要让宝宝既能随着音乐的节奏左右摇晃，又不至于跌倒。

翻画册

训练宝宝的综合能力。妈妈一边一页一页地翻画册，一边用手指指着画册上的小动物，告诉婴儿动物名称，并学这个动物的叫声。慢慢地，婴儿开始模仿妈妈，也开始这样翻画册。翻过一页后，看到画册上的动物，让孩子指着小动物达到练习婴儿伸手指的目的。问孩子这个小动物叫什么名字，再想想它是怎么叫的。翻下一页时，妈妈在一旁先问一问："宝宝猜一猜，下一个是什么动物啊？""是啊，该是什么动物了？"由此，宝宝开始练习记忆。

·本月智能发育测试·

大动作

会扶家具行走。将宝宝领至小床边有栏杆处或长沙发边用玩具逗引，如果宝宝能扶家具走3步以上，表明宝宝通过11个月智能发育标准。

精细动作

打开包积木的纸。在宝宝注视下，用一张信纸包起一块积木，打开，再包上，鼓励宝宝找积木。如果宝宝能主动打开包积木的纸寻找积木，将积木拿到手，表明宝宝通过11个月智能发育标准。

认知能力

知道用棍子够玩具。将玩具放到宝宝可望而不可即的地方，并在宝宝身边放一根棍子，看他是否知道用棍子够玩具。如果宝宝知道或能用棍子够取玩具即可，不一定要取到玩具，表明宝宝通过11个月智能发育标准。

言　语

说些莫名其妙的话。宝宝安静、愉快时，观察他的自言自语，如果宝宝能说出2～3个字组成的一句话，表明宝宝通过11个月智能发育标准。

有意识发“爸爸”、“妈妈”以外的一个字音，例如，要、走、拿等。观察宝宝是否能有意识地发一个字音，表示一个特定的意思，如宝宝要什么东西能发出“要”的意思或动作，表明宝宝通过11个月智能发育标准。

情感与社交

随音乐或歌谣做动作，例如，点头、拍手、踏脚、摇身等。放音乐或念儿歌，鼓励宝宝随节奏做点头、拍手、踏脚、摇身等动作。如果宝宝能随音乐或儿歌的节奏做简单的动作，表明宝宝通过11个月智能发育标准。

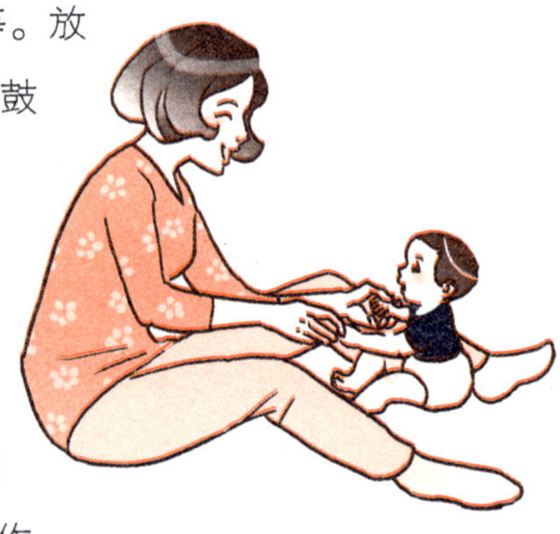

第十二篇

“爷爷奶奶抱——”（12个月）

婴儿快满周岁，能耐可不小了，能一眼认出人群中的爸爸妈妈。如果爷爷奶奶、外公外婆经常来看望宝宝，他们一进门，婴儿就会非常高兴，会拍手欢迎，急着让他们抱；说话早的婴儿，还会一边把手伸过去，一边说“抱——抱——”。当爷爷奶奶抱的时候，婴儿会高兴地跳来跳去，有些抱不住了，好像要从怀里窜出来。

第一章 宝宝成长脚印

周岁是宝宝生长发育阶段的一个重要时期，也可以说是人生的一个坐标。从这时起，意味着他们长大了，不再以月龄来计算他们的成长，在大人的眼里他们也不再是“小毛头”，而是一个有着自己独特性格的个体。

发育特征

生后第一年的婴儿期变化是巨大的，作为人类特点的直立行走、双手动作、言语交际的能力，经过逐步的发展，感觉（包括视听觉、味觉及皮肤温触觉）开始出现，并有比较迅速的发展，知觉开始出现，开始有了比较明显的注意和初步的记忆能力。

身 高

这个月男宝宝的平均身高为77.3厘米，女宝宝平均身高为75.9厘米。

体 重

这个月男宝宝平均体重为10.1千克，女宝宝的平均体重为9.5千克。

头 围

这个月男宝宝的平均头围为46.5厘米，女宝宝的平均头围为45.4厘米。

牙 齿

1岁的宝宝一般已长出4～8颗牙。

感官发育状况

前一阶段宝宝的各种能力提高得很快。如果在接下来的这个月中，宝宝在某些方面的技能可能会显得有些后滞，那么这是因为宝宝把所有的精力都花在走路和学说话上的缘故，爸爸妈妈不要着急。

能专注某事

随着宝宝月龄的增长，宝宝能够有意识地注意某一件事情。有意识地集中注意力，使宝宝学习能力大大提高。注意力是宝宝认识世界的第一道大门，是感知、记忆、学习和思维不可缺少的先决条件。宝宝的注意力也需要父母后天的培养。

起坐自如

此时的宝宝能够站起、坐下，绕着家具走的行动更加敏捷。不必扶，自己站稳能独走几步。站着时，能弯下腰去捡东西，会试着爬到一些矮的家具上去。有的宝宝已经可以自己走路了，尽管还不太稳，但对走路的兴趣很浓，这一变化使宝宝的眼界豁然开阔。

能用单词表意愿

此时宝宝对说话的注意力日益增加，能够对简单的语言要求作出反应。对“不”有反应，利用简单的姿势例如摇头代替“不”。尝试模仿词汇。这时宝宝能用单词表达自己的愿望和要求，并开始用语言与人交流。所发出的一定的“音”开始有一定的具体意义。宝宝常常用一个单词表达自己的意思，如“饭饭”可能是指“我要吃东西或吃饭”。为了逐渐促进宝宝语言发育，可结合具体事物训练宝宝发音。在正确的教育下，12个月的宝宝可以说出“爸爸、妈妈、阿姨、帽帽、拿、抱”等5～10个简单的词汇。

第二章 宝宝餐桌安排

这个时期的宝宝，消化吸收能力显著加强，能够比较安静地坐下进食，用手拿小勺的本事也有长进，俨然是家庭成员中的一分子了。

注重食物营养价值

这个月营养需要的重点是，爸爸妈妈在给宝宝提供食物时，要注重其营养价值。

保持营养需求

这个月宝宝的营养需求和上个月没有什么大的差别，每日每千克体重需要供应热量462千焦，蛋白质、脂肪、碳水化合物（糖）、矿物质、维生素、微量元素、纤维素的摄入量和比例也差不多。蛋白质的来源主要是副食中的蛋、肉、鱼、虾、豆制品和奶类，脂肪来源于肉、奶、油，碳水化合物则主要来源于粮食，维生素主要来源于蔬菜、水果，纤维素来源于蔬菜，矿物质和微量元素来源于所有的食物，包括水。

补充营养须知

爸爸妈妈在给宝宝补充营养时，要注意以下这些问题。

1．豆制品。豆制品虽然含有丰富的蛋白质，但是所补充的主要是粗质蛋白，婴儿对粗质蛋白的吸收利用能力差，吃多了，会加重肾脏负担，最好一天不超过50克豆制品。

2．断奶不断奶制品。宝宝快1岁了，从以乳类为主食的时期，开始逐渐向正常饮食过渡，但是，这并不等于断奶。即使不吃母乳了，每天也应该喝牛奶或奶粉。

3．额外补充维生素。孩子1岁了，户外活动也增多了，也开始吃正常饮食了，仍应该额外补充维生素，只是量有所减少，每日补充800国际单位维生素A，200国际单位维生素D。

本月喂养原则

宝宝在饮食上已经渐渐地参与到家庭生活里来了。爸爸或妈妈的饮食制作、饮食习惯都与能否让宝宝养成良好饮食习惯息息相关。

以正餐为主

给宝宝用餐就要按时按点，不能因为大人的原因省略正常进食的某一餐。因为宝宝需要充足的营养，少了正餐或点心都会导致血糖降低，进而导致宝宝情绪不稳定。尤其是学步期间的宝宝，由于活动量增大，消耗多，因此就饿得快，这就需要中间加点儿点心来补充热量，但往往宝宝吃了点心后又可能不好好吃正餐，所以在这种情况下，在给宝宝吃点心时，不要让宝宝吃得太多，具体以宝宝能够正常吃正餐为原则。

天然食物优先

从一定意义上讲，人工处理过的食物，有时甚至比养分流失的食物更无益，所以说天然而未经处理的食物最能保有其原有的养分。由于宝宝的身体还未发育成熟，对于食物的代谢比不上成人迅速，因此，人工添加物及一些不明物质，可能会给宝宝造成身体上的伤害。无论采取什么手段加工和烹饪菜肴，所用食品的养分在处理过程中，都会在所难免地流失一部分。因此，爸爸妈妈在为宝宝准备菜肴时，应选择最新鲜的原料，多用蒸、煮等最简单的方式，少用或不用煎、炸、烤，这才是最佳的饮食加工和烹饪方式。

注重科学饮食

在生活中，有许多同月生的宝宝，有的胖乎乎、圆滚滚，而有的却较瘦或比较适中。体重问题一方面取决于遗传、疾病等因素，另一方面就是取决于营养。但对一个体重超标的宝宝而言，禁食不如择食好。宝宝体重过重时，妈妈应给宝宝选择含热量少，但营养均衡的食物；而对于体重相对不足的宝宝，增加热量及营养均衡二者并重才是最根本的解决办法。

第三章 爱心呵护指南

为了让宝宝尽快独立，拥有自己的生活空间是非常重要的。宝宝拥有自己的生活空间，可以培养其自主性，激发其潜能。

用正确的方法裸睡

宝宝裸睡可以改善睡眠质量，促进血液循环，对某一些疾病还具有缓解症状的作用。在恰当的条件下，用正确的方法让宝宝裸睡，对宝宝的生长发育有意想不到的好处。

增强抵抗力

每天睡觉前，妈妈为宝宝脱衣服，做各项睡前准备工作时，宝宝的身体都不可避免地要和空气直接接触。温差对宝宝的身体机能形成刺激，温差越大，刺激强度就越大，这可以有效促进身体的新陈代谢，帮助宝宝改善体温调节的能力，提高宝宝对疾病的抵抗能力。

促进智力发育

宝宝探索世界的第一步是感受世界。积极利用感官发育敏感期，对宝宝进行感觉刺激是促进宝宝智力发育的很重要的一环。皮肤是人体和外界的屏障，同时也是最重要的感觉器官。通过裸睡，宝宝的皮肤直接和睡袋接触，可以感受到温暖、柔软的棉布。空气流动时，轻柔的风等种种不同的感觉，时时刺激着宝宝，对宝宝的大脑发育有着积极的作用。

密切亲子关系

上班的妈妈多半没有足够的时间和宝宝亲密接触，而裸睡提供了这样的机会。帮助宝宝脱衣服，用掌心抚摩他的身体，为宝宝涂润肤油，把他抱在自己的怀里，以上所有的动作都为母亲和宝宝亲密接触提供了绝佳的机会。

给学步全方位保护

宝宝的每一步、每个走路姿势，以及该如何在他走的过程中做好保护，妈妈都要特别关注，否则，不当的学步过程会使宝宝骨骼、脊椎变形。

摇摇晃晃期

这个时期因为牵拉宝宝的关系，宝宝的手臂关节很容易脱臼。手臂要是脱臼了千万别转，也别揉，找专科医生将关节复位，很快就好。但是，如果一直采取这种牵拉的保护方法，造成手臂习惯性脱臼，就会严重影响宝宝肘关节的发育。妈妈对宝宝学走时的保护和鼓励是最关键的，其实最好的保护是站在宝宝身后，扶住他的腋下随着他走，但这样半蹲着你会很辛苦，所以不妨用一块布围住宝宝的前胸，你从后面提着布来帮他找平衡，这样就省力多了；或者在宝宝初学步的时候，让他在学步车里练习，车的四面都有保护，他想走、想坐都可以，大人不但可以把自己解脱出来专心守着他，而且还不用担心他会摔倒。

扶物行走期

此时的宝宝慢慢找到了走的“感觉”，两条小腿开始用力抬高，向前迈步而不是蹭步。宝宝能这样走的时候，你可以把学步车撤掉，让宝宝练着扶着床沿或扒着小车走，大人在边上看着别让他摔了就可以。如果你不放心让他扶着东西走，还可以把双手放在他腋下，但要让他独立走，手劲儿慢慢变虚，直到慢慢松手。

独立行走期

宝宝开始下意识地挣脱妈妈保护的手臂，自己独自摇晃着走了。虽然走起来有点深一脚、浅一脚，但你完全不必担心。当然，宝宝自己走也需要父母的保护，比如父母面对面蹲下，让宝宝在中间来回走，距离要从近到远一点点调整。或者给他定个距离，像是从床走到沙发，父母最好跟着。

第四章 预防保健须知

在这个月，爸爸妈妈不要忘记带宝宝到医院做周岁的全面体检，并且还要掌握口腔炎和厌食症的护理方法。

周岁检查必不可少

即使宝宝看起来很健康，正规的医疗体检是必要的，因为有些情况爸爸妈妈是不容易发现的。如果宝宝有什么疾病，可以早诊断、早治疗。

检查目的

体检是医生和父母沟通的最佳时机，而且有些重要问题是你必须在此时向医生问清楚的。宝宝的例行体检不仅是为了维护宝宝的健康，还是你与医生相互交流的恰当时机。有些父母不交流或者是手忙脚乱不知道该问些什么，这是很不好的。体检的目的主要是为了让你和医生都能充分了解宝宝的健康状况，同时帮你消除一些不必要的担心。

检查项目

1．体重。健康宝宝的体重无论增长或减少均不应超过正常体重的10％。

2．身长。小儿在1岁内生长最快，如喂养不当，耽误了生长，就不容易赶上同龄儿了。

3．头围。1岁以内是一生中头颅发育最快的时期，测量头围的方法是用塑料软尺从头后部后脑勺突出的部位绕到前额眼眉上边。

4．视力。这时候的宝宝可拿着父母的手指指鼻、头发或眼睛，大多会抚弄玩具或注视近物。

5．听力。这时候的宝宝喊他时能转身或抬头。

6．牙齿。这时候的宝宝一般应长出6～8颗牙齿。

以上这些都是一般检查，有些宝宝还会进行微量元素检测、血常规、男女生殖器检查等。

防治厌食与口腔炎

在这个阶段，有的宝宝会患上厌食症，爸爸妈妈要了解厌食症的症状与治疗方法，同时还要掌握口腔炎的症状与护理。

厌食原因及治疗

厌食症是指较长时期的食欲减退或消失，是由于多种因素的作用使消化功能及其调节受到影响而导致的。主要原因是不良的饮食习惯，另外还有家长的喂养方式不当、饮食结构不合理、气候过热、温度过高、患胃肠道疾病或全身器质性疾病、服用某些药物等。患儿由于长期饮食习惯不良，导致较长时间食欲不振，甚至拒食。表现为精神、体力欠佳，疲乏无力，面色苍白，体重逐渐减轻，皮下脂肪逐渐消失，肌肉松弛，头发干枯，抵抗力差，易患各种感染性疾病。

厌食症的治疗方法：

1．西医治疗。可口服胃蛋白酶合剂、乳酶生片、多酶片、酵母片等。

2．中医验方。A.曲麦枳术丸加味：神曲、麦芽、白术各6～10克，枳实、陈皮、鸡内金各3～6克。舌苔厚腻湿重者，将上述配方中的白术换为苍术，6～10克。B.养胃增液汤加味：石斛、北沙参、玉竹、白芍各10～15克，山药15～20克，甘草、乌梅各6～10克。

口腔炎的症状与护理

平时米饭、面条、蔬菜、水果、肉等吃得很好，也很香的宝宝，突然出现了不吃固体食物，而只勉强喝点牛奶的情况，这多是因为宝宝患了口腔炎。症状常常出现在不爱吃东西的前1天，宝宝体温可升高至38～39℃，继而热又很快退下去，然后嘴里长出水疱。从季节方面来看，这种病初夏最常见。平时不流涎水的宝宝，患了口腔炎后，也会流涎水，而且有口臭。这种病是由病毒引起的，没有特效药，但这种病不会留下后遗症，一般4～5天就可痊愈。

第五章 情商智商开发

到这个月底，宝宝就满一周岁了，通过爸爸妈妈一年来辛勤的培育，爸爸妈妈在宝宝能力培养方面又将迎来一个崭新的局面。

培训运动平衡力

在这个月，爸爸妈妈除了继续教宝宝学走路之外，还要培养宝宝的平衡能力。

该放手时就放手

妈妈和爸爸牵着宝宝的手走路，和宝宝靠自己的力量走路，在保持身体平衡方面是不同的。在妈妈和爸爸牵着手时，有的宝宝能走得很好，但妈妈和爸爸一旦放开手，宝宝自己就走不好了。所以，妈妈和爸爸要尽量让宝宝自己走。为了让宝宝尽快学会自己走，妈妈和爸爸要重视宝宝平时的体能锻炼。宝宝在家里的时候，可以在妈妈和爸爸的保护下，在沙发上爬上爬下。如果住的是跃层楼房，让宝宝爬楼梯是很好的锻炼，但要注意安全。如果外出锻炼，秋千、滑梯、小山都是这个月龄宝宝最喜欢的地方，妈妈和爸爸应该充分利用那里的设备。

赤脚走路有好处

我们常看到许多宝宝喜欢赤着脚走路，甚至有个别宝宝因偶尔赤着脚走路而显得特别高兴。这种现象好吗？答案是肯定的。首先，赤脚走路有利于宝宝身心的发育，增进健康，满足新鲜感。其次，宝宝赤脚走路，使足底稚嫩的肌肤直接接触地面摩擦，从而增强足底肌肉和韧带的力量，促进足弓的形成，避免平足的发生。再次，赤脚走路使感觉器官直接接受大地的刺激，可为大脑提供更多更准确的信息，这对刺激神经末梢的兴奋，完善其调节功能，增强宝宝的抵抗力和耐寒能力，增进宝宝的智力发展都是大有裨益的。

智能的开发与训练

在这个月中，爸爸妈妈要善于和宝宝用笑容进行交流，并开始培养宝宝的注意力。

我一见你就笑

宝宝快满1岁了，开始懂得表达自己的需要和要求了。在所有表达方式中，笑容已经成了宝宝用来表示需求的手段，用笑容与妈妈和爸爸交流，是宝宝智力发育得更加成熟的具体表现。这个时期的宝宝，如果需要什么，不但会用小手去指或做个手势，而且还知道如何运用表情来加以配合。宝宝会因为发现有趣的事而笑，比如宝宝看到妈妈尝了尝自己奶瓶里的奶，可能就会用笑容说："妈妈也和我一样用奶瓶喝奶。"宝宝还会用笑容表达自己快乐的心情，甚至淘气地从妈妈那里得到一个预期的反应，比如宝宝会顽皮地向妈妈笑，好像是说："我就知道妈妈会有这种反应。"宝宝在用笑容表达自己的感情和需求的同时，也希望和妈妈爸爸分享快乐。所以，妈妈和爸爸一定要善于和宝宝用笑容进行交流，只有那种属于彼此之间的会心的笑容，才更能让宝宝感受到妈妈和爸爸给予宝宝的爱和关怀。

对面孩子看过来

这个月的宝宝，虽然各方面的技能都有了较大提高，但在学习某种技能或知识时，能够集中注意力的时间却相当短暂。宝宝可能会花较长的时间在自己喜欢的玩具上，但当妈妈和爸爸给宝宝讲故事，或者给宝宝玩别的玩具时，宝宝就很难安安静静地学习几分钟。所以，妈妈和爸爸在教育宝宝的时候，一定要掌握自己宝宝的极限时间，只要耐心地掌握好这个度，尽管每天看书或接受其他教育的时间很短暂，也会使宝宝养成学习的好习惯，并能积少成多，为将来的学习奠定稳固的基础。

·本月智能发育测试·

大动作

独走几步。让宝宝独站，鼓励他在父母之间独自走2～3步，如果宝宝能独走2～3步，表明宝宝通过12个月智能发育标准。

精细动作

用蜡笔在纸上戳出点。家长向宝宝示范用蜡笔在纸上戳出点或画道道，如果宝宝能用手握蜡笔在纸上戳出点或道道，则表明宝宝通过12个月智能发育标准。

认知能力

拉双绳取物。用120厘米长的绳子穿过一个杯子，绳子两端放在桌上宝宝能够着的地方，并鼓励宝宝将杯子拿过来。如果宝宝知道抓住绳子将杯子拉过来，表明宝宝通过12个月智能发育标准。

竖起食指表明自己“1”岁。问宝宝“几岁了”，要求宝宝竖起食指回答，如果宝宝能有意识地指出或说出2～3个以上的单字（爸、妈除外），表明宝宝通过12个月智能发育标准。

言　语

先把一个玩具放到宝宝手里，然后对宝宝说“把……给我”，但不要伸手去拿。观察宝宝的反应，如果宝宝能把玩具送到妈妈手里并主动放手，表明宝宝通过12个月智能发育标准。

情感与社交

要东西知道给。向宝宝要其手中的玩具或食物，如果宝宝能理解语言并知道将大人要的东西给出，则表明宝宝通过12个月智能发育标准。

用点头、摇头表示同意或不同意。观察宝宝表示同意或不同意时的动作，若宝宝会用点头表示同意，用摇头表示不同意，则表明宝宝通过12个月智能发育标准。

第十四篇

我是一个小精灵（13～18个月）

宝宝像个小精灵，好动而敏锐。会走的宝宝会把屋内的每个角落都观摩到，什么都想看、什么都想摸、什么都想尝试。柜中的东西一件件被宝宝拿到外面，丢了满地。如果宝宝可以够到书架，他会把书一本本拿下来，“搞破坏”很有一套了。此阶段，父母要采取科学有效的培养方法来逐步激发宝宝的各种能力，使他们的心智发展更上一个台阶。同时要有极大的耐心，应对处于执拗期的宝宝。

第一章 宝宝成长脚印

1岁以后的宝宝，基本上都可以走了，还可以自信地站起来。宝宝已能用手和膝盖配合着攀登楼梯，再慢慢地倒着爬下来。

发育特征

宝宝现在走路早已不成问题，跑得也比较平稳了，动作已协调了许多。而且现在宝宝已能自己观察路线和道路情况，避开障碍，不像原来那么容易摔跤了。

身　高

这时男宝宝的平均身高为80.6厘米，女宝宝的平均身高为79.8厘米。

体　重

这时男宝宝平均体重为10.8千克，女宝宝的平均体重为10.4千克。

头　围

这时男宝宝的平均头围为47.4厘米，女宝宝的平均头围为46.1厘米。

牙　齿

1岁半的宝宝一般已长出10～16颗牙。

独立行走

大多数的宝宝能够独立行走了，会走以后的宝宝更喜欢四处探索。手眼配合能力及操作能力也提高了，所有能够拿到的东西都要试图拿到。

超强模仿力

1岁半左右的宝宝开始思考和记忆那些不是眼前正在发生的事物。另外，宝宝的个性化也明显显现，当外界刺激超过了承受范围时，宝宝通常都会发泄出来。

第二章 宝宝餐桌安排

1岁以后的宝宝已经可以食用6大类食物：蔬菜类、五谷根茎类、油脂类、鱼肉豆蛋类、水果类、奶类，而这个阶段的营养均衡与否也将影响宝宝未来的生长发育。

饮食营养多样均衡

这个阶段宝宝日常饮食的特点是要对宝宝的饮食进行多样化的营养搭配，并且还要注意膳食的营养均衡。

花色品种多样

这个阶段的宝宝膳食的安排尽量做到花色品种多样化，荤素搭配，粗细粮交替。安排各种食物，如鱼、肉、蛋、豆制品、蔬菜、水果等。保证维生素C等营养素的摄入。每日每千克体重需要总热量378～420千焦，每千克体重需要蛋白质2～3克，每千克体重需要脂肪3.5克，每千克体重需要糖12克，三者之比为1：1.2：4，优质蛋白质应占总蛋白质的12%～13%。最好每日仍给予1～2杯豆浆或牛奶，每日3次正餐，加1～2顿点心。

营养均衡不缺

不少的家庭在宝宝膳食安排上存在着早餐简单，热量不足，晚餐丰盛，营养过剩；食物单调，食谱面窄；主食精细，忽视粗粮；零食度日，主食偏少等问题。所以，父母在给宝宝准备膳食时，应注意食物的营养均衡。

激发饮食欲望

父母可能会注意到学步的宝宝食欲明显下降，突然对吃的食物挑剔，刚刚吃一点就将头扭向一边，或者到了吃饭的时间拒绝到餐桌旁。这时，父母应该采取的措施是在每次吃饭时，准备一些营养丰富的食物，让宝宝选择想吃的食物，尽可能变换口味并保持营养。如果宝宝拒绝吃任何食物，可以等着宝宝想吃东西时，再让他吃。

本月喂养原则

宝宝虽然现在已经可以吃成人食物了，但由于此时消化机能还没有发育成熟，因此要尽量喂易消化的食物。

谷类食物为主

进入幼儿期后，粮谷类应逐渐成为宝宝的主食。谷类食物是碳水化合物和某些B族维生素的主要来源，同时因食用量大，也是蛋白质及其他营养素的重要来源。在选择这类食品时应以大米、面制品为主，同时加入适量的杂粮和薯类。在食物的加工上，应粗细合理。一般以标准米、面为宜。

乳类食品适量

乳类食物是宝宝优质蛋白、钙、维生素B_2、维生素A等营养素的重要来源。奶类钙含量高，吸收好，可促进宝宝骨骼的健康生长。同时奶类富含赖氨酸，是粗谷类蛋白的极好补充。但奶类铁、维生素C含量很低，脂肪以饱和脂肪为主，需要注意适量供给。过量的奶类也会影响宝宝对谷类和其他食物的摄入，不利于饮食习惯的培养。

肉蛋食品适宜

这类食物不仅为宝宝提供丰富的优质蛋白，同时也是维生素A、维生素D及B族维生素和大多数微量元素的主要来源。豆类蛋白含量高，质量也接近肉类，价格低，是动物蛋白的较好的替代品，但微量元素（如铁、锌、铜、硒等）低于动物类食物。

蔬菜、水果勿缺

蔬菜、水果是维生素C和β-胡萝卜素的唯一来源，也是维生素B_2、无机盐（钙、钾、钠、镁等）和膳食纤维的重要来源。在这类食物中，一般深绿色叶菜及深红、黄色果蔬、柑橘类等含维生素C和β-胡萝卜素较高。蔬菜、水果不仅可提供营养素，而且具有良好的感官性状，可促进宝宝的食欲，防治便秘。

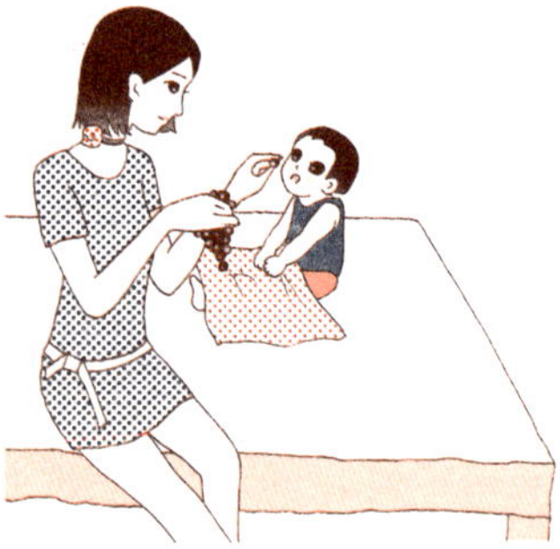

餐具要环保安全

妈妈从给宝宝喂养辅食开始，就在考虑选择和购买宝宝专用的餐具了。徘徊在品种繁多的宝宝餐具世界里，妈妈该如何选择呢？

尽量不用彩色餐具

彩色餐具上绘有的图案采用的颜料对宝宝的身体是有危害的。如陶瓷器皿内侧绘图所采用的颜料，其主要原料是彩釉，而彩釉中含有大量的铅，酸性食物可以把彩釉中的铅溶解出来，与食物同时进入宝宝体内。再比如涂漆的筷子，它不仅可以使铅溶解在食物当中，而且剥落的漆块可直接进入消化道。宝宝吸收铅的速度比成人快6倍，如果宝宝体内含铅量过高，会影响宝宝的智力发育。

尖锐餐具易伤人

宝宝的定位能力和平衡能力较差，使用锐利的餐具，如刀、叉等，容易将口唇刺破。如果宝宝跌倒，还容易造成意外，刺伤宝宝，所以不能给予宝宝用带尖、带刃的餐具。

考虑品牌与安全

市场上宝宝餐具品牌很多，在选购中，安全是最值得重视的，而知名品牌经过了国家相关部门的检测，更具安全性。

注意款式与功能

现在餐具的款式五花八门、形状各异，特殊形状的勺子，方便宝宝把饭送进嘴里。餐具的款式虽然多，但还是以方便实用、外形浑圆为好。

选好材质与色彩

用来制作餐具的材料很多，有塑料、陶瓷、玻璃、不锈钢、竹木等，而宝宝餐具的制作材料通常为塑料、不锈钢、竹木。塑料餐具由高分子化合物聚合制成，在加工过程中会添加一些溶剂、可塑剂与着色剂等，有一定毒性，而且容易附着油垢，比较难清洗，并不是理想餐具。不锈钢餐具中的镍、铬是重金属，因此产品必须要合格并且要使用得当。

第三章 爱心呵护指南

在幼儿时期，尤其是一岁多的宝宝正是对外界的事物充满好奇心的时候。这时候的家长应该适当的在日常生活中增加对宝宝的呵护，从各个方面给宝宝营造温馨安全的环境，并且不溺爱，使宝宝养成良好的生活习惯。

生活上细心护理

宝宝虽然已经进入幼儿期了，但在睡眠、穿衣等方面还需要爸爸妈妈的细心呵护。

满裆裤比开裆裤好

1岁以后的宝宝已经能自由行动，户外活动也相应多了起来，但这时的宝宝对卫生常识一无所知，随便什么地方都坐。如果穿的是开裆裤，特别是女宝宝由于阴部敞开，尿道短，阴道上皮薄，地面上的细菌等脏东西会轻易地从肛门、阴道及尿道侵入宝宝体内，引起尿道炎、阴道炎及外阴炎等。另外，宝宝在坐滑梯，骑摇马或使用公共坐便器时容易感染蛲虫。妈妈爸爸可以通过培养宝宝养成自觉大小便的习惯后，逐渐让宝宝穿满裆裤，这样做不仅有利于宝宝的身体健康，而且有助于培养宝宝的独立生活能力。

睡床要软硬适度

随着人们生活水平的提高，不少父母为让自己的宝宝睡得舒服一些，常常会让宝宝睡席梦思或弹簧床，或者喜欢将宝宝的床铺得软软的，长此以往对宝宝的生长发育不利。同样，这个年龄的宝宝也不适应睡硬板床，因为硬板床质地坚硬，不利于宝宝全身肌肉的放松和休息，容易产生疲劳，影响宝宝睡眠。所以，父母在为宝宝选择睡床时，要软硬适度。相对来说，比较适合宝宝的是棕绷床，因为棕绷床柔软并富有一定的弹性，睡眠时既可使宝宝的肌肉得到充分放松，又不会对宝宝的骨骼发育产生不良影响。

培养讲卫生习惯

宝宝的很多习惯是从很小的时候就养成的，不要因为宝宝还小就忽视了宝宝好习惯的培养，尤其是卫生习惯。这是对宝宝的身体健康和宝宝以后的生活都有较大影响的，应该引起父母的重视。

饭前便后洗手

此时的宝宝对什么东西都能产生浓厚的兴趣。如果在外面玩，他会捡地上的石头，挖泥土，拔地上的草，甚至会乱捡垃圾，弄得小手脏兮兮的。如果宝宝用脏手揉眼睛，会引起眼睛感染；用脏手直接拿东西吃，手上的细菌和寄生虫卵会一起吃到胃内，造成宝宝拉肚子了。因此，必须让宝宝养成勤洗手的好习惯。饭前便后要洗手，特别是在外面玩回来之后，不管小手有没有弄脏，回家的第一件事就是要先洗手，因为很多细菌是肉眼看不见的。在用肥皂或者洗手液洗手的时候，可以让宝宝边搓揉边慢慢数数，等数到30了，再用水冲洗，确保小手洗得干干净净的。另外，指甲缝是细菌容易寄存之处，宝宝由于某些生理和心理的因素，常常将手指放在口中吸吮，极易传染病菌。因此，一定要给小儿勤剪指甲，保持指甲清洁，不积泥垢。同时，要纠正宝宝吃手指、挖鼻孔和抠耳朵的坏毛病，防止由此得病。

一早一晚漱口

从 1 岁多起就应开始训练宝宝早晚漱口。训练时先为宝宝准备好水杯，并预备好漱口所用的温白开水。初学时，父母为宝宝做示范，把一口水含在嘴里做漱口动作，而后吐出，反复几次，宝宝很快就会学会。需要提醒的是，不要让宝宝仰着头漱口，这样很容易造成呛咳，甚至发生意外。在训练过程中，父母要不断地督促宝宝，每日早晚坚持不断，这样天长日久宝宝就会养成习惯。

养成良好作息规律

早期教育的重点，应该是让宝宝养成好习惯。因为习惯一旦养成改起来很难。给宝宝养成良好的作息习惯，对于今后的生活学习都是很有必要的。

规律作息原则

1．尊重宝宝的节奏，不要让宝宝感受到压力。

2．随着宝宝的年龄、发展特性及需求而及时调整。

3．不要做硬性的要求，因为每个家庭的条件和习惯都有所不同。

4．随着季节变化调整作息时间。

创造良好环境

尽量不开房间里的大灯，只开一盏灯光柔和的小壁灯，让宝宝一看到小壁灯亮起来，就知道该到睡觉的时间了。买一个柔软的儿童专用枕头，让宝宝睡得更香甜。还有，选择透气性好的被褥、挂上宝宝专用蚊帐等，给宝宝营造了一个温馨舒适的睡眠环境。

树立学习榜样

宝宝习惯何时醒来、何时睡觉、何时玩乐，与父母本身的作息相关。宝宝的时间观念与父母的工作形态有关，如果父母必须要晚睡晚起，宝宝多半也会跟着这样做。所以，可能白天习惯睡觉的宝宝，如果要强迫他醒着，就会很不好控制；或者宝宝半夜醒来，熬夜工作的爸爸没有哄宝宝睡觉，还陪他玩耍，宝宝会觉得晚上比白天还好玩，当然晚上就会容易醒，这样的日夜颠倒，不但让宝宝有不良的生活习惯，也会影响宝宝的身体状况。此时父母可以考虑配合宝宝调整自己的作息，让宝宝能有足够的睡眠时间。最好在每晚9点左右就寝，等到宝宝熟睡之后，爸妈再起来做自己的事。

第四章 预防保健须知

1岁至1岁半的宝宝需要接种一些疫苗进行加强，父母要留意各疫苗的接种时间。尽管父母都在尽自己最大的努力去照顾宝宝，可还是无法预料一些意外的发生，父母要时刻警惕细菌对宝宝的危害。

定期接种疫苗

1岁半左右的宝宝应接种百白破加强针、复种麻疹疫苗，可选择加服小儿麻痹（脊髓灰质炎）疫苗和接种流脑疫苗。不同的疫苗接种中间最好间隔14天，父母千万不要忘记了。

复种麻疹疫苗

麻疹疫苗接种反应比较轻微。有5%~10%的宝宝于接种疫苗后6~12天，可发生短暂的发热及皮疹，但发热者体温一般不超过38.5℃，持续时间不超过2天。麻疹疫苗接种后的一般反应和加重反应一般不需处理，有发热者可给予解热镇痛药物。已得过麻疹且临床表现典型的宝宝可以获得较持久的免疫力，很少再患第二次，故不需要再注射麻疹疫苗。

百白破加强针

在宝宝1岁半至2周岁时应接种百白破疫苗加强免疫1针。接种后局部反应见于注射10余小时后，可表现为红肿、疼痛、发痒，多于1~2日消退，个别宝宝会出现淋巴结肿大，大多在10余天后消失，少数宝宝消失较慢。

加服脊髓灰质炎疫苗

脊髓灰质炎是由一种影响神经和消化系统的病毒引起的，由它引发的传染病能导致患者瘫痪，甚至在某些情况下致死。所以，父母可以选择给宝宝加服此疫苗，无副作用。

预防蛔虫和蛲虫

宝宝的肠子里常常寄生着一些虫子，常见的有蛔虫、蛲虫等。这些虫子有一个特点，就是不但在肠子里吃住，而且还能繁殖。如果不积极防治，它们就会长期寄生在宝宝的身体里吸取营养，使宝宝贫血、消瘦，还能排出有毒的东西，使人慢性中毒。更严重的是，有的寄生虫会成群成堆地团在一起，引起肠堵塞等病症。因此，必须预防这些寄生虫。

注意个人卫生

教育宝宝养成良好的卫生习惯，不生吃瓜果，蔬菜要洗干净，饭前便后要洗手，要常剪指甲，不吮手指头。另外还要消灭苍蝇、蟑螂，做好粪便和水源管理，搞好环境卫生，就能避免虫卵进入宝宝体内。

避免重复感染

蛔虫的寿命只有1～2年，每条蛲虫只能活20天左右，如果感染了蛔虫和蛲虫，不进行任何治疗，只要做到不再重复感染，等它们寿终正寝就会不治自愈。因此，防范重复感染是非常重要的，其中，得蛲虫病的宝宝，晚上睡觉要用布包上手，穿上满裆裤，扎好裤腿，使宝宝的手不能接触肛门，防止再次感染。宝宝的内衣裤要每天换，换下后用水蒸煮消毒。被褥也要常晒，每次两三个小时。

选择药物驱虫

目前驱虫药多为广谱、高效、低毒的复方甲苯咪唑、甲苯达唑和阿苯达唑等药物，但这些药终究有一定的毒副作用。因此，宝宝要慎用，应遵医嘱或严格按照说明书合理选择毒副作用较小的药物使用。一般宝宝于每年春、秋季驱虫治疗1～2次为宜，同时要加强健康及卫生教育，养成良好的个人卫生习惯，每日按要求洗手，保持手部清洁卫生，可以有效减少或避免肠道线虫感染。

育儿新经

不要私自为宝宝驱虫

父母不要私自为宝宝驱虫，一定要在医生的指导下使用驱虫药物，因为在宝宝腹痛时驱虫，可能使蛔虫在腹内乱窜，引起严重的并发症。

第五章 情商智商开发

现在的宝宝，仍然处在感觉动作教育阶段，宝宝通过各种动作、各式各样的活动，不仅能够满足好动的天性，还能有力地促进大脑的健康发育和智力发展。

强化手指灵活训练

这个时候，爸爸妈妈除了训练宝宝手指的灵活性，锻炼宝宝手指小肌肉的机能外，还要注意宝宝学走路的安全问题。

经常用手指拿东西

宝宝的手指虽然已经很灵活了，但还需继续训练，因为随着宝宝手指灵活性的进一步提高，可以促进宝宝的大脑发育。为此，妈妈和爸爸可以和宝宝一起做手指操。训练宝宝用手指拿东西，是刺激大脑最好的办法，可以让宝宝经常拿小些的物体，其中搭积木就是这个时期最好的游戏。妈妈或爸爸也可以给宝宝放一段音乐，随着音乐的节奏，让宝宝的每个手指都得到运动。

锻炼手部小肌肉

手的发展和心智的发展是互相促进的，手在锻炼过程中不仅能促进小肌肉和运动机能的发展，也能促进人的整体智慧的发展。因此，应多多创造和利用机会让宝宝的手动起来。

生活中，让宝宝小手活动的地方很多，只要家长做个有心人，一定能够捕捉到更多的机会。比如，吃饭时，宝宝会把饭粒撒在桌上，他们会一粒一粒去捏起来吃，爸爸妈妈可能觉得不卫生，不让宝宝捏，但其实这个过程非常能锻炼宝宝手指的能力，所以爸爸妈妈尽可能不要阻止宝宝这样做。

提供更多说话机会

幼儿期是语言发展的一个非常重要和关键的时期。父母应该为宝宝创造良好的家庭语境，提供更多、更好的运用语言的机会。

提高自信心

爸爸妈妈要用鼓励的方式、互相激励的办法让宝宝产生说的欲望。针对个别性格内向的宝宝，不急于要求他能同其他宝宝一样一开始就能站出来说，而是进行个别交谈，一步一步地去引导，帮助其克服心理障碍。其实有些宝宝不是不想说而是不敢说，宝宝的自信心直接影响到他的学习态度和学习的努力程度。自信心的树立一方面与以往成功和失败的体验有关，另一方面与成人的期望和评价有关。因此要通过为宝宝提供多种自我表现的机会，鼓励宝宝大胆地表达自己的思想、情感、愿望，并实施赏识教育，增强宝宝表现的欲望。

育儿新经

培养学习兴趣和习惯

爸爸妈妈要注意培养宝宝的读书兴趣和良好的学习习惯。宝宝读书从某种意义上说是“读画”，“读画”本身就是语言。父母可以经常和宝宝同看一本图画书，一起讨论书中的内容。在读书看报的过程中，宝宝好问、好学，就好表达了。

激发表达欲

宝宝的年龄小，他的学习往往从兴趣出发，若运用外部压力迫使宝宝被动说话，往往会给宝宝造成心理负担，甚至引起厌学情绪。因此，父母要做到每天和宝宝交流，交流的时间、内容和地点因人而异。妈妈虽然是有意识地与宝宝沟通、交流，但应该让宝宝感到这是随意、自然的聊天。比如，有意识地引导宝宝讲述在儿童读物上获知的有趣的事情；说说自己在家的表现；还可以从宝宝感兴趣的事物中选择话题，如“我的房间”、“我喜欢的动画片”等。这种交流，一方面有助于了解宝宝的语言发展情况，另一方面有助于增加宝宝与父母交流的机会，激发宝宝乐于表达，敢于表达的愿望。

宝宝益智游戏

宝宝长大了许多，对游戏的兴趣也更浓，要利用这个机会用游戏来拓展宝宝的能力。

采蘑菇

这个游戏可以训练宝宝走和蹲的动作，从而提升宝宝的肢体协调能力。爸爸妈妈准备一个小提篮，一只玩具兔子，一些彩色硬纸剪成的蘑菇，并将蘑菇散落在地上。取出玩具小兔，说小兔子饿了，让宝宝给采一些蘑菇。然后让宝宝提着篮子拾蘑菇，再走回父母身边来。在做这个游戏时，应注意蘑菇不要太多，不要让宝宝蹲的时间过长。

戴面具

这个游戏在培养宝宝的绘画和想象能力的同时，还能提高宝宝的形象思维能力。妈妈可以比着眼睛、嘴巴、鼻子的位置在纸上剪4个洞，然后撕条纸带，两头用订书机订在耳朵的位置。然后将纸递给宝宝，指导宝宝在面具上画头发、胡子等，不过要注意别让宝宝拿到剪刀、订书机。

分蔬果

这个游戏可以促进宝宝分类能力和逻辑思维能力。妈妈准备一些干净的蔬菜和水果，先做示范，将蔬菜和水果分开。再把蔬菜和水果混合在一起，对宝宝说：“妈妈不小心将蔬菜和水果混在一起了，宝宝能帮妈妈把蔬菜和水果分开吗？”当宝宝在分开的过程中出现错误时，家长可及时指出“萝卜是蔬菜，还是水果呢？”让宝宝动脑子考虑后再重新分。如果宝宝还不能分正确，家长可教宝宝“萝卜是蔬菜，应该放在蔬菜这边”。

·本月智能发育测试·

大动作

宝宝能不扶物、不扶人自己踢球，说明宝宝能把身体重心落在一只脚上。18个月的宝宝，能把单足抬起1秒，能做到不必扶人而踢球，表明宝宝通过18个月智能发育标准。

精细动作

为鱼点眼睛。宝宝不但会画长线，还会为鱼点眼睛，说明宝宝会用笔在指定地方涂点，这是一项重要的画写能力，会画鱼眼睛之后可再进一步学画圈和画“十”字。如果宝宝能控制落笔点，为鱼点眼睛，则表明宝宝通过18个月智能发育标准。

认知能力

认识2种以上颜色。如果认识红色和黑色，很快就能记住对比最强的白色，有些宝宝还能辨认黄色，这样宝宝会用不太长的时间记住和辨认4种颜色。可以让宝宝指出哪种是叶子的颜色，哪种是头发的颜色，哪种是国旗的颜色，只要他能挑选正确，表明宝宝通过18个月智能发育标准。

言 语

宝宝会说自己“1岁”。宝宝会说自己“1岁”这说明宝宝会有目的地回答问题，可以进一步要求，再问“你几岁”时回答“我1岁”。即用“我”回答别人对“你”的提问，表明宝宝通过18个月智能发育标准。

情感与社交

宝宝会替妈妈拿4种以上东西。平时妈妈可告知这是谁的东西放在什么地方，让宝宝看过，记认物名，下次就知道在什么地方能拿到妈妈要的东西。宝宝会替大人拿4种以上东西，说明宝宝愿意帮助大人，同时能分辨这是谁的东西，记住放在什么地方。愿意帮助大人的宝宝易与人合作，也表明宝宝通过12个月智能发育标准。

第十五篇

单腿跳跳跳（19～24个月）

能够单腿跳跃，需要宝宝具有良好的平衡能力和足够的体力，应该为宝宝鼓掌。

宝宝应受到尊重，尤其是在公众场合。父母对宝宝的信任和鼓励，对宝宝的成长起着举足轻重的作用。妈妈一句鼓励的话、一个赞许的点头、一个爱怜的眼神、一个轻轻的抚摩，都会在宝宝幼小的心灵里留下美好的印记，伴随着宝宝一生的成长。幼时充分享受父母疼爱的宝宝，长大后不但懂得爱自己，更懂得爱他人。

第一章 宝宝成长脚印

此时期宝宝能独立行走，与周围环境接触的机会较多，活动增加，牙齿长得很快，醒着的时间逐渐延长，睡眠的次数相应减少。这时理解能力增强了，生活能力明显增强。

发育特征

随着月龄的增加，宝宝的模仿能力增强，甚至跟大人一样拿着抹布擦东擦西的，喜欢自己洗手，自己穿衣服等。

身　高

这时男宝宝的平均身高为89.06厘米，女宝宝的平均身高为87.42厘米。

体　重

这时男宝宝的平均体重为12.23千克，女宝宝的平均体重为11.62千克。

头　围

这时男宝宝的平均头围为48.44厘米，女宝宝的平均头围为47.39厘米。

语言发育

随着宝宝月龄的不断增长，语言的发育速度也非常快。语言能力强的宝宝1岁半时，已能说出100多个词语，且宝宝的语言模仿能力也令人惊讶。

感觉发育

宝宝的记忆力和想象力也有所发展。如果把一件玩具藏起来，宝宝不会再认为它会消失了，而是会努力地寻找。当宝宝懂得捉迷藏时，就更理解与妈妈的暂时分离了，宝宝知道妈妈总是要回来的。宝宝也能够理解一些抽象的概念，如今天和明天、快和慢、远和近等，更喜欢问“为什么”。

第二章 宝宝餐桌安排

宝宝的大脑现在正快速发育，爸爸妈妈在做日常饮食安排时，不要忘了多给宝宝吃些健脑食物。同时，父母要注意让宝宝保持从出生时就已培养的良好均衡的饮食习惯。

关注脑营养

宝宝的大脑发育，除了先天素质外，后天的营养与智力的关系最为密切。如果营养充足就能保证和促进大脑的发育，反之则会影响和阻碍脑的发育。

选食健脑食物

父母要多给宝宝选择下面的健脑食物：

1．动物内脏、瘦肉、鱼。动物内脏及瘦肉、鱼等含有较多的不饱和脂肪酸及丰富的维生素和矿物质。

2．水果。特别是苹果，不但含有多种维生素、无机盐和糖类等构成大脑所必需的营养成分，而且含有丰富的锌，锌与增强宝宝的记忆力有密切的关系。所以常吃水果，不仅有助于宝宝身体的生长发育，而且可以促进智力的发育。

3．豆类及其制品。豆类及其制品含有丰富的蛋白质、脂肪、碳水化合物及维生素A、B族维生素等。尤其是蛋白质和必需氨基酸的含量高，以谷氨酸的含量最为丰富，它是大脑赖以活动的物质基础。

食物健脑须知

1．健脑食物应适宜于宝宝的消化吸收。只有能够消化吸收，才能使大脑得到营养。

2．健脑食物应适量、全面，不能偏重于某一种或是以健脑食物替代其他食物。

3．健脑食物的种类及数量应逐步添加。食物种类全面不等于一哄而上，要注意宝宝的特殊进食心理和尚未完善的消化机能。

科学食用蔬菜

蔬菜中营养丰富，对宝宝的身体健康极为有利，但是，如果掌握不好正确的吃法，走入误区，就得不到应有的效果了。

餐前别吃番茄

番茄应该在餐后再吃。这样，可使胃酸和食物混合大大降低酸度，避免胃内压力升高引起胃扩张，使宝宝产生腹痛、胃部不适等症状。

香菇清洗适度

香菇中含有麦角淄醇，在接受阳光照射后会转变为维生素D。如果在吃前过度清洗或用水长时间浸泡，就会损失很多营养成分。煮蘑菇时也不能用铁锅或铜锅，以免造成营养损失。

豆芽菜要炒熟

豆芽质嫩鲜美，营养丰富，但吃时一定要炒熟。不然，食用后会出现恶心、呕吐、腹泻、头晕等不适反应。

韭菜现做现吃

韭菜最好现做现吃，不能久放。如果存放过久，其中大量的硝酸盐会转变成亚硝酸盐，引起毒性反应。另外，宝宝消化不良也不能吃韭菜。

绿叶菜少焖煮

绿叶蔬菜在烹调时不宜长时间地焖煮。不然，绿叶蔬菜中的硝酸盐将会转变成亚硝酸盐，容易使宝宝食物中毒。

第三章 爱心呵护指南

这个阶段正是宝宝性格的形成时期，也是宝宝扩大社交面的时期，爸爸妈妈要注意培养宝宝的个性与社会性。同时，也要培养宝宝一些良好习惯的形成。

不要剪眼睫毛

很多的年轻妈妈总是喜欢自己的宝宝长大以后像个小天使一样漂亮，她们认为，宝宝眼睫毛的生长与头发一样，剪一剪可以让宝宝的睫毛变得浓密黑长，从而使宝宝的眼睛变得很漂亮，其实，这样做对宝宝是非常不好的。

剪不促长

事实上，一根睫毛的寿命不超过3个月左右，而且，每个宝宝的睫毛生长都有自己的规律，因此，给宝宝剪眼睫毛，并不会使宝宝的眼睫毛长长。所以，父母们千万不要相信一些所谓的经验和秘诀。

影响健康

眼睛是心灵的窗口，宝宝通过眼睛看这个丰富而多彩的世界，而眼睫毛具有防止灰尘进入眼内、保护眼睛的作用。如果剪掉了宝宝的眼睫毛，宝宝的眼睛就失去了保护，灰尘、细菌等等很容易就侵入宝宝的眼睛里，从而引起各种眼病。

易误伤眼睛

宝宝出生时，眼睫毛是看不到的，大约1周后，眼睫毛才会慢慢长出来。两三个月大时，宝宝的漂亮睫毛就完全形成了。宝宝的睫毛与成人相比还是较短的，妈妈们拿着剪刀给宝宝修剪眼睫毛的时候，剪刀锋利的尖端很可能会伤到宝宝的眼睛。一般来说，妈妈在给宝宝剪睫毛的时候，都是比较紧张的，一不小心手一抖，就会给宝宝带来无法挽回的伤害。

正确对待“左撇子”

很多父母为宝宝习惯用左手而烦恼，的确，生活中的绝大多数用具都是为习惯右手的人群设计的，这对左撇子宝宝来说确实会感到有一些困难和不便。但是，父母应当明白左撇子不是什么坏习惯，更不是什么生理缺陷。因此，宝宝惯用哪只手，应顺其自然。

与遗传有关

从宝宝使用左右手的习惯，可观察宝宝是左脑优势还是右脑优势。其实绝大多数宝宝惯用手的习惯是家族遗传。比如，爸爸妈妈其中有人是左撇子，宝宝习惯使用左手的机会也就相对提高。从研究数据来看，大部分惯用左手的宝宝，都可以从亲属中找出相同属性的长辈。而宝宝习惯用左手，这表示宝宝的右脑比较有优势。

不要强行纠正

此时宝宝使用左手或右手的习惯已经很明显了，父母就应该让宝宝顺其自然。千万不可以强迫宝宝一定要用右手，或以言语不断地纠正，那样做容易造成宝宝害怕、有挫折感，变得不喜欢动手操作。而且，长久下来让宝宝处于挫折与无助感中，容易造成宝宝说话结巴、神经紧张、情绪不安等。

多刺激右手

值得庆幸的是，现在的父母思想开通，当父母了解宝宝惯用左手的原因后，较能接纳宝宝这个行为，不再像从前用打骂的方式强迫宝宝一定要改用右手。不过，可以多刺激宝宝不常用的那只手，左撇子的宝宝可以让他学着用右手捡球；同理，惯用右手的宝宝可以学着用左手捡球，因为在双手操作中，宝宝同时也刺激了左脑和右脑的活动，多刺激脑部活动对宝宝的发展有相当大的帮助，但是遇到宝宝要操作精细动作时，例如，吃饭、画图等就别强迫宝宝一定要左右开弓而“右手写字、左手做事”。只要父母顺应宝宝的自然发展，接纳宝宝与生俱来的特质与能力，从旁协助与引导，宝宝惯用左手或右手都可以发展得一样好，大脑也会全方位地发展。

巧妙应对发脾气

很多父母都感觉到，随着宝宝月龄的增长，人长大了，脾气也有些大了，遇到不顺心的事会生气，或要达到自己的目的时会大哭大闹，大发脾气。这时，父母要理智、冷静地应对宝宝的哭闹。

营造和谐气氛

当宝宝发脾气的时候，父母应该温和地加以阻止，告诉他这么做不好，并在生活中为他做出处事的榜样。如果宝宝开始学着控制自己的情绪，父母一定要表扬他，经过一段时间以后，他就会自然而然地成为脾气温和的宝宝了。

父母要冷静

有的父母，只要宝宝一发脾气，自己也大动肝火，父子同唱一台戏。其实这样并不能让你的宝宝停止哭闹，反而会火上浇油，很多的宝宝趁此大哭大闹，家中和谐的气氛完全被打破了。所以，宝宝哭闹的时候，父母一定要冷静。

置之不理

当宝宝发脾气哭闹的时候，做父母的什么也别做，让他知道哭闹既不能引起你的注意，也不能帮他达到目的。父母可以暂时走开，装作不理他的样子，把他关在他自己的房间里，或是把自己关在房间里。如果怕他发疯般哭闹，或伤害自己，可以把他关在安全的地方。只要他在哭闹，就决不理他，看也不看一眼，这对许多父母虽然难以办到，也要勉强为之，试着找点别的事做。

夸奖鼓励

待宝宝哭闹的暴风雨过去，立即夸奖他终能控制住自我，而且与他开始另一种不会有挫折感的游戏。对他说："宝宝以后不要大哭大闹，妈妈还是喜欢你的，只要宝宝像现在这样听话。"由于这是你对他的哭闹首次发表意见，会帮助他了解你刚才不理会的是他的哭闹，而不是他本人。

教学穿衣、脱衣

两岁的宝宝应该学会自己穿衣、脱衣了，这是宝宝走向生活自理的一个重要的方面，妈妈们不要操之过急，可以先让宝宝学会脱衣，再让宝宝学会穿衣。

从布娃娃练起

当宝宝表示要自己穿衣服、脱衣服的时候，可以让宝宝用布娃娃做练习，先让宝宝分清衣服的正反面，然后给布娃娃脱去衣服，然后再穿上。宝宝每完成一步就要表扬他，并让宝宝有机会多练习。让宝宝练习扣扣子，拉拉链，勾裤钩和解纽扣，最后练习系鞋带。父母要有耐心，不要期望很快就能学会，因为宝宝还小，但最终会学会的。

从简单到复杂

在最开始，妈妈要为宝宝选择穿脱起来都很简单的服装。对宝宝来讲，有松紧带的裙子和裤子，套头衬衫既好穿又好脱，而系扣子的大衣或带拉链的滑雪服就比较难对付。当宝宝把简单的服装应付自如后，再逐渐让宝宝穿式样较复杂的服装。

妈妈做示范

宝宝凡事都喜欢照父母的样子做。如果你一边给宝宝穿衣服，一边做示范，宝宝便会喜欢去学。这样不仅可使宝宝学会正确穿法，而且也可使宝宝习惯快穿衣。

给予提示指导

一旦发现宝宝遭遇困难，父母可以提供适时的指导与协助。比如说，教宝宝扣纽扣时，要叮嘱宝宝要从下往上扣，这样会顺手一点，并要宝宝用一只手先扒开扣眼，再用另一只手捏紧纽扣，最后把纽扣进扣眼里。教宝宝穿袜子时，先让宝宝弄清袜跟不能穿到脚面上，而是应该正好套住脚后跟，并且帮助先把袜子卷起来，再让宝宝把脚趾伸进袜筒内，然后一边伸一边拉袜口，这样穿起袜子来就容易多了。宝宝学得也会快很多。

第四章 预防保健须知

宝宝生病是不可避免的事，带宝宝看病则是门学问，所以，做父母的千万要引起重视。这个时期，父母不仅要注意做好宝宝的日常护理，还要掌握一些宝宝受到意外伤害和患病时的处理方法。

沉着应对意外事故

宝宝还小不懂事，常常会发生一些小意外。作为父母，应该防止意外伤害和多掌握处理措施，及时地挽救意外伤害造成的危害。

误服干燥剂

现在的小食品，包装袋里多半有干燥剂，宝宝常常以为是好吃的，拿出来就放嘴里大嚼特嚼，这时父母可要注意了。目前食品干燥剂大致有4种。一种是透明的硅胶，没有毒性，误食后不需做任何处理。另一种是三氧化二铁，具有轻微的刺激性。如果误食的量不是很大，给宝宝多喝水稀释就可以了，但如果宝宝误食的比较多，出现了恶心、呕吐、腹痛、腹泻的症状，要赶快去医院就医。还有2种白色的粉末，一种是氯化钙，只有轻微的刺激性，多喝水稀释一下就行了。另一种是氧化钙，它遇水后会变成碳酸氢钙，有腐蚀性。如果宝宝误食也应先喝水，但要避免喝得太多引起呕吐，反倒灼伤了食道，之后马上去医院就医。

误服药物

为了防止宝宝将糖衣药当糖豆吃，药物一定要放在柜子里收好，有毒的药物外包装还须严密，使宝宝即使拿到也旋转不开。如果宝宝错喝了癣药水、驱蚊水等外用药，应马上叫宝宝喝浓茶，因为茶叶中含有鞣酸，具有沉淀和解毒的作用。稍作缓解之后，赶紧送医院检查诊治。

跌伤的治疗与护理

跌倒是宝宝常有的问题，大部分的跌倒是不会造成严重伤害的，如一些淤伤、磨擦伤等；少部分的跌倒会产生骨折、内脏器官伤害或头部外伤等。父母要了解一些跌伤的治疗方法，以便更好地照顾受伤的宝宝。

轻度跌伤

宝宝跌倒摔了一跤，家长应将宝宝抱起，看一看跌摔在什么部位，该部位能否活动。如摔了腿，但站起来后还能活动，说明未发生骨折，仅仅是表皮或软组织受伤并不要紧。可将皮肤擦破部位，用清水洗净，涂以红药水或外敷云南白药，以消毒纱布及绷带裹好。若软组织损伤、局部肿胀、疼痛明显，需到医院拍X光片确认有无骨折，如无骨折，可服用跌打丸、云南白药等药物，注意观察肿胀局部的变化，并应适当休息。

骨　折

如发现四肢有明显肿大疼痛，运动困难或左右两侧有不对称现象，则可能是骨折，在送医院前可先把受伤部位固定，以减少疼痛及预防在搬动时加深伤害。简单的方法是用一叠报纸或一个枕头，放在受伤的肢体底下，最好能包含骨折部位远端的关节。如小腿骨折，则包含整条小腿及髁关节（小腿及脚之间的关节），用绳子或粗胶带在骨折处上下侧捆绑固定。

头部受伤

是否有头部外伤是最困扰的问题，如果跌倒后有过昏厥或意识不清的状况时，最好立刻送医检查，不能单靠有没有伤口或流血来辨别伤害的严重度，有时候有明显的伤口反而较不会有颅内出血，因为大部分的撞击力量都被外面的皮肤及组织吸收。

碰到钉子

如果跌倒摔碰到钉子或铁器上，虽说伤可能不重，可能仅仅是扎了一个小口子，或伤了一点皮。但是，不能掉以轻心，要给予足够的重视。因为钉子或铁器上可能生锈，伤口有被破伤风杆菌污染诱发破伤风的可能。这时候，父母应该及时带着宝宝去打破伤风疫苗。

第五章 情商智商开发

智力是由思维能力、想象力、记忆力、观察力、专注力、操作能力组成。在训练宝宝时，要注意各方面基本能力均衡培养，如不能忽视培养宝宝的自理能力、社会交往能力等。

加强跑跳训练

宝宝快2岁了，这个时期是宝宝学习跑步、双脚跳动作的最佳时期，爸爸妈妈要帮助宝宝进行这方面的训练。

跑的训练

在日常生活中，常见1岁半到2岁的宝宝几乎是用满脚掌跑，摇摇晃晃，手脚协同动作不明显，属于跑不稳阶段。这时，父母应手持玩具引导宝宝跑着来拿，同时父母一面后退，一面注意保护宝宝不要摔倒，跑一段路后把玩具给宝宝，让宝宝边玩边休息一会儿。然后，再用另一玩具引导宝宝再跑。至于跑的次数、距离因人而异。注意不要使宝宝疲劳。

跳的训练

让宝宝学会双脚跳，对其身心发展有着重要的作用。从生理角度看，跳是一个复杂的条件反射建立过程，宝宝在克服自身体重跳起来时，需要付出很大的努力。一般在近2岁时，可让宝宝进行这一动作的学习。在学习双脚跳之前，父母要做一些准备工作。比如，宝宝跌倒了，要自己爬起来；观看一些哥哥姐姐的跳跃游戏，从中激发宝宝学跳的愿望。具体方法是：让宝宝扶双手进行双脚跳，这时父母用双手拉着宝宝的双手，然后和父母一起用力跳起来，跳一会儿，休息一会儿，千万不能用力提拉着宝宝的手做双脚跳的动作；父母也可采取让宝宝通过跳拿玩具，或做小白兔游戏、摘果子的游戏等形式练习。让宝宝学跳的动作一定要注意由易到难，循序渐进。

适时参与社会交往

在这个阶段，宝宝的社会交往行为越来越频繁，爸爸妈妈可以适时培养宝宝的社会交往能力。

认识小伙伴

玩具陪伴宝宝一同成长，它带给宝宝的不仅是快乐，因宝宝在玩玩具过程中不断地探索、积累、发展，玩具还使宝宝变聪明、变灵活。但玩具绝对不能替代同伴。宝宝缺少与同伴交往的机会，只与玩具相伴就会处在不真实的世界里，交流是单向的，没有回应的，长此以往，宝宝性格发展就有缺憾，容易任性、内向、孤僻、不易被他人接受。宝宝与同伴交往有其独特的作用，同伴是宝宝行为、语言等方面学习的榜样，宝宝在与同伴的交往中，学会的是社会性交往能力，尝试调整自己的行为，主动适应并融入社会环境之中。而这一切是玩具无法具有或替代的。如经常跟大方、大胆儿童在一起，宝宝也会以此标准衡量自己，并获得同伴认同，形成自我尊重的基础；在与同伴互动过程中，会认识到别人的观点、需要，学会了解别人、理解别人，约束自己的不合理行为；在成长过程中，宝宝还会有许多困惑、烦恼、焦虑，在父母处可以得到宣泄，在同伴处也可宣泄。

树立好榜样

榜样的作用总是无穷的，父母的一言一行都在无形中影响着宝宝的行为。如果父母在与他人的交往过程中能够表现出良好的社交礼仪，能够热情地和邻里打招呼，向其他人寒暄问好，经常保持微笑，常使用一些文明礼貌用语，那么这个过程都会潜移默化地影响着宝宝。而且，年幼的宝宝模仿能力很强，他们经常是在观察和模仿他人尤其是父母的言行的过程中，学会各种技能和本领的。因此，父母千万不可忽视自身的榜样示范作用。同时，爸爸妈妈做出一些文明礼貌的行为之后，要鼓励宝宝模仿爸爸妈妈的行为，激发宝宝做一个讲文明懂礼貌的好孩子。

宝宝益智游戏

爸爸妈妈在和宝宝做游戏时，要尽量将游戏和近期正在训练的能力相结合，让宝宝加深能力训练的印象。

猫捉老鼠

训练宝宝跑的能力。爸爸妈妈准备一只老鼠玩具，或者自己制作一个，由爸爸妈妈牵着老鼠跑。让宝宝扮演小猫，来捉老鼠。爸爸妈妈可以根据宝宝跑的能力来控制老鼠跑的速度。玩几次之后，可以和宝宝互换角色，把老鼠系在宝宝身上，爸爸妈妈来追小老鼠。需要注意的是，如果在家里玩这个游戏，要把场地清理干净，不要让一些物体把宝宝绊倒，甚至弄伤。

聊天游戏

提升宝宝的语言交流能力。通过这个游戏可以激发宝宝的想象力和发音能力，从而提高宝宝的语言能力。妈妈拿出小猪储蓄罐，引导宝宝和小猪宝宝聊天："小猪宝宝长得真可爱，宝宝长得可爱吗？"鼓励宝宝回答，和小猪宝宝聊天。这个游戏玩熟后，妈妈还可以拿出家里其他的玩具，引导宝宝和它们聊天。

"鹦鹉学舌"

训练语言模仿能力。通过这个游戏锻炼宝宝的语言模仿能力。首先要向宝宝讲解训练规则，要宝宝仔细听父母说的话，然后再复述一遍。父母可以先从一些简单的话开始，"你好吗？"、"我很好。"、"今天天气很好。"让宝宝跟着学习。然后再慢慢进展到较为复杂的，也可以模仿各种声音，如动物的叫声、有节奏的敲击声等。

·本月智能发育测试·

大动作

能稳稳地走，会上下斜坡，并绕跨障碍走；会扶栏杆上下楼梯，双脚交替一步一阶地走。表明宝宝通过24个月智能发育标准。

精细动作

能一页一页地翻书。能用拇指和其他手指拿笔，而不再像以前大把抓握，出现比较成熟的握笔姿势。盖紧瓶盖：能盖紧或拧紧瓶盖，而不仅仅是盖上了事。搭积木：能搭高7块，并且不倒下来。父母大人用玻璃丝穿过扣眼，并用另一只手将线拉出，然后，鼓励宝宝去做，观察他的反应。如果宝宝能将玻璃丝穿过扣眼，并用另一只手将线拉出，则表明宝宝通过24个月智能发育标准。

认知能力

能指对人体的7个部位，如大人说鼻子，他便指鼻子。在大人的询问下，能指对7个部位，如鼻、眼、耳、口、头发、手、脚等。表明宝宝通过24个月智能发育标准。

言　语

会说50多个字，发音已比较清楚，但尚不够准确。宝宝开始能清楚地用字表达，虽然用的字可能不易听清，但已不仅仅是声音的变调了。能说出名称、用途和部位，相继给宝宝看两张画、四件物品，宝宝能说出画中形象（如小狗、小兔）和物品（如杯子、帽子）的名称和用途。如果指着身体部位问宝宝，宝宝至少也会说对一个，如指着鼻子问他时，宝宝会答出“鼻子”。表明宝宝通过24个月智能发育标准。

第十六篇

我乖巧懂事了（25～36个月）

现在的宝宝进入了大脑的最活跃期，宝宝的思维发展则进入了一个快速爆发的时期。宝宝对周围各种各样的事情都会发生非常强烈的兴趣，而且跟小时候不同的是宝宝想探一个究竟。那么在这个阶段，父母首先要善于给宝宝提问题，激发宝宝了解对周围世界的一种欲望，也可以启发他的思维锻炼的习惯。在这一阶段，在日常生活中因地制宜地创设学习环境，时时处处为宝宝打开知识的门窗，激发宝宝的求知欲望，培养宝宝的注意力、记忆力和观察分析能力，使宝宝更聪明、更可爱。但3岁的宝宝，仍然是以玩为主的宝宝。

第一章 宝宝成长脚印

2岁多的宝宝是婴幼儿期中最重要的时期，智力和情感的成长速度非常惊人。在2岁多宝宝的身上同时有着有些事都要自己干的欲望和缠着妈妈撒娇的强烈依赖性。

发育特征

现在的宝宝，运动能力已经非常强了，由于这个时期宝宝的运动量较大，因此肌肉也结实有弹性，而且具备良好的平衡能力，并会拍球、抓球和滚球等。

身 高

这时男宝宝的平均身高为97.2厘米，女宝宝平均身高为96.2厘米。

体 重

这时男宝宝的平均体重为14.7千克，女宝宝的平均体重为14.2千克。

头 围

这时男宝宝的平均头围为49.6厘米，女宝宝的平均头围为48.6厘米。

情感发育

宝宝很想探索外面的世界并寻求冒险经历，但宝宝仍缺乏在冒险过程中必需的许多技能，因此需要父母的保护。宝宝仍不能控制自己的情感冲动，因此宝宝生气和遇到挫折感时会哭泣、踢打和尖叫。

社交能力

宝宝更关心自己的需要，而且行为也更加自私。因为宝宝不理解其他人在这种情况下的感受，认为每一个人的感受和想法都与他们完全一样。

第二章 宝宝餐桌安排

现阶段的宝宝，饮食状况基本稳定，但爸爸妈妈要注意避免营养补充的误区和不合理的进食方式。

及时发现营养不良信号

人们通常把消瘦、发育迟缓乃至贫血、缺钙等营养缺乏性疾病作为判断宝宝营养不良的指标。这一方法虽然可靠，但病情发展到这一步，宝宝的健康已经遭受到一定程度的损害，因此要及早发现宝宝营养不良的信号。

情绪异常

当宝宝情绪不佳、发生异常变化时，应考虑体内某些营养素缺乏：宝宝郁郁寡欢、反应迟钝、表情麻木，提示体内缺乏蛋白质与铁质；宝宝忧心忡忡、惊恐不安、失眠健忘，表明体内B族维生素不足；宝宝情绪多变、爱发脾气，则与吃甜食过多有关；宝宝固执、胆小怕事，多因维生素A、维生素B、维生素C及钙质摄取不足所致。

行为反常

宝宝不爱交往，行为孤僻，动作笨拙，可能缺乏维生素C；夜间磨牙、手脚抽动、易惊醒常是缺乏钙质的一种信号；行为与年龄不相称，较同龄宝宝幼稚可笑，表明氨基酸摄入不足；喜吃纸屑、煤渣、泥土，此种行为称为“异食癖”，多与体内缺乏铁、锌、锰等矿物元素有关。

调整饮食

当宝宝出现营养不良的症状，如恶心、呕吐、厌食、睡眠减少、口唇干裂、口腔炎、皮炎、手脚抽搐等现象时，父母务必要在医生的指导下，调整宝宝饮食和补充营养物质，去除病因及促进消化功能的改善。

杜绝不合理的进食方式

快3岁的宝宝，培养良好的进食习惯是非常重要的，首先要做到规律进餐，定时定量。应安排好早、午、晚三餐及早、午、晚3次的点心。其次不要让宝宝养成挑食、偏食、吃零食的习惯，达到均衡的饮食结构。

不科学的喂养

在人的生命过程中，婴幼儿时期的营养决定了宝宝一生的身体形态、智力发育、生存能力以及寿命长短。所以，幼儿的科学喂养尤其重要，父母应避免幼儿不合理的进食方式，使自己的宝宝健康成长。

饮食无度

对宝宝过分迁就，要吃什么吃就给什么吃，要吃多少就给多少，有的父母总认为宝宝没吃饱，像填鸭似的往宝宝嘴里塞，认为只要吃下去就有营养，结果引起积食及肥胖。严格来讲，饮食应根据宝宝生长发育的需要来供给，每餐进食量要相对固定，品种要丰富，营养要均衡。

饮食无时

如果宝宝什么时候要吃，就什么时候喂，没有按时进食的习惯，每天餐次太多，餐与餐之间间隙不合适，饥饱不均，便会造成宝宝消化功能紊乱，生长发育需要的营养素得不到满足。宝宝从小要养成良好的饮食习惯，进食要定时定量，一日三餐为正餐，早餐后2小时和午睡后可适当加餐，但也要定量。

过分要求吃饭速度

不要过分要求宝宝吃饭速度。由于宝宝的胃肠道发育还不完善，胃蠕动能力较差，胃腺的数量较少，分泌胃液的质和量均不如成人。如果在进食时充分咀嚼，在口腔中就能将食物充分地研磨和初步消化，就可以减轻下一步胃肠道消化食物的负担，提高宝宝对食物的消化吸收能力，保护胃肠道，促进营养素的充分吸收和利用。

第三章 爱心呵护指南

幼儿时期是良好的习惯和不良行为养成的时期，父母应多留意宝宝的举动，及时矫正宝宝的不良行为，并鼓励和肯定宝宝的良好习惯，这样做会使宝宝的一生受益匪浅。

保持健美的形体

幼儿期正是迅速生长发育的阶段，宝宝在这个时期骨头里钙、磷等无机盐含量少，有机物含量多，所以骨骼硬度小、弹性强、柔软，不容易骨折、断裂，但易变形。另外，各个器官功能均不定型，容易发生变化。因此，在这个时期注意保持宝宝健美的体形极为重要。

正确的坐姿和走姿

宝宝连续坐的时间不宜超过半个钟头，且要保持正确坐姿；身体端正，两腿并拢，腰部挺直，两眼平视前方，两臂自然下垂放在腿上，这样的姿势才不会引起宝宝椎骨变形。帮助引导宝宝稳定协调地走路很有必要。正确的走路姿态应目视前方、上体正直，双臂自然下垂，手指自然弯曲，两臂以肩关节为轴前后自然摆动，下肢协调动作，抬头挺胸。走路时双足勿向外撇，也不能向里钩，否则容易形成异常走路姿势。

姿势正确有益健康

收腹、挺胸、抬头、前视、站直。不弯腰、不侧弯，两肩平面对称，两手自然下垂，两足靠拢，自然站立。这种姿势可使胸腔容积扩大、腹腔压力减少，有利于呼吸及血液循环，有利于全身健康。

创造适宜的环境

父母应为宝宝提供与其身高相协调的桌椅。一般来说，桌椅之间的距离以宝宝端坐在椅子上，两肘刚好放在桌面为宜。还应注意，不要让宝宝坐在柔软的沙发或床上看书、看电视，坐时不要让宝宝过多地依靠垫背。

耐心细致教学礼仪

很多父母看到别人家的宝宝乖巧又有礼貌，很是羡慕。其实自家的宝宝也可以这样的，只要父母马上行动起来，积极而又耐心地教宝宝学习礼仪观念。

学和小伙伴相处

告诉宝宝和小伙伴交往要谦和。小朋友有自己的交往方式，懂礼貌的小朋友见了面会拉拉小手，碰碰身体，点点头。碰到矛盾，大人要引导宝宝轻松解决，小朋友一起商量，学会一些自己解决问题的方法和交往的法则，这样，宝宝交往起来会觉得很轻松，性格也会更温和。

学礼貌用语

礼貌用语虽然都很简单，但要让宝宝养成习惯并主动说出，就不是件容易的事了。如果宝宝主动叫人或使用文明用语，做父母的要及时给予表扬，让宝宝知道懂礼貌的宝宝是人人喜爱的。

学接人待客

客人到家，正是妈妈训练宝宝礼貌待客的好机会。客人进门，宝宝甜甜地问声好，将客人领进来，稍大一点的宝宝，妈妈不如放手让他摆摆糖果、放放饮料等。如果有宝宝的小客人来访大人除了热情招待外，还要让宝宝自己学做小主人，领着小朋友到处看看，拿出心爱的玩具和小客人一起分享。

学会做客

带宝宝到别人家做客时，要教育宝宝不要大声喧哗，不要狠抓主人递过来的糖果，和主人家小朋友要友好相处。在做客时一定不可去拉别人家的抽屉或翻别人的柜子，也不要到主人家的卧室特别是床上打打闹闹。

教学生活技能

在日常生活中，爸爸妈妈要根据宝宝的年龄特点经常为宝宝提供独立活动的机会和条件，帮助宝宝逐步学会自己做事、自己动脑筋想问题。

使用筷子

教宝宝使用筷子会促进宝宝手的灵活性，并由此而促进脑的发育，增强智力。随着宝宝手的灵活性的不断发展，可逐渐培养宝宝使用筷子。当然宝宝在这个年龄想要学会自己吃饭主要还是用勺子，筷子只能是作为一项练习。例如在给宝宝吃香蕉时，可以将香蕉切成小块放入盘子中，让宝宝试着用筷子把香蕉夹起并送入嘴里，父母要对宝宝的进步与成功给予真诚的夸奖。

认识日常用品

日常生活中，父母可结合具体的情况教宝宝认识日常用品的用途，这样做的目的是丰富宝宝的词汇量，发展宝宝的语言表达能力，同时还利于发展宝宝对周围事物的兴趣，对培养宝宝独立生活的能力起着很大的作用。

整理衣服

家庭经常要做的事情之一就是整理衣服，当妈妈从晾衣服的地方将全家人的衣服收拢，放在床上时，就一定要请宝宝帮助收拾。从日常生活和观察中，宝宝就能认识这是妈妈的裙子，那是爸爸的裤子，这是宝宝的外衣等。先让宝宝学习将衣服大致叠好，将属于每个人的衣服各放在一边，然后找到衣柜中放妈妈裙子的地方，放爸爸裤子的地方，放自己衣服的地方并把衣服放好。当宝宝认识了每个人放东西的地方之后，他就可以随时帮助父母取到所需要的东西，而且知道了家中的东西要放在固定的地方，不能随意放置。宝宝得到了经常练习的机会，就能熟能生巧，渐渐地学会衣服怎样叠整齐。

培养生活自理能力

一个宝宝能否可以自理，与其说决定于宝宝本身的能力，还不如说与看管宝宝的父母是否放手有关。父母要在日常的生活中注意培养宝宝的生活自理能力。

“自己的事自己做”

父母只要从事事都代替宝宝去做的思想中解放出来，就有可能让宝宝学会自己的事情自己做。一旦宝宝养成了什么事都应该由妈妈做的习惯，就会影响到宝宝独立性格和自理能力的培养。特别是当宝宝没有同玩的伙伴，除了接触家里人以外，就不了解其他人时，更是如此。对于2～3岁的宝宝，父母们如果放手让他们去做，很多事情是可以做到的。例如，要逐渐引导宝宝自己穿、脱衣服。对于2岁多的宝宝来说，给宝宝解开部分扣子，只要是能脱下来就好。宝宝到了3岁时，除了最上面的一颗扣子外，其他的扣子宝宝都能自己解开了。在穿、脱衣服的练习中，如果要是有愉快的目标，宝宝就会做得很快。夏天因为要洗澡或到户外去玩，对宝宝说声要换上衣，宝宝都会主动去做。父母千万不要习以为常地帮助宝宝穿、脱衣服。

培养爱劳动习惯

由于宝宝在这一阶段是非常爱动的，对什么都好奇，喜欢模仿，所以，父母基于宝宝这一心理特征，就可以因势利导，在宝宝力所能及的范围内，让宝宝参与一些简单易行的事情，充当父母的小帮手，以发挥宝宝的积极性，从小培养爱劳动的好习惯。有的父母认为，这些看上去微不足道的小事，不会让宝宝学会什么本领，还可能越帮越忙。其实，这种想法是很不正确的。当然，对一些不适合宝宝做的事情还是不应让宝宝去做，如果宝宝坚持一定要做时，可以用转移注意力的方法让宝宝放弃，这样既不会打击宝宝的积极性，又可以保障宝宝的安全。

第四章 预防保健须知

2～3岁是婴幼儿阶段最重要的时期，父母要随时注意宝宝身体一些异常的变化，以便及时发现病情，及早到医院进行就诊。

防治感冒鼻塞

宝宝不慎感冒，鼻塞、呼吸急促，并带有明显的响声，有时还打喷嚏。面对这些病状，父母该怎么办呢？

家庭治疗法

1．煎熏法：将一小把葱白或三四个葱头切碎煎汤，用鼻吸热气，或将食醋烧开吸醋气，疗效都较好。

2．侧卧按摩法：左侧鼻塞向右卧，右侧鼻塞向左卧，用双指夹鼻按揉双侧迎香穴1～2分钟，鼻塞可除。

3．热敷法：用热毛巾敷鼻梁，不可盖住宝宝的鼻孔，鼻塞可解。

4．变位法：宝宝鼻塞时，常哭闹不停，这时可将宝宝竖直抱起，很快便能安然入睡。

需看医生的情况

宝宝一旦出现感冒的症状，持续5天以上，体温超过39℃，出现耳朵疼痛，呼吸困难，持续咳嗽，老流黄绿色、黏稠的鼻涕，要立即带宝宝去看医生。

预防感冒的方法

1．保持空气湿润。可以用加湿器增加宝宝居室的湿度，尤其是夜晚能帮助宝宝更顺畅地呼吸。别忘了每天用白醋和水清洁加湿器，避免灰尘和病菌的聚集。

2．为宝宝做个蒸汽浴。带上宝宝和你一起去浴室，打开热水或淋浴，关上门，让宝宝在充满蒸汽的房子里待上15分钟，宝宝的鼻塞定会大大好转。

防止宝宝烫伤

烫伤是宝宝的常见病、多发病之一，尤以1～3岁最多。由于严重的烫伤会给宝宝遗留可怕的后果，如手指不能伸直，脚不能行走，膝肘等关节不能伸直，五官扭曲变形等，造成宝宝终生的身心障碍。

注意洗澡的水温

当给宝宝洗澡时，如果先放热水后加冷水，一旦父母放完热水后准备去提冷水而稍不留意，无知的宝宝就有可能不慎跌入盛有热水的盆中引起烫伤，背部、臀部、会阴部的大面积烫伤是常见的。因此给宝宝洗澡时父母一定要多加留意，应该先放冷水后再兑热水。

远离电热源

热水瓶、电饭锅、热茶杯等不要放在宝宝能够直接或间接触及之处。有的家长以为不放在宝宝直接能触及之处就安全了，其实不然，如果放置热容器的台面上有台布，宝宝蹒跚行走时，喜欢拉扯台布以防跌倒，结果热液自头顶泼下，造成烫伤。

小心碰翻热液

不要让宝宝独自面对热液(热汤、热粥、热奶、热洗衣粉液等)，因为宝宝对周围事物很感兴趣，但手脚尚不灵活，容易碰翻热液，引起烫伤。

烫伤后的护理

宝宝烫伤，父母也不必紧张，以免手忙脚乱。首先要将宝宝脱离热源，例如穿着浸透有开水的衣服应将它迅速去除，如果皮肤仅仅有点红、肿，而范围比较小，没有起水泡，可以给宝宝涂抹蓝油烃软膏即可，也可暂时代涂抹牙膏以减轻疼痛。对于面积较大的烫伤，则应用干净的被单将宝宝包裹后立即送医院诊治。

细心呵护防上火

日常生活中，常常会见到宝宝有便秘、尿黄、眼屎多、口舌生疮等症状产生，于是老人们会提醒家长，宝宝“上火”了，要多吃清火的东西。其实“上火”是中医和民间的说法，现代医学解释是炎症，多是由各种细菌、病毒侵袭机体，或是由于积食、排泄功能障碍所致。那究竟要怎么预防“上火”呢？

睡眠要充足

保证宝宝睡眠充足，宝宝睡眠时间稍长，一般为10个小时左右。人体在睡眠中，各方面机能可以得到充分的修复和调整。

多补充水分

宝宝皮层薄，很容易丧失体内水分，尤其是秋天，水分的流失更加严重。所以在两餐哺乳或正餐之间给宝宝多补充水分是预防上火的最简便的方法。

多吃蔬菜、水果

在饮食方面，多给宝宝吃一些绿色蔬菜，如圆白菜、菠菜、青菜、芹菜。蔬菜中的大量纤维素可以促进肠蠕动，使大便顺畅。

控制零食

平时多注意控制宝宝的零食，不购买或给宝宝少吃易“上火”的食物，如油炸、烧烤食物。少吃瓜子、花生或荔枝。尽量少喝甜度高的饮料，最好喝白开水。

定时排便

让宝宝养成良好的排便习惯。每日定时排便1～2次。肠道是人体排出糟粕的通道，肠道通畅有利于体内毒素的排出。因此，可以多给宝宝吃苹果、西瓜、香蕉等水果，全麦面包、玉米粥也要常吃，粗粮含有丰富的膳食纤维。

第五章 情商智商开发

为了增强宝宝的认知能力，父母要坚持对宝宝进行语言能力、思考能力的训练，引发宝宝的学习兴趣，并让宝宝学会写字。在日常生活或游戏中，无论遇到什么困难，家长首先就应该问孩子："你有什么好办法吗？"这对培养孩子独立思考的品质是有利的。

学习提高交往能力

每个人的社会交往能力都不是与生俱来的，都要经过后天的培养，爸爸妈妈这时要对宝宝多进行这方面的训练。

培养谦让意识

培养宝宝的谦让意识，让宝宝了解集体与个人的关系，把自己从"我"的概念中摆脱出来。应该让宝宝从小懂得，大家生活在一起，他需要的别人同样也需要，同样有享受的权利。

培养协商技能

爸爸妈妈在生活中应该注意培养宝宝协商的技能。比如，爸爸正在看电视，宝宝的儿童节目开始了，这时应该怎么办？妈妈要引导宝宝跟爸爸商量解决，而不是所有的人都由着宝宝，想做什么就做什么，让宝宝知道协商是一种非常管用的解决问题的方法。

培养合作精神

父母可以告诉宝宝，有些事情一个人做不了，需要大家的力量才能完成，这就需要大家相互合作。还可以让宝宝和其他小朋友一起游戏，在游戏交往中体验合作的快乐。比如玩球，只有合作配合才能玩好。

自己化解冲突

建议父母看到宝宝们发生冲突时，先不要参与，静静地观看宝宝是怎样以自己的方式解决的，如果解决得好，父母可以鼓励表扬；如果解决得不好，父母再去协调也不迟。

培养口语表达能力

3岁的宝宝，正是语言迅速发展的阶段，父母应该抓住这一发展语言的大好时机，教宝宝用完整的语句讲话，以提高宝宝的口语表达能力，并促进宝宝思维能力的发展及对事物间关系的理解。

用完整语句讲话

爸爸妈妈要把宝宝的简短的、成分不全、意思不明确的语句扩展成完整的简单句，把颠倒的词序正确排列。当宝宝说“妈妈，喝水”，父母应教宝宝说“妈妈，我要喝水”；宝宝说“看电视，爷爷”应改为“爷爷在看电视”。这样的练习应该结合生活的实际场景，随时随地地加以练习，如“这是汽车”，“那是阿姨”，“姐姐在写字”，“叔叔在唱歌”等。此外，父母在生活中也要以身作则，自己说话也应说完整的、词序正确的句子。

做语言游戏

爸爸妈妈可以通过说悄悄话的游戏，锻炼宝宝听话、传话的能力，并激发说话的兴趣。这个游戏需要父母都参加，妈妈先跟宝宝说悄悄话，然后让宝宝小声告诉爸爸，妈妈问爸爸刚才说的是什么，判断宝宝是否听懂了，并且传达得是否正确，然后继续游戏。这时的宝宝要听懂耳语，只靠听觉而没有其他辅助途径，是有一定难度的。开始游戏时，妈妈要先说宝宝感兴趣的短句，让宝宝一次传话成功，增强信心，增加兴趣。

背诵诗词

父母们可以教宝宝背几首易懂、易记的唐诗，在教宝宝背记其他诗歌时，应使语言和形象结合起来，而不是左一遍右一遍诵经式地死记硬背。父母在教宝宝的过程中既要注意选择适合宝宝的材料，又要注意方式、方法，同时还要有耐心。

训练思考能力

宝宝3岁时，思维有了进一步的发展，抽象思维开始萌芽并且正在发展，在此时应该加强对宝宝训练，提高宝宝的思维水准和思考能力。

因果问答

对宝宝进行因果关系的训练，即训练宝宝思考某个行为带来的可预测的后果。父母可以这样问宝宝："如果我忘记关上水龙头，让它开了一整夜，你想会发生什么事？"，"如果没有了太阳，那么世界会变成什么样？"等。和宝宝玩因果游戏时，父母也可以和宝宝交换角色，由父母想象原因，宝宝问答结果。

学会提出问题

让宝宝学会提出问题。提问题的水平与思维的水平是紧密相关的。问题提得好，不仅决定着思维水平必然处于一个较高的层次，使人想得深、想得远，而且还极有助于问题的解决。所以，父母要鼓励宝宝提问，特别是父母应鼓励宝宝对一些司空见惯的事物进行质疑，即使宝宝有时回答得很幼稚或错了，父母也不可给以简单的否定。

训练解决问题的程序

父母要训练宝宝学会解决问题的程序。比如，宝宝和别的小朋友闹矛盾了，父母可借机启发他思考："别的小朋友为什么不和你好了？"等宝宝找出正确的原因后，父母可进一步启发宝宝，提出些解决问题的方案，并要求他逐一分析各种方案的优劣，经比较后拿出最佳选择。

训练多个角度思考问题

父母应该注意训练宝宝从不同的角度想问题，以培养其思维的多极性。比如，让宝宝对任何一个解决方案，都要考虑有利和有弊的一面。对同一个问题，不仅会正向思维，也会逆向思维，还会横向思考。父母可问宝宝这样的问题："把身上带的所有的钱都给你买好吃的和好玩的好吗？"宝宝听后刚开始可能会赞同，此时可要求宝宝再从正、反几个方面重新考虑，宝宝经过认真思考后，往往会改变原先的想法。

·本月智能发育测试·

大动作

宝宝双脚并跳时，能双脚同时离地和同时落地2次以上；宝宝能双脚向前连续跳1～2米远；3岁的宝宝能双脚向前连续跳3～4米远，原地双脚跳10～20次，能从20厘米高处跳下。父母先做出双脚同时离开地面跳起的动作，然后鼓励宝宝模仿，观察宝宝能否双脚同时离开地面跳起。宝宝能双脚同时离开地面，并同时落地2次以上，表明宝宝通过36个月智能发育标准。

认知能力

宝宝对自己的身体部分的左右有了深刻的认识。如果让宝宝用自己为中心分左右，比如，父母可以让玩具车、泰迪熊和宝宝排排坐，然后分别问问宝宝，“谁坐在你的左边”或“谁站在你的右边”等问题，经过思考后便能给出正确的答案，表明宝宝通过36个月智能发育标准。

言　语

宝宝自我意识越来越强，已经有了性别的概念，能正确回答“我是男孩”或“我是女孩”。父母可询问宝贝：“你叫什么名字？”宝宝能正确地回答自己的名字。询问宝宝：“你是男孩还是女孩？”宝宝能正确回答出自己的性别，表明宝宝通过36个月智能发育标准。

情感与社交

宝宝和玩伴在一起时，开始懂得遵守规则，不再自顾自玩，也喜欢玩过家家或打仗之类的游戏。玩积木或堆沙时也会设计各种形状，换句话说，宝宝已经会玩需要判断力的游戏了。这表明宝宝已通过36个月智能发育标准。